高职高专"十二五"规划教材

工业分析

主编 孙波

北 京
冶金工业出版社
2015

内 容 提 要

本书以任务驱动，项目化教学模式编写，共分为 8 个项目，主要包括分析结果的数据处理，试样的采取、制备和分解，硅酸盐分析，钢铁分析，矿石分析，煤质分析，肥料分析和气体分析。书中理论与项目实训相结合，体现了工学结合，"教学做"一体化的教育理念。

本书可作为高职高专相关专业教学用书和实训教材，也可供企业分析化验岗位人员参考。

图书在版编目(CIP)数据

工业分析／孙波主编 . —北京：冶金工业出版社，2015.7
高职高专"十二五"规划教材
ISBN 978-7-5024-7010-4

Ⅰ.①工… Ⅱ.①孙… Ⅲ.①工业分析—高等职业教育
—教材 Ⅳ.①TB4

中国版本图书馆 CIP 数据核字(2015)第 159211 号

出 版 人 谭学余
地　　址　北京市东城区嵩祝院北巷 39 号　邮编　100009　电话　(010)64027926
网　　址　www. cnmip. com. cn　电子信箱　yjcbs@ cnmip. com. cn
责任编辑　俞跃春　唐晶晶　美术编辑　吕欣童　版式设计　葛新霞
责任校对　卿文春　责任印制　李玉山
ISBN 978-7-5024-7010-4
冶金工业出版社出版发行；各地新华书店经销；固安华明印业有限公司印刷
2015 年 7 月第 1 版，2015 年 7 月第 1 次印刷
787mm×1092mm　1/16；13 印张；314 千字；199 页
28.00 元

冶金工业出版社　投稿电话　(010)64027932　投稿信箱　tougao@cnmip. com. cn
冶金工业出版社营销中心　电话　(010)64044283　传真　(010)64027893
冶金书店　地址　北京市东四西大街 46 号(100010)　电话　(010)65289081(兼传真)
冶金工业出版社天猫旗舰店　yjgycbs. tmall. com
(本书如有印装质量问题，本社营销中心负责退换)

前　言

工业分析课程是工业分析与检验专业的一门重要主干课程。是在学习了分析化学和仪器分析以后开设的具有应用型特点的专业课程，是分析化学和仪器分析理论在工业生产中对产品的质量、原材料及中间产品进行分析测定的具体应用。

本教材以职业教育理念为立足点、围绕高等职业教育特点，按照任务驱动，项目化教材要求编写，主要涉及分析数据处理、钢铁、煤炭、矿石、硅酸盐、肥料、工业气体等8个项目，教材在内容体系上突出以下特色：

（1）在广泛调研矿业、煤炭、水泥、钢铁、农业等行业所涉及的职业岗位的基础上，分析了岗位的主要工作内容，归纳整理出基于工作过程的学习项目，设计了详细的学习任务，构造教材体系；确定教材内容，确保教材内容能够满足学习者分析工作的需要。

（2）按照理论与实际一体化的思路编写，注重学习分析实践技能的培养。在每个学习项目后安排的技能训练，将理论知识讲授与技能操作训练融为一体，注重培养学生的实践动手能力。

（3）引入国家标准，体现任务的科学性，使其工作内容具有科学性和严谨性。

（4）按照高等职业教育技能型人才培养目标和职业素质的要求，理论讲授内容以易懂、够用为原则，突出职业教育重实践，淡化高深理论的特点。

本书在编写过程中生产现场技术人员给予了大力支持，并提出了宝贵的意见和建议，在此一并致以衷心的感谢！

由于编者水平有限，书中疏漏和不当之处，敬请读者批评指正。

编　者
2015 年 5 月

目　录

项目1 分析结果的数据处理

工业分析中要对所得实验数据进行正确计算和处理，找出存在的问题，提出改进的意见。通过本章节的学习，掌握正确的数据分析处理方法，具备工业分析基本技能。

任务1.1 绪论

【知识要点】

知识目标：

(1) 掌握工业分析新方法建立原则；

(2) 掌握工业分析方法种类；

(3) 了解工业分析相关性质。

能力目标：

(1) 会建立工业分析新方法；

(2) 会应用工业分析标准。

1.1.1 任务描述与分析

工业分析是分析化学在生产上的具体应用。通过工业分析能评定原料和产品的质量，检查工艺过程是否正常。从而能够及时指导生产，并能经济合理地使用原料、燃料，及发现、消除生产的缺陷，减少废品，提高产品质量。通过本门课的学习，使学生掌握工业分析的理论知识和分析操作方法，具备建立正确的分析方案的能力。

1.1.2 相关知识

1.1.2.1 工业分析的任务和作用

工业分析是研究各种物料组成的分析方法和相关理论的一门学科，是分析化学在工业生产中的应用。

工业分析的任务是对有关生产过程中涉及的各种材料（原料、辅助材料、中间产品、产品和副产品等）的化学组成进行定性分析和定量分析。

工业分析的结果是评定工业生产中的原料和产品质量的依据，是对工业生产进行过程控制、维持工艺流程正常运行的依据，也是正确组织生产，合理使用原料、辅助材料，减少废品，提高产品质量的依据。因此，工业分析在工业生产中具有指导和优化过程的作用，被誉为工业生产的"眼睛"。

工业分析涉及的对象统称工业物料。工业物料数量大，组成复杂，要获得准确的工业分析数据，在分析操作过程中需注意下述几个重要环节：

（1）分析对象物料量大。

（2）分析对象组成复杂。

（3）分析任务广泛。

（4）分析试样的处理复杂。

这也是工业分析的特点。

1.1.2.2　工业分析方法分类

工业分析方法根据在生产上所起的作用分为快速分析法和标准分析法。

（1）快速分析法主要是讲求时效性，常用于生产过程控制分析，要求短时间内报出结果。快速分析的特点是分析速度快，分析误差比较大，只要满足生产要求，对准确度的要求可略低一些。快速分析常用于车间中间产品控制分析。

（2）标准分析法主要用于测定原料、半成品、成品的化学组成。所得结果作为进行工艺计算、财务核算和评定产品质量等的依据，也用于校核或仲裁分析。所以对此要求有较高的准确度，完成分析工作的时间容许适当长些。

但就目前分析方法来看，这两类方法的差别已日趋减小。标准方法向快速化发展，而快速法也向较高的准确度发展。

标准分析法是十分准确可靠的方法，它是由国家科学技术委员会或有关主管业务部门审核、批准并公布施行的，简称"国标"或"行标"。标准分析法不是永恒不变的，而是随着科学技术的发展，不断地进行修订。我国的标准一般五年复审一次。分为国家（GB、GB/T）、行业、地方、企业（QB）四级标准。

标准分析法都注有允许差（工业分析的允许误差又叫公差），允许差是根据特定的分析方法统计出来的，它仅反映本方法的精确度。允许差是指此分析方法所允许的平行测定值间的绝对偏差（测量值 - 平均值），是按此方法进行多次测定所得的一系列数据中最大与最小值极差，是主管部门为了控制分析精度而规定的依据。

一般工业分析中做两次平行测定，两次平行测定的数值之差在规定允许误差的绝对值两倍以内均应认为有效，否则必须重新测定。

允许差包括同一实验室的允许差（简称室内允许差）和不同实验室的允许差（简称室间允许差）。室内允许差是指在同一实验室内，用同一种分析方法，对同一试料独立地进行两次分析，所得两次分析结果之间在 95% 置信度下可允许的最大差值。如果两个分析结果之差的绝对值不超过相应的允许差，则认为室内的分析精度达到了要求，可取两个分析结果的平均值报出，否则，即为超差，认为其中至少有一个分析结果不准确。室间允许差是指两个实验室，采用同一种分析方法，对同一试样各自独立地进行分析时，所得两个平均值 X_1、X_2 之间在 95% 置信度下可允许的最大差值。两个结果的平均值之差符合允许差规定，则认为两个实验室的分析精度达到了要求，否则就叫做超差，认为其中至少有一个平均值不准确。

1.1.2.3　标准物质

是一种或多种充分证实了特性，用来校正测量器具，评定测量方法或给材料定值的物质或材料。我国标准物质编号为 GBW。

标准物质在工业分析中的作用包括：

（1）作为参照物质。

（2）用于标定仪器或标定滴定溶液。

（3）作为已知试样用于发展新的测量技术和新的仪器。

（4）在仲裁分析和进行实验室质量考核中作为评价标准。

（5）采用标准试样消除基体效应。

1.1.2.4 测定方法的选择

测定方法的选择依据包括：

（1）根据具体的测定要求。

（2）根据待测组分的含量范围。

（3）根据待测组分的性质。

（4）根据组成的影响。

1.1.2.5 工业分析的发展

工业分析正向着准确、高速、自动化、在线分析方向发展。

任务 1.2 分析结果的正确评价

【知识要点】

知识目标：

（1）掌握准确度、精密度概念及相关计算；

（2）掌握分析结果正确评价方法；

（3）了解分析误差类型。

能力目标：

（1）会正确分析数据误差；

（2）会对分析结果进行正确评价。

1.2.1 任务描述与分析

在测定过程中，误差是不可避免的。工业分析工作者的任务是不断地总结经验，通过本章节的学习，使学生掌握误差产生的原因及规律，改进分析方法、提高操作技术，将定量分析误差减小到最低限度。

1.2.2 相关知识

1.2.2.1 分析误差与偏差

A 误差的分类

误差分为系统误差（可查误差）、偶然误差（不可查误差）两类。

a　系统误差

在测定过程中，由于某种固定原因所造成的误差叫系统误差。这类误差的特点是具有单向性、重现性和可查性。

产生系统误差的途径有：

（1）方法误差。由于分析方法不够完善造成的误差。如在重量分析中，沉淀的少量溶解、共沉淀和后沉淀的影响。容量分析中，反应进行不完全，副反应的发生，指示剂的选择不当，化学计量点与滴定终点不一致，干扰离子的存在等，导致测定结果系统的偏高或偏低等均属方法误差。

（2）试剂误差。由于试剂不纯，蒸馏水不纯，去离子水不纯，含有固定的干扰离子所引起的误差。

（3）仪器误差。由于分析仪器本身不够精密或有缺陷所造成的误差。如天平两臂不等长，砝码质量不标准，容量瓶、滴定管的刻度不准确等。

（4）主观误差。由于操作者的主观原因造成的误差。如对终点颜色判断因人而异，有人偏深、有人偏浅等；读取滴定管读数时，有人偏高，有人偏低。主观误差的数值因人而异，但对某一位操作者来说基本是恒定的。

减少系统误差的方法有：

（1）比对试验。比对试验是检验分析方法和分析过程有无系统误差的有效方法。常用已知准确含量的标准物质（或纯物质配成的溶液）和被测试样以相同的方法进行分析，如果标准物质的测定结果能与标准值相吻合，表明所用的分析方法和分析过程中无系统误差。比对试验也可以采用不同的分析方法或由不同单位的化验人员对同一试样进行分析，根据分析结果的吻合程度，判定分析方法和分析过程中是否存在系统误差。

（2）空白试验。即在不加试样的情况下，按照试样分析步骤和条件进行分析测定，所得结果称为空白值，从试样分析结果中扣除空白。空白试验可检查试剂、蒸馏水、器皿和实验环境带入杂质所产生的系统误差。

（3）校正仪器。仪器不准确所引起的误差可通过校正仪器加以消除。如配套使用的容量瓶、移液管、滴定管等器皿应进行校准；分析天平、砝码等应由国家计量部门定期检定。

（4）校正方法。因某些方法不完善造成的系统误差可通过引用其他方法进行校正。如重量法测定二氧化硅时，漏失到滤液中的硅可用分光光度法测定后，加到重量分析的结果中。

b　偶然误差

在测定过程中，由于一些难于控制、无法避免的偶然因素（测定过程中温度、气压的变化，灰尘和空气中一些杂质的影响，天平和滴定管读数时最后一位数估计不准）所造成的误差叫偶然误差。偶然误差的方向、大小不固定，没有规律性，产生的原因无从查找，因而又称不可查误差。

减少偶然误差的方法：根据偶然误差的统计规律可制定减少偶然误差的方法，即只要测定次数足够多，取其平均值，便可使偶然误差正负抵消。对于一般的分析测定，平行测定 4~6 次即可，当对分析结果的准确度要求较高时，可适当增加平行测定次数，通常为 10 次左右。

总之，在分析测定过程中，如果已经消除了系统误差，平行测定次数越多，分析结果的算术平均值越接近真实值。

B　误差的表示及计算方法

a　准确度与误差

准确度是指测定结果与真实值之间的接近程度。测定结果与真实值之间的差值越小，准确度越高。准确度的高低用误差来衡量。误差有两种表示方法：绝对误差和相对误差。

设 $\bar{x}$ 表示实测值的算术平均值，μ 表示真实值，则：

$$绝对误差 = \bar{x} - \mu \qquad (1-1)$$

$$相对误差 = \frac{\bar{x} - \mu}{\mu} \times 100\% \qquad (1-2)$$

误差有正负之分。误差为正值，表示测定值大于真实值，即测定结果偏高；误差为负值，表示测定值小于真实值，即测定结果偏低。误差的绝对值越小表示准确度越高。

相对误差是表示绝对误差在真实值中所占的百分率，用它表示准确度比绝对误差更客观合理。

b　精密度与偏差

精密度是指在相同条件下多次重复测定（平行测定），其测定结果之间互相接近程度，即个别值与平均值之间的接近程度。精密度用偏差来衡量。精密度可以用绝对偏差、相对偏差、标准偏差、相对标准偏差来表示。设 x_i 为个别测定值，$\bar{x}$ 为测定值的算术平均值，n 为测定次数，则

$$绝对偏差 = x_i - \bar{x} \qquad (1-3)$$

$$相对偏差 = \frac{x_i - \bar{x}}{\bar{x}} \times 100\% \qquad (1-4)$$

$$标准偏差 = S = \sqrt{\frac{\sum_{i=1}^{n}(x_i - \bar{x})^2}{n-1}} \qquad (1-5)$$

$$相对标准偏差或变异系数 = \frac{S}{\bar{x}} \times 100\% \qquad (1-6)$$

【例 1-1】有两组测量数据，各次测量的绝对偏差分别如下：

一组：+0.3，+0.2，-0.4，+0.2，+0.1，+0.4，0.0，-0.3，+0.2，-0.3；

二组：0.0，+0.1，-0.7，+0.2，-0.1，-0.2，+0.5，-0.2，+0.3，+0.1。

求测量的标准偏差，比较两组测量值的精密度。

解：第一组：

$$S_1 = \sqrt{\frac{\sum_{i=1}^{n}(x_i - \bar{x})^2}{n-1}}$$

$$= \{[0.3^2 + 0.2^2 + (-0.4)^2 + 0.2^2 + 0.1^2 + 0.4^2 + 0.0^2 + (-0.3)^2 + 0.2^2 +$$

$$(-0.3)^2]/(10-1)\}^{\frac{1}{2}}$$

$$= 0.28$$

第二组：

$$S_2 = \sqrt{\frac{\sum_{i=1}^{n}(x_i - \bar{x})^2}{n-1}}$$

$$= \{[0.0^2 + 0.1^2 + (-0.7)^2 + 0.2^2 + (-0.1)^2 + (-0.2)^2 + 0.5^2 + (-0.2)^2 + 0.3^2 + 0.1^2]/(10-1)\}^{\frac{1}{2}}$$

$$= 0.33$$

因为 $S_1 < S_2$，所以第一组测量的精密度比第二组高。

c 准确度与精密度的关系

精密度是保证准确度的前提；精密度好，准确度不一定好，可能有系统误差存在；精密度不好，衡量准确度无意义；在正确消除系统误差的前提下，精密度可表达准确度。

准确度是反映分析方法或测定系统存在系统误差和偶然误差的综合指标。如图 1-1 所示为准确度与精密度的关系。

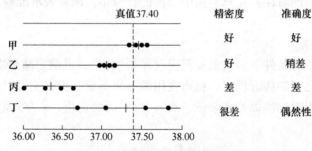

图 1-1 准确度与精密度的关系

d 极差及相对极差

测量数据中测量值最大值与最小值之间的差值为极差。测量值最大值与最小值之差除以平均值为相对极差。

1.2.2.2 分析结果的正确评价案例

从准确度和精密度的概念和相互关系可以看出，评价一个分析结果，既要求测量的精密度，又要求结果的准确度。因此应将系统误差和偶然误差的影响结合起来考虑。当系统误差消除后，精密度才可以成为评价分析结果的标准。

【例 1-2】已知铁矿石标样含 Fe_2O_3 为 50.36%，现由甲、乙、丙三位化验员同时测定此铁矿石标样，各测四次，测定结果如下：

甲 50.20%，50.20%，50.18%，50.17%
乙 50.40%，50.30%，50.20%，50.10%
丙 50.36%，50.35%，50.34%，50.33%

试比较甲、乙、丙三人的分析结果如何？并指出他们实验中存在的问题。

解： 本题应从准确度和精密度两方面比较，才能做出正确判断。

已知 $\mu = 50.36\%$。

（1）甲所测结果的误差和偏差的计算：

$$\bar{x} = \frac{(50.20 + 50.20 + 50.18 + 50.17)\%}{4} = 50.19\%$$

绝对误差 $= \bar{x} - \mu = 50.19\% - 50.36\% = -0.17\%$

相对误差 $= \dfrac{\text{绝对误差}}{\mu} \times 100\% = \dfrac{-0.17\%}{50.36\%} \times 100\% = -0.34\%$

标准偏差 $S = \sqrt{\dfrac{\sum\limits_{i=1}^{n}(x_i - \bar{x})^2}{n-1}}$

$= \{[(50.20\% - 50.19\%)^2 + (50.20\% - 50.19\%)^2 + (50.18\% -$

$50.19\%)^2 + (50.17\% - 50.19\%)^2]/(4-1)\}^{\frac{1}{2}}$

$= 0.015\%$

（2）乙所测结果的误差和偏差的计算：

$$\bar{x} = \frac{(50.40 + 50.30 + 50.20 + 50.10)\%}{4} = 50.25\%$$

绝对误差 $= \bar{x} - \mu = 50.25\% - 50.36\% = -0.11\%$

相对误差 $= \dfrac{\text{绝对误差}}{\mu} \times 100\% = \dfrac{-0.11\%}{50.36\%} \times 100\% = -0.22\%$

标准偏差 $S = \sqrt{\dfrac{\sum\limits_{i=1}^{n}(x_i - \bar{x})^2}{n-1}}$

$= \{[(50.40\% - 50.25\%)^2 + (50.30\% - 50.25\%)^2 + (50.20\% -$

$50.25\%)^2 + (50.10\% - 50.25\%)^2]/(4-1)\}^{\frac{1}{2}}$

$= 0.130\%$

（3）丙所测结果的误差和偏差的计算：

$$\bar{x} = \frac{(50.36 + 50.35 + 50.34 + 50.33)\%}{4} = 50.34\%$$

绝对误差 $= \bar{x} - \mu = 50.34\% - 50.36\% = -0.02\%$

相对误差 $= \dfrac{\text{绝对误差}}{\mu} \times 100\% = \dfrac{-0.02\%}{50.36\%} \times 100\% = -0.04\%$

标准偏差 $S = \sqrt{\dfrac{\sum\limits_{i=1}^{n}(x_i - \bar{x})^2}{n-1}}$

$= \{[(50.36\% - 50.34\%)^2 + (50.35\% - 50.34\%)^2 + (50.34\% -$

$50.34\%)^2 + (50.33\% - 50.34\%)^2]/(4-1)\}^{\frac{1}{2}}$

$= 0.014\%$

化验员	相对误差	标准偏差	结　论	存在的问题
甲	-0.34%	0.015%	准确度差 精密度好	系统误差大
乙	-0.22%	0.130%	准确度差 精密度也差	系统误差大 偶然误差也大

化验员	相对误差	标准偏差	结　论	存在的问题
丙	−0.04%	0.014%	准确度高 精密度好	系统误差小 偶然误差也小

【例 1 -3】 甲、乙两位化验员对一个样品各做四次测定。得到如下结果：

甲　75.00%，74.41%，76.53%，77.04%

乙　75.31%，75.27%，75.40%，75.45%

已知样品含量的准确值为 75.00%，分析方法的允许误差为 0.1%。根据计算结果评价两人的分析结果，并按照误差的性质，找出他们分析过程中存在的问题，提出改进工作的建议。

解： 先进行相对误差和标准偏差的计算，根据计算结果查找存在的问题，提出改进的建议。

（1）甲所测结果的误差和偏差的计算：

$$\bar{x} = \frac{(75.00 + 74.41 + 76.53 + 77.04)\%}{4} = 75.74\%$$

绝对误差 $= \bar{x} - \mu = 75.74\% - 75.00\% = +0.74\%$

相对误差 $= \dfrac{绝对误差}{\mu} \times 100\% = \dfrac{+0.74\%}{75.00\%} \times 100\% = +0.99\%$

标准偏差 $S = \sqrt{\dfrac{\sum\limits_{i=1}^{n}(x_i - \bar{x})^2}{n-1}}$

$= \{[(75.00\% - 75.74\%)^2 + (74.41\% - 75.74\%)^2 + (76.53\% - 75.74\%)^2 + (77.04\% - 75.74\%)^2]/(4-1)\}^{\frac{1}{2}}$

$= 1.24\%$

从甲所测数据分析：相对误差为 +0.99%，大于允许误差 0.1%，测定结果超差，测定的准确度差；测定结果的标准偏差为 1.24%，数值太大，测定的精密度也差。甲的相对误差和标准偏差计算结果说明甲的测定过程存在较大系统误差和偶然误差，其测定数据不可取，需要重做。重做时应首先对系统误差加以校正，增加平行测定数量，才能得到较准确的分析结果。

（2）乙所测结果的误差和偏差的计算：

$$\bar{x} = \frac{(75.31 + 75.27 + 75.40 + 75.45)\%}{4} = 75.36\%$$

绝对误差 $= \bar{x} - \mu = 75.36\% - 75.00\% = +0.36\%$

相对误差 $= \dfrac{绝对误差}{\mu} \times 100\% = \dfrac{+0.36\%}{75.00\%} \times 100\% = +0.48\%$

标准偏差 $S = \sqrt{\dfrac{\sum\limits_{i=1}^{n}(x_i - \bar{x})^2}{n-1}}$

$$= \{[(75.31\% - 75.36\%)^2 + (75.27\% - 75.36\%)^2 + (75.40\% -$$

$$75.36\%)^2 + (75.45\% - 75.36\%)^2]/(4 - 1)\}^{\frac{1}{2}}$$

$$= 0.082\%$$

从乙所测数据分析：相对误差为 0.48%，大于允许误差 0.1%，测定结果超差，测定的准确度差；测定结果的标准偏差为 0.082%，说明精密度较好。显然，实验中存在系统误差。因此需对系统误差进行校正。如何校正，要根据具体情况进行分析，找出原因，选择消除系统误差的适当方法，从而得到准确的分析结果。

由以上看出，准确度和精密度不仅可以判断分析结果的准确程度，同时可以衡量分析工作者的操作优劣及化验室的分析化验水平。

任务 1.3　分析过程的误差控制

【知识要点】

知识目标：

(1) 掌握分析试剂的正确选用方法；

(2) 掌握分析仪器正确选用方法；

(3) 了解实验室常用分析试剂及仪器。

能力目标：

(1) 会正确选择实验试剂和仪器；

(2) 会正确控制误差范围。

1.3.1　任务描述与分析

定量分析中，常量分析误差要求小于 0.1% ~ 0.2%，通过本章节的学习，使学生掌握正确的选用分析试剂和分析设备的方法，将分析误差控制到最低。

1.3.2　相关知识

1.3.2.1　正确选用试剂和分析仪器

A　实验用水

实验室中使用的溶液一般以水作为溶剂。溶液的纯度除与溶质有关外，还和水的纯度有关。实验室中常用的水有自来水、蒸馏水和去离子水。

自来水中含有较多的杂质离子和某些有机物质，这些杂质在分析中产生干扰，所以，自来水仅用于对器皿进行初步洗涤、冷却和加热等。

将自来水用蒸馏器蒸馏，冷凝就得到蒸馏水。由于绝大部分矿物质在蒸馏时不挥发，所以，蒸馏水中所含杂质比自来水少得多。但蒸馏水也不是绝对纯净的，其中仍含有一些杂质，其来源是：

(1) 二氧化碳在蒸馏时挥发，但能重新溶于蒸馏水中，形成碳酸，使蒸馏水微显酸性。

（2）蒸馏时少量液体水呈雾状飞出，将少量不纯水带入蒸馏水中。

（3）一般蒸馏器是用铜、不锈钢制成，会或多或少地带入金属离子。

如果要求进行严格、精密的定量分析，一次蒸馏水不能满足分析要求，则须使用二次蒸馏水或去离子水。

应用离子交换树脂分离除去水中杂质离子得到的纯水称为去离子水。去离子水的纯度一般比蒸馏水高，适用于配制痕量金属分析用试液，因它含有微量树脂浸出物和树脂崩解微粒，所以不适用于配制有机分析试液。

分析实验室用水规格为参照国家标准《分析实验室用水规格和试验方法》（GB/T 6682—1992），分析实验室用水共分三个级别：一级水、二级水和三级水。

B　化学试剂

化学试剂在分析试验中是不可缺少的物质，试剂的质量及选择恰当与否将直接影响到分析结果的成败。因此，对化学分析工作者来说，对试剂的性质、用途、配制方法等应进行充分的了解，以免因试剂选择不当而影响分析结果。化学试剂常分为四级，我国各类化学试剂的等级标志和符号见表 1 - 1。

表 1 - 1　我国化学试剂等级标志

质量次序	1	2	3	4	5
级别	一级品	二级品	三级品	四级品	
中文标志	保证试剂 优级纯	分析试剂 分析纯	化学纯	实验试剂	生物试剂
符号	G. R.	A. R.	C. P.	L. R.	B. R 或 C. R.
瓶签颜色	绿色	红色	蓝色	棕色	黄色

其中，一级品纯度最高，称为保证试剂，适用于精密分析工作及科学研究工作；二级品纯度次之，称为分析试剂，适用于比较精密的分析工作；三级品的纯度和二级品的纯度相差较大，其价格也有较大的差别，适宜于一般的分析或化学实验等，称为化学纯试剂；四级品的纯度较低，价格也较低廉，常用于要求不太高的普通化学实验中；另外还有光谱纯试剂和基准试剂等。

选用试剂应以实验条件、分析方法和分析结果要求的准确度为依据。要求分析准确度高时，应采用较纯的试剂。也不能过分强调使用纯试剂，而忽视实际实验中所要求的准确度和方法所能达到的准确度。否则造成实验费用方面不必要的浪费。

C　分析仪器

分析仪器是开展分析工作不可缺少的基本工具，其性能的好坏，质量的高低也将直接影响分析结果的准确性。监测分析中常用的仪器有：分析天平、玻璃量器及各种通用分析仪器等。

天平是分析实验室常用的称量仪器，天平的种类较多，根据不同实验对质量精确度要求不同，选用不同类型的天平。

台天平又称托盘天平、台秤。台天平的分度值（称量的准确程度）是 0.1g，台天平用于粗略称量，准确度不高。

分析天平是指分度值为 0.1mg 的天平，用于分析试验中准确称量物质的质量，称量准确度高。

玻璃量器是指能量取溶液体积的玻璃仪器，主要有滴定管、移液管、容量瓶、量筒、量杯。

滴定管、移液管、容量瓶是能准确量取溶液体积的玻璃量器。滴定管是滴定分析中用于盛装滴定剂并进行滴定的能精确测量滴定剂体积的玻璃仪器；移液管是用于准确移取一定量体积溶液的量器；容量瓶主要用于实验中精确计量溶液体积，用来配制一定体积标准溶液和定容实验。滴定管、移液管、容量瓶的容积并非都十分准确地与它的标称容量相符，使用前必须对这些量器进行容积校准。

量筒和量杯是用于粗略量取一定体积溶液的玻璃量器。当配制非标准溶液时，对液体体积要求不太精确，可以使用量筒或量杯量取体积。

分析仪器如紫外可见分光光度计、pH 计、电导仪、原子吸收分光光度计、气相色谱仪、液相色谱仪等，必须放在稳定、干燥、无腐蚀性气体的位置，按仪器的要求制定严格的操作规程，遵照仪器说明书的技术规定调试和检验，并定期对其基本性能指标进行检验、维护，保持仪器应有的精度，使其处于完好的正常使用状态。

1.3.2.2　正确控制测量误差

化学测定中，对于常量组分的重量法与容量法测定，对单项测定的相对误差要求小于 0.1% ~ 0.2%，如重量分析中关键的测定步骤是称量。万分之一天平的称量为 ±0.1mg，用减量法称量，分析天平可能引入的最大误差为 ±0.2mg（两次称量）。为使称量相对误差及准确度小于 0.1%，则天平称量的质量不能小于 0.2g，即

$$\frac{\pm 0.0002}{m} \leqslant \pm 0.1\%, \ m \geqslant 0.2\text{g}$$

又如容量分析中，滴定管读数误差为 ±0.01mL。所以一次滴定滴定管读数的最大绝对误差为 ±0.02mL。为使滴定的相对误差及准确度小于 0.1%。则滴定的体积 V 不能小于 20mL，即

$$\frac{\pm 0.02}{m} \leqslant \pm 0.1\%, \ m \geqslant 20\text{mL}$$

任务 1.4　有效数字在分析中正确应用

【知识要点】

知识目标：

（1）掌握有效数字的位数确定及加减乘除法运算规则；

（2）掌握分析过程中有效数字的正确处理方法；

（3）掌握实验室分析试液的正确配制方法。

能力目标：

（1）会正确配制实验分析试液；

（2）会正确处理分析数据。

1.4.1　任务描述与分析

工业分析的测定结果数值，不仅表示数量的多少，还要反映出测量的精度，在分析测定过程中，正确使用有效数字记录实验数据，完成结果运算，是十分重要的。通过本章节的学习使学生掌握数据的正确处理知识，保证分析试验精度。

1.4.2　相关知识

1.4.2.1　有效数字的运算规则

在分析过程中实际测得的数字为有效数字，其构成为准确数字加最末一位可疑数字。

A　有效数字位数

有效数字位数指包括全部准确数字和一位可疑数字在内的所有数字的位数。标志着分析仪器的精度和可能引入误差的大小。

有效数字位数规则为：

（1）非零数字都是有效数字。

（2）"0"在数值中是不是有效数字应具体分析，即：

1）位于数值中间的"0"均为有效数字。

2）位于数值前的"0"不是有效数字，固定它仅起定位作用。

3）位于数值后面的"0"需根据情况区别对待："0"在小数点后且位于非零数字后的零是有效数字。

4）若数值的首位等于或大于8，其有效位数一般可多算一位。

5）对于 pH，pK，pM，$\lg K$ 等含对数的有效数字，由小数后面的位数决定。

6）在分析化学的许多计算中常涉及到各种常数、倍数、分数，一般认为为准确数值。有效数字采用"四舍六入五留双、五后有数按六办"的办法修约。

B　有效数字的运算规则

a　加减法的运算

几个数据相加减结果的有效数字的保留，应以各数据中小数点后位数最少或绝对误差最大的那个数据为依据进行修约。

【例 1 – 4】　计算 $0.2841 + 20.33 - 5.244 + 0.02569$ 的有效数字。

解： 利用有效数字加减法的运算规则原式可转化为 $0.28 + 20.33 - 5.24 + 0.03 = 15.40$

b　乘除法运算

计算结果的有效数字保留应以相对误差最大或有效数字位数最少的那个数据为依据进行修约。

【例 1 – 5】　计算 $0.058 \times 6.17 \times 23.49 \times 2.00826$ 的有效数字。

解： 0.058　　　相对误差　　　$\dfrac{\pm 0.001}{0.058} \times 100\% = \pm 1.7\%$

　　　　6.17　　　相对误差　　　$\dfrac{\pm 0.01}{6.17} \times 100\% = \pm 0.2\%$

23.49   相对误差 $\dfrac{\pm 0.01}{23.49} \times 100\% = \pm 0.04\%$

2.00826   相对误差 $\dfrac{\pm 0.00001}{2.00826} \times 100\% = \pm 0.0005\%$

$$0.058 \times 6.2 \times 23 \times 2.0 = 17$$

【例 1-6】称取混合碱 1.000g，溶于水后，有 0.5000mol/L HCl 溶液滴定至酚酞变色，用去 30.00mL 然后加入甲基橙继续滴定，又用去 5.00mL，计算样品中 Na_2CO_3 和 NaOH 的质量百分含量。

解：首先计算 Na_2CO_3 的质量百分含量：

$$w(Na_2CO_3) = \frac{2 \times 5.00 \times 0.5000 \times \dfrac{106.0}{2000}}{1.000} \times 100\% = 26.5\%$$

由式中看出，有效数字位数最少的为 5.00，应以此数字为准进行各数值的修约，最后所得结果应为三位有效数字。式中 2 和 2000 均为换算倍数，是准确数字，不是测量数字，不能以它为准取有效数字的位数。

计算 NaOH 的百分含量：

$$w(NaOH) = \frac{(30.00 - 5.00) \times 0.5000 \times \dfrac{40.00}{1000}}{1.000} \times 100\% = 50.00\%$$

所得结果为四位有效数字。因为式中包括减法和乘除法运算。先进行减法的运算，加减运算有效数字位数决定于小数点后的位数最少的数字，由于 30.00 和 5.00 小数点后均为两位，两值相减后得到四位有效数字，所以最后结果应为四位有效数字。

1.4.2.2 有效数字在分析中应用

经过计算得出的分析结果所表述的准确度，应符合实际测量的准确度，即与测定中所用仪器设备所能达到的准确度相一致。

【例 1-7】分析煤中含硫量时，甲乙二人各做两次平行测定。每次均称样 3.5g，结果分别报告为：

甲   0.042%   0.041%

乙   0.04201%   0.04199%

问哪一份报告合理？为什么？

解：称量试样 3.5g 的准确度为：

$$\frac{\pm 0.1}{3.5} \times 100\% = \pm 3\%$$

甲的称量准确度为：

$$\frac{\pm 0.001}{0.042} \times 100\% = \pm 2\%$$

乙的称量准确度为：

$$\frac{\pm 0.00001}{0.04201} \times 100\% = \pm 0.02\%$$

甲的结果所表示的准确度与称量操作的准确度是一致的，而乙的结果所表示的准确度大大超过了称量的准确度，没有意义。所以甲的分析结果是正确的。

分析结果有效数字的保留位数：

（1）对于高含量组分（>10%）的测定，要求分析结果有四位有效数字。

（2）对于中等含量组分（1%~10%）的测定，要求有三位有效数字。

（3）对于微量组分（<1%）的测定，要求结果有两位有效数字。

1.4.2.3　分析试液的配制

A　工业分析用溶液类型

工业分析通常把溶液分为两类：一类是具有已知准确浓度的溶液，称为标准溶液；另一类是用于控制试验条件的溶液，对溶液浓度准确度要求不高，称为试验溶液或非标准溶液。工业分析试验使用的溶液可分为以下几种：

（1）普通溶液（非标准溶液）：对浓度的准确度要求不高的溶液，如一般的酸、碱、盐溶液，缓冲溶液，掩蔽剂、沉淀剂、指示剂溶液，洗涤剂溶液等。

（2）标准滴定溶液：确定了准确浓度，用于滴定分析的溶液。如酸碱滴定中使用的氢氧化钠标准滴定溶液，盐酸标准滴定溶液，配位滴定中使用的 EDTA 标准滴定溶液等。

（3）基准溶液：由基准物质制备或用多种方法标定过具有准确浓度的溶液，用于标定其他溶液。如配位滴定中用于标定 EDTA 的碳酸钙基准溶液，氧化还原滴定中重铬酸钾基准溶液等。

（4）标准溶液：由特定物质配制，可以准确知道某种元素、离子、化合物或基团浓度的溶液。如离子选择性电极测氟时所用的氟标准溶液，分光光度法中所用的磷标准溶液和硅标准溶液等。

（5）标准比对溶液：已准确知道或已规定有关特性（如色度、浊度）的溶液，用来评价与该特性有关的试验溶液。如标准比色溶液，标准比浊溶液。它可由标准滴定溶液、基准溶液、标准溶液或具有所需特性的其他溶液配制。

B　溶液浓度的表示方法

在一定量的溶液中所含溶质的量称为该溶液的浓度。国家标准中规定化学分析方法中使用的溶液浓度的表示方法有五种：体积比浓度；体积分数；质量分数；质量浓度和物质的量浓度。

（1）体积比浓度：体积比浓度是指以液体溶质与溶剂相混合得到的溶液的浓度。此种方式表示普通溶液的浓度。

例如盐酸溶液（1+5），即表示是由 1 体积的市售浓盐酸与 5 体积的蒸馏水混合而成。硫酸（5+95），即表示将 5 体积浓硫酸缓缓注入 95 体积的水中混合而成。

（2）体积分数：体积分数中，人们习惯上多使用体积百分浓度，表示普通溶液的浓度。

（3）质量分数：质量分数中，人们习惯上多使用质量百分浓度。即 100g 溶液中所含溶质的克数。

市售的原装酸、碱溶液常用此种表示方法。如：96% 的硫酸，指 100g 硫酸溶液中含纯 H_2SO_4 96g。

这种浓度表示方式由于配制不方便，在化学分析实验室中很少使用。

（4）质量浓度：以单位体积溶液中所含溶质的质量表示的浓度。表示普通溶液的浓度，常用克/升（g/L）或其分倍数表示，如 1L 溶液中含有 200g 溶质，其浓度即为 200g/L；1mL 溶液中含有 0.8mg 溶质，其浓度即为 0.8mg/mL。

分析试验中常用的沉淀剂、显色剂、掩蔽剂、指示剂的浓度多采用此种表示方法。如：酚酞指示剂溶液（10g/L），硝酸银溶液（10g/L）等。此种溶液的配制十分简单，例如：氟化钾溶液（150g/L）的配制，是将 150g 氟化钾用少量水溶解后，再稀释到 1L，贮存于塑料瓶中。

（5）物质的量浓度：物质的量浓度是以 1L 溶液中含有溶质的摩尔数表示溶液的浓度，单位为 mol/L。这是工业分析中应用最多的浓度表示法。

物质的量是国际单位制中七个基本量之一，物质的量的国际单位制基本单位是摩尔。摩尔是一系统的物质的量，该系统中所包含的基本单元数与 $0.012kg^{12}C$ 的原子数目相等。在使用摩尔时，基本单元应予指明，基本单元可以是原子、分子、离子、电子及其他粒子，或是这些粒子的特定组合。

物质的基本单元是根据物质参加的化学反应而确定，同一物质在不同的化学反应中其基本单元不同。

（1）中和反应。若每一适量酸、碱或盐在与酸或碱反应时，给出或接受的质子（H^+）为 n，则该酸或碱或盐的基本单元为其分子式所示物质的一元酸、碱及其盐，基本单元为分子式所示物质。如：盐酸（HCl），乙酸（HAc），氢氧化钠（NaOH），氢氧化钾（KOH），乙酸钠（NaAc）。

二元酸、碱及其盐，完全反应时，其基本单元为分子式所示物质的 1/2。如：硫酸（$1/2\ H_2SO_4$），碳酸（$1/2H_2CO_3$），草酸（$1/2\ H_2C_2O_4$），氢氧化钙 $[1/2\ Ca(OH)_2]$。

三元酸、碱及其盐，完全反应时，其基本单元为分子式中所示物质的 1/3。如磷酸（$1/3\ H_3PO_4$），氢氧化铁 $[1/3\ Fe(OH)_3]$。

（2）氧化还原反应。若每一适量氧化剂或还原剂在氧化还原反应中得到或失去的电子数为 n，则该物质的基本单元为其分子式物质的 $1/n$。

反应中，一分子的重铬酸钾失去六个电子，其基本单元为重铬酸钾分子式中所示物质的 1/6，即 $1/6K_2Cr_2O_7$；一分子的硫酸铁得到一个电子，其基本单元为硫酸铁分子式中的所示物质，即 $FeSO_4$。

（3）配位反应。配位反应是根据配合物中配位数的数值确定基本单元。如大多数金属阳离子与 EDTA 皆生成配位数比为 1:1 的配合物。

若以金属氧化物表示时，需注意氧化物分子式中含金属阳离子的个数，如 Fe_2O_3，Al_2O_3，则其基本单元分别为（$1/2\ Fe_2O_3$）和（$1/2\ Al_2O_3$）；CaO，MgO 则可分别以其分子式所示物质为基本单元，表示为氧化钙（CaO），氧化镁（MgO）。

（4）沉淀反应。参加沉淀反应的物质的基本单元可根据化学反应计量数确定。如：硝酸银（$AgNO_3$），氯化钠（NaCl），氯离子（Cl^-），氟离子（F^-），硝酸汞 $[Hg(NO_3)_2]$ 等。

摩尔质量表示物质的基本单元具有的质量，以 M 表示，其单位为千克/摩（kg/mol）、克/摩（g/mol）。使用摩尔质量这个量时，首先必须确定物质参加化学反应时的基本单元，根据基本单元确定物质的摩尔质量。显然对于同一物质，规定的基本单元不同，其摩尔质量也不同。

物质的量浓度是以 1L 溶液中含有溶质的摩尔数表示溶液的浓度，以 C 表示，单位为 mol/L。在使用物质的量浓度时也必须指明基本单元。

C　标准滴定溶液的配制方法

标准滴定溶液的配制方法有两种，即直接法和间接法。

直接法：因基准物质的含量十分稳定，采用基准物质配制标准滴定溶液时使用直接法。即在分析天平上准确称取一定量的纯物质，在烧杯中以适量水溶解后，定量转移到容量瓶中，稀释至标线，摇匀。根据纯物质的质量和容量瓶的容积，计算出该标准滴定溶液的准确浓度。滴定分析中常用直接法配制标准溶液的基准物质有以下几种：重铬酸钾（$K_2Cr_2O_7$）、碳酸钙（$CaCO_3$）、（邻）苯二甲酸氢钾（$KHC_8H_4O_4$）等。

间接法：大多数物质受外界环境的影响，含量常常发生变化。这类物质配制标准滴定溶液需要采用间接法。间接法配制过程是先用托盘天平粗略称取一定量物质，用烧杯量取一定体积的溶液溶解，配成接近于所需浓度的溶液，然后用基准物质配制的标准溶液或已知准确浓度的溶液确定其准确浓度。这种确定标准滴定溶液准确浓度的过程称为标定。

D　滴定度

滴定度是指每毫升标准溶液（mL）相当于被测物质的质量（g），常用 $T_{A/B}$ 表示。

【思考与练习】

1-1　工业分析的任务和特点。

1-2　精密度与准确度的区别。

1-3　什么是系统误差，什么是偶然误差，它们各具有哪些特点，其减免的方法是什么？

1-4　分析某药物的含量，称取此药物 0.0250g，最后计算此药物的分析结果为 96.24%，问此结果是否合理，应如何表示？

1-5　欲配制 500mL 0.5mol/L $K_2Cr_2O_7$ 溶液，在酸性条件下作氧化剂，问应称取 $K_2Cr_2O_7$ 多少克？

1-6　如果天平的读数误差为 0.1mg，分析结果要求准确度达 0.2%，问至少应称取试样多少克，若要求准确度为 1%，问至少应称取试样多少克？

项目 2   试样的采取、制备和分解

试样的采取和制备是分析工作首先碰到的问题，正确处理好这两个问题是整个分析工作的关键，由于实际工作中分析的物料各种各样，对分析结果的要求也各有差异，因此试样的采取与制备方法也各不相同。

【知识要点】

知识目标：

(1) 掌握固、液、气试样的采取方法；

(2) 掌握固体试样的制样方法；

(3) 掌握固体试样的分解方法。

能力目标：

(1) 会正确的采取、制备固体、液体、气体试样；

(2) 会选用合理的方法分解处理固体试样。

2.1   任务描述与分析

在工业分析工作中，常需要从大批物料中或大面积的矿山上采取实验室样品，实验室样品就必须有较高的代表性。实验室化学分析时通常需要将试样处理成液态。通过本章节的学习，使学生掌握固、液、气体不同试样的采取方法并能运用所学知识分解处理固体试样，为后续分析工作做好准备。

2.2   相关知识

2.2.1 试样的采取

2.2.1.1 采样基本术语

采样基本术语有：

(1) 采样：从待测的原始物料中取得分析试样的过程。

(2) 采样时间：指每次采样的持续时间，也称采样时段。

(3) 采样频率：指两次采样之间的间隔。

(4) 子样：在规定的采样点按规定的操作方法采取的规定量的物料，也称小样或分样。

(5) 总样：将所有采取的子样合并一起得到的试样。

(6) 分析化验单位：一个总样所代表的工业物料的总量称为分析化验单位或取样单

位。分析化验单位可大可小，主要取决于分析的目的。

（7）实验室样品：供实验室检验或测试而制备的样品。

（8）备考样品：与实验室样品同时同样制备的样品。在有争议时，作为有关方面仲裁分析所用样品。

（9）部位样品：从物料的特定部位或在物料流的特定部位和特定时间取得的一定数量或大小的样品，如上部样品、中部样品或下部样品等。部位样品是代表瞬时或局部环境的一种样品。

（10）表面样品：在物料表面取得的样品，以获得此物料表面的相关资料。

（11）物料流：是指随运送工具运转中的物料。

（12）试样的制备：按规定程序减小试样粒度和数量的过程，简称制样。

2.2.1.2 试样的采取

A 固体物料试样的采取

a 采样工具

采集固体试样的工具有试样瓶、试样桶、勺、采样铲、采样探子、采样钻、气动和真空探针及自动采样器等。

b 采样方法

采样方法包括：

（1）物料流中采样。在物料流中采样，应先确定子样数目，再根据物料流量的大小及有效流过时间，均匀分布采样时间，调整采样器工作条件，一次横截物料流的断面采取一个子样。可用自动采样器、舌形铲等采样工具。注意从皮带运输机采样时，采样器必须紧贴皮带，不能悬空。

（2）运输工具中采样。常用的运输工具是火车车皮或汽车等，发货单位在物料装车后，应立即采样，而用货单位除采用发货单位提供的样品外，还要根据需要布点采样。常用的布点方法为斜线三点法和斜线五点法，子样要分布在车皮对角线上，首末两点距车角各 1m，其余各点均匀分布于首、末两子样点之间，还有 18 方块法、棋盘法、蛇形法、对角线法等，如图 2-1 所示。

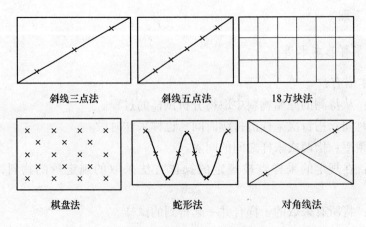

斜线三点法　　斜线五点法　　18 方块法

棋盘法　　蛇形法　　对角线法

图 2-1 运输工具中采样方法

（3）物料堆中采样。根据物料堆的大小、物料的均匀程度和发货单位提供的基本信息等，核算应采集的子样数目及采集量，然后布点采样。

先将表层 0.2m 厚的部分用铲子除去，再以地面为起点，每间隔 0.5m 高处划一横线，每隔 1~2m 向地面划垂线，横线与垂线交点即为采样点。

（4）工业制品中采样。工业制品常见的有袋装和罐装，袋装有纸袋、布袋、麻袋和纤维织袋；罐装有木质、塑料和铁皮等制成的罐或桶。一般采用的采样工具为采样探子，确定子样数目和每个子样的采集量后，即可进行采样。

B　液体物料试样的采取

a　采样工具

常用采样工具有：采样勺、采样管、采样瓶。

b　采样方法

采样方法包括：

（1）流动状态液体物料试样的采样方法。输送管道中的液体物料处于流动状态，应根据一定时间里物料的总流量确定采样数和采样量。如果是从管道出口端采样，则周期性地在管道出口放置一个样品容器（容器上放只漏斗以防外溢）进行采样；如管道直径较大，可在管内装一个合适的采样探头进行采样；当管线内流速变化大，难以用人工调整探头流速接近管内线速度时，可采用自动管线采样器采样。

（2）非流动状态液体物料试样的采样方法。具体有：

1）大贮罐中液体物料的采集。如果采集全液层试样时，先将采样瓶的瓶塞打开，沿垂直方向将采样装置匀速沉入液体物料中，刚达底部时，瓶内刚装满物料即可。此时采集的试样为全液层试样。如果采集一定深度层的物料试样，则将采样装置沉入到预定位置时，通过系在瓶塞上的绳子打开瓶塞，待物料充满采样瓶后，将瓶塞盖好提出液面。此时采集的试样为某深度层的物料试样。用这种方式分别从上、中、下层采样，再将其混合均匀，作为一个试样。

2）小贮罐中液体物料的采集。小贮罐、桶或瓶容积较小，可用金属采样管或玻璃采样管采样。

用金属采样管采样时，用系在锥体的绳子将锥体提起，物料即可进入，待物料量足够时，将锥体放下，取出金属采样管，将管内样品置于试样瓶中。

3）运输容器中液体物料试样的采样方法。火车或汽车槽车、船舱等运输容器的采样，一般都是将采样工具从采样口放入到上、中、下分别采取部位样品，再按一定比例混合均匀作为代表性样品或采全液层样品；如无采样口，则从排料口采样。

C　气体物料试样的采取

a　采样设备和器具

采集气体试样的设备和器具主要包括：采样器、导管、样品容器、预处理装置、调节压力和流量的装置、吸气器和抽气泵等。

b　采样方法

采样方法包括：

（1）常压气体的采样。气体压力近于或等于大气压的气体称为常压气体。具体采样方法有：

1）用采样瓶取样。将封闭液瓶提高，打开止水夹和气样瓶上的旋塞，让封闭液流入气样瓶并充满，同时使旋塞与大气相通，此时气样瓶中的空气被全部排出。夹紧止水夹，关闭旋塞，将橡胶管与气体物料管相接。将封闭液瓶置于低处，打开止水夹和旋塞，气体物料进入气样瓶，至所需量时，关闭旋塞，夹紧止水夹，取样结束。

2）用采样管取样。当采样管两端旋塞打开时，将水准瓶提高，使封闭液充满至取样管的上旋塞，此时将采样管上端与取样点上的金属管相连，然后放低水准瓶，打开旋塞，气体试样进入取样管，关闭旋塞，将取样管与取样点上的金属管分开，提高水准瓶，打开旋塞将气体排出（如此反复 3~4 次），最后吸入气体，关闭旋塞，取样结束。

3）用流水抽气泵取样。采样管上端与抽气泵相连，下端与取样点上的金属管相连。将气体试样抽入即可。

（2）正压气体的采样。气体压力高于大气压的气体称为正压气体。采样时只需放开取样点上的活塞，气体便自动流入气体取样器中。取样时必须用气体试样置换球胆内的空气 3~4 次。

（3）低负压气体的采样。气体压力小于大气压的气体称为低负压气体。可用抽气泵减压法采样，当采气量不大时，常用流水真空泵和采气管采样。

（4）超低负压气体的采样。气体压力远远小于大气压的气体称为超低负压气体。用负压采样容器采样。取样前用泵抽出瓶内空气，使压力降至 8~13kPa，然后关闭旋塞，称出质量，再将试样瓶上的管头与取样点上的金属管相连，打开旋塞取样，最后关闭旋塞称出质量，前后两次质量之差即为试样质量。

2.2.2　试样的制备

固体试样的制备一般需要经过破碎、过筛、混合、缩分等步骤。

破碎可分为粗碎、中碎、细碎和粉碎 4 个阶段。根据实验室样品的颗粒大小、破碎的难易程度，可采用人工或机械的方法逐步破碎，直至达到规定的粒度。

（1）粗碎。将最大颗粒直径碎至 25mm。

（2）中碎。将 25mm 碎至 5mm。

（3）细碎。将 5mm 碎至 0.15mm。

（4）粉碎。将 0.15mm 粉磨至 0.075mm 以下。

易分解的试样过 88μm 筛，难分解的试样过 74μm 筛。

混匀包括圆锥法、环锥法、掀角法、机械混匀法 4 种。

缩分包括锥形四分法、正方形挖取法和分样器缩分法。

对于不均匀的物料，可采用下列试样的采集量经验计算公式：

$$Q \geqslant kd^a$$

式中　　d——实验室样品中最大颗粒的直径，mm；

　　　　Q——采取实验室样品的最低可靠质量，kg；

　　k，a——经验常数，由实验室求得。

一般 k 值在 0.02~1 之间，样品越不均匀，k 值越大，物料均匀 k 值为 0.1~0.3，物料不太均匀 k 值为 0.4~0.6，物料极不均匀 k 值为 0.7~1.0；$a = 1.5~2.7$，理查·切乔特等人把其规定为 2。

采样流程如图2-2所示。

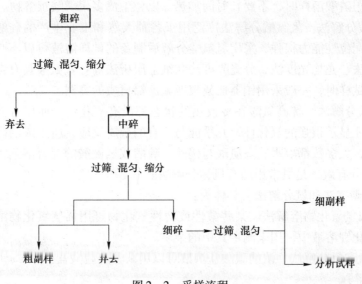

图2-2 采样流程

2.2.3 试样的分解

一般试样的分解应遵循如下要求和原则：

（1）试样分解必须完全。

（2）防止待测组分的损失。

（3）不能引入与被测组分相同的物质。

（4）防止引入对待测组分测定引起干扰的物质。

（5）选择的试样分解方法应与组分的测定方法相适应。

（6）根据（溶）熔剂的性质，选择合适的器皿。

2.2.3.1 溶解法

（1）水溶解法。水是一种性质良好的溶剂，当采用溶解法分解试样时，首先考虑水作为溶剂是否可行。

（2）酸分解法。利用酸的酸性、氧化还原性或配位性将试样中的被测组分转移入溶液中的方法，称为酸分解法。酸分解法包括：

1）盐酸分解法。利用盐酸的酸性（氢离子效应）、还原性和氯离子的强配位性对试样（例如，元素周期表中电动序排在氢之前的金属或合金）进行分解是十分有效的。

2）硝酸分解法。硝酸具有很强的酸性和氧化性，除了铂、金以及某些稀有金属外，浓硝酸几乎可以分解所有的金属试样，生成的硝酸盐绝大多数都溶于水。

3）硫酸分解法。非氧化性溶解，即稀硫酸不具备氧化性溶解；热浓硫酸具有很强的氧化性和脱水性。

4）磷酸分解法。磷酸是中强度的酸，磷酸分解法除利用它的酸效应外，由于其在加热情况下生成的焦磷酸和聚磷酸对金属离子有很强的配位作用，所以还常用来分解合金钢试样或某些难熔的矿样。

当单独使用磷酸溶样时，不要长时间加热，以免生成多聚磷酸难溶物。

5）氢氟酸分解法。氢氟酸分解法广泛用于各种天然和工业生产的硅酸盐。氢氟酸的酸性很弱，但配位性能力很强，采用氢氟酸分解后制备的试样溶液可以不必赶去氟而直接用于原子吸收法、光焰光度法、分光光度法和纸上层析法等。氢氟酸具有毒性和很强的腐蚀性，当分解试样时，一般采用铂器皿或聚四氟乙烯材质的容器。

6）高氯酸分解法。稀高氯酸在冷或热的状态都没有氧化性，而仅有强酸性质；浓高氯酸在加热时才显示很强的氧化性，几乎能与所有的金属反应，所生成的高氯酸盐除了少数不溶于水外，大多数都溶水；高氯酸与硝酸、硫酸或氢氟酸的混合溶剂，对有机物的分解（消化）十分有效，是最常用的有机物分解法。

（3）碱、碳酸法和氨分解法。具体为：

1）碱金属氢氧化物溶解法。某些酸性或两性氧化物可用稀氢氧化物溶解。元素硅可以溶解在氢氧化钾溶液中，用来测定其中的杂质。

2）碳酸盐和氨分解法。浓的碳酸盐溶液可以用来分解硫酸盐。如 $CaSO_4$、$PbSO_4$（但 $BaSO_4$ 不能溶解）。

利用氨的络合作用，也可用于分解铜、锌、镉等。

2.2.3.2　熔融法

熔融分解法即将试样与酸性或碱性熔剂混合，置于适当的容器中，在加热温度高于熔剂熔点的高温下进行分解，生成易溶于水的产物。

在高温条件下，该法分解能力强、效果好。但操作较为麻烦，而且容易引入杂质和在熔融过程中使组分丢失。故一般先将能溶解的部分分解后，再将不溶的残渣以熔融法分解。

根据熔剂的性质，熔融法一般分为碱性熔剂和酸性熔剂两大类：

$$
碱性熔剂
\begin{cases}
Na_2CO_3（或 K_2CO_3） \\
NaOH（或 KOH） \\
Na_2O_2 \\
硼砂 （NaB_4O_7）
\end{cases}
$$

$$
酸性熔剂
\begin{cases}
焦硫酸钾 （K_2S_2O_7） \\
硫酸氢钾 （KHSO_4） \\
偏硼酸锂 （LiBO_2）
\end{cases}
$$

（1）酸熔法：常用的酸性熔剂是焦硫酸钾（$K_2S_2O_7$）和偏硼酸锂（$LiBO_2$）。

1）焦硫酸钾（$K_2S_2O_7$）：$K_2S_2O_7$ 在 450℃以上开始分解，产生的 SO_3 对试样有很强的分解作用，可与金属氧化物生成可溶性盐。$K_2S_2O_7$ 不能用于硅酸盐系统的分析，因为其分解不完全，往往残留少量黑残渣；但可以用于硅酸盐的单项测定。

熔融器皿可用瓷坩埚，也可用铂皿，但稍有腐蚀。

2）偏硼酸锂（$LiBO_2$）：$LiBO_2$ 熔融法是后发展起来的方法，其熔样速度快，可以分解多种矿物、玻璃及陶瓷材料。

市售偏硼酸锂（$LiBO_2·8H_2O$）含结晶水，使用前应先低温加热脱水。

熔融器皿可以用铂坩埚，但熔融物冷却后粘附在坩埚壁上，较难脱埚和被酸浸取，最好用石墨作坩埚。

（2）碱熔法：常用的碱性熔剂有碳酸钠、碳酸钾、氢氧化钠、过氧化钠、硼砂等。

1）碳酸钠或碳酸钾（Na_2CO_3 或 K_2CO_3）：Na_2CO_3 常用于分解矿石试样，如硅酸盐，氧化物，磷酸盐和硫酸盐等。经熔融后，试样中的金属元素转化为溶于酸的碳酸盐或氧化物，而非金属元素转化为可溶性的钠盐。Na_2CO_3 的熔点为851℃，常用温度为1000℃或更高。

熔融器皿宜用铂坩埚。但用含硫混合熔剂时会腐蚀铂皿，应避免采用铂皿，可用铁或镍坩埚。

2）氢氧化钠（NaOH）：NaOH 是低熔点熔剂，NaOH 的熔点为318℃，常用温度为500℃左右，常用于分解硅酸盐、碳化硅等试样。

因 NaOH 易吸水，熔融前要将其在银或镍坩埚中加热脱水后再加试样，以免引起喷溅。熔融器皿常用铁、银（700℃）和镍（600℃）坩埚。

3）过氧化钠（Na_2O_2）：Na_2O_2 是强氧化性、强腐蚀性的碱性熔剂，常用于分解难溶解的金属、合金及矿石。

熔融器皿为500℃以下用铂坩埚，600℃以下用锆和镍坩埚，也常用铁、银和刚玉坩埚。

4）硼砂（$Na_2B_4O_7$）：$Na_2B_4O_7$ 在熔融时不起氧化作用，也是一种有效熔剂。

使用时通常先脱水，再与 Na_2CO_3 以 1:1 研磨混匀使用。主要用于难分解的矿物，如刚玉、冰晶石、锆石等。熔融器皿一般为铂坩埚。

2.2.3.3 烧结分解法

烧结分解法又称半熔法，是利用溶剂和固体试样加热温度低于熔剂熔点，加热时发生化学反应而实现的。

其分解程度决定于试样的细度和溶剂与试样混匀程度，一般要求有很长的时间和过量的溶剂。一般用 $Na_2CO_3 - ZnO$ 烧结法（艾士卡试剂）及 $CaCO_3 - NH_4Cl$ 烧结法（斯密特法）。

烧结法用到的溶剂还有 $CaO - KMnO_4$、Zn 粉 $- NH_4F$、$Na_2CO_3 -$ 硫磺等。

【思考与练习】

2-1 名词解释：子样，送检样，分析试样，分析化验单位，样品最低可靠质量。

2-2 熔融法和半熔法的主要区别是什么？

2-3 归纳总结常用熔剂的如下内容：（1）溶剂名称和性质；（2）适宜器皿和使用注意事项；（3）分解试样时的温度和时间。

【项目实训】

实训题目：

试样的制备

教学目的：

（1）掌握快速灰分测定仪的使用方法；

（2）掌握空气干燥煤样的灰分的计算方法。

实验原理：

分析样在分析前均要进行处理，经设备碎矿、缩分、筛分等工序对试样加工；然后把达到一定的粒度的试样用于实验分析。

材料：

矿石 100g，粒度小于 30mm。

设备和工具：

（1）颚式破碎机一台；

（2）对辊式破碎机一台；

（3）筛子 30mm、10mm、3mm 各一个；

（4）台秤两台；

（5）二分器一台；

（6）手锤一把；

（7）铁板一块；

（8）铁铲一把；

（9）搪瓷盘一个；

（10）小铁箕一个；

（11）分样木板（铁板）两块；

（12）扫帚两把；

（13）毛刷一把；

（14）试样袋（装 1g）若干。

实验步骤：

（1）绘出试样加工缩分流程图。

（2）检查、调整实验所用设备及工具，清扫设备及加工缩分场地。

（3）按制定的加工缩分流程进行破碎筛分加工。

（4）混匀缩分：可用移锥法、环锥法、二分器法等。

（5）试样碎至 3mm 后，计算"实验结果样"的最后缩分质量，将缩分好的"实验结果样"装入试样中。

（6）实验结束，清扫设备、工具及实验场地。

编写实验报告

绘制试样加工缩分流程图，并对每个工序要求加以说明。

实验试样制备参考流程如图 2-3 所示。

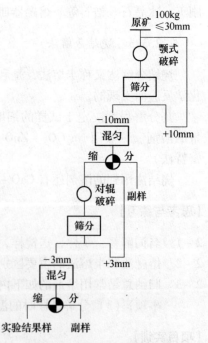

图 2-3 试样制备参考流程

项目3 硅酸盐分析

硅酸盐占地壳组成的四分之三,构成地壳岩石、土壤和许多矿物的主要成分,是工业分析中一项重要内容,通过本章节的学习,掌握硅酸盐常规项目的分析测定方法,具备硅酸盐工业分析基本技能。

任务3.1 硅酸盐知识及分解方法

【知识要点】

知识目标:

(1) 了解硅酸盐类型、命名;

(2) 掌握硅酸盐工业分析项目的分析方法;

(3) 掌握硅酸盐分析实验操作要点。

能力目标:

(1) 会正确选择硅酸盐分解、分析方法;

(2) 会正确进行硅酸盐分析试验。

3.1.1 任务描述与分析

硅酸盐是工业分析中一项重要分析项目,通过硅酸盐知识的了解。使学生明确硅酸盐的构成及分析重要性,掌握合理的硅酸盐试样的分解方法。

3.1.2 相关知识

3.1.2.1 硅酸基础知识

硅酸盐就是硅酸的盐类,就是由二氧化硅和金属氧化物所形成的盐类。

换句话说,是硅酸 ($x\,SiO_2 \cdot y\,H_2O$) 中的氢被 Al、Fe、Ca、Mg、K、Na 及其他金属取代形成的盐。

硅酸盐及硅酸盐制品在自然界中分布极广、种类繁多,硅酸盐约占地壳组成的 3/4,是构成地壳岩石、土壤和许多矿物的主要成分。

由于硅酸分子 $x\,SiO_2 \cdot y\,H_2O$ 中 x、y 的比例不同而形成偏硅酸、正硅酸及多硅酸。因此,不同硅酸分子中的氢被金属取代后,就形成元素种类不同、含量也有很大差异的多种硅酸盐。

常见的天然硅酸盐矿物有:正长石 $[K(AlSi_3O_8)]$、钠长石 $[Na(AlSi_3O_8)]$、钙长石 $[Ca(AlSi_3O_8)]$、滑石 $[Mg_3Si_4O_{10}(OH)_2]$、白云母 $[KAl_2(AlSi_3O_{10})(OH)_2]$、高岭土 $[Al_2(Si_4O_{10})(OH)_2]$、石棉 $[CaMg_3(Si_4O_{12})]$、橄榄石 $[(MgFe)_2SiO_4]$ 等。需分

开写清晰。

硅酸盐制品（即人造硅酸盐），以硅酸盐矿物的主要原料，经高温处理，可生产出硅酸盐制品。如水泥由铁矿石、黏土、石灰石经高温制成，玻璃由碱金属、石灰石、砂子经高温制成。制品有水泥、玻璃、陶瓷、耐火材料等非金属。

硅酸盐需用复杂的分子式表示，通常将硅酸酐分子（SiO_2）和构成硅酸盐的所有氧化物的分子式分开来写，如：

正长石：$K_2AlSi_6O_{16}$ 或 $K_2O \cdot Al_2O_3 \cdot 6SiO_2$

高岭土：$H_4Al_2Si_2O_9$ 或 $Al_2O_3 \cdot 2SiO_2 \cdot 2H_2O$

所有硅酸盐中，仅有碱金属硅酸盐可溶水，其余金属的硅酸盐都难溶于水。其中贵金属硅酸盐一般具有特征的颜色。

只有当原料提供的成分符合要求，加上良好的煅烧和粉磨，才能得到优质量水泥。硅酸盐分析是分析化学在硅酸盐生产中的应用。主要研究硅酸盐生产中的原料、材料、生产过程及产品中主要成分含量。其任务包括：

（1）对原料进行分析检验是否符合要求，为产品配方确定原材料的选样，为工艺控制提供数据。

（2）对生产过程中的配料及半成品进行控制分析，保证产品合格。

（3）对产品进行全分析，是否符合要求。

（4）特定项目检验。

其作用是：通过硅酸盐分析，对控制生产过程，提高产品质量，降低成本，改进工艺，发展新产品起着重要作用，是生产中的眼睛，指导生产。

3.1.2.2　硅酸盐分析的特点和方法

分析项目包括：SiO_2、Fe_2O_3、Al_2O_3、CaO、MgO、K_2O、Na_2O、TiO_2、MnO、FeO、P_2O_5、烧失量，水泥分析还有 SiO_3、$f-CaO$，玻璃分析还有 B_2O_3。在特殊情况下，也要求测定其他元素。

前五个组分 SiO_2、Fe_2O_3、Al_2O_3、CaO、MgO 为常规分析项目。

分析方法包括：

（1）重量分析法（准、费时）。用于分析 SiO_2、烧失量。

（2）容量分析法（络合滴定法，分析 CaO、MgO、Fe_2O_3、Al_2O_3、TiO_2 快、简单，有一定准确度）。

（3）仪器分析法。分光光度法分析微量 Fe_2O_3、TiO_2，火焰光度法分析 K_2O、Na_2O，原子吸收光度法分析 K_2O、Na_2O。

分析方法类型有：

（1）单项分析。是指在一份称样中测定一至两个项目。

（2）系统分析。是指将一份称样分解后，通过分离或掩蔽的方法消除干扰离子对测定的影响以后，再系统地、连贯地依次对数个项目进行测定。

3.1.2.3　硅酸盐试样的分解方法

试样分解的目的为固体试样转变试样溶液。

试样的分解要求包括：

（1）完全简单快速。

（2）分解无损失。

（3）无干扰引入。

硅酸盐分析过程中遇到的样品，绝大多数为固体试样。

硅酸盐试样分解的原理（理论依据）为：

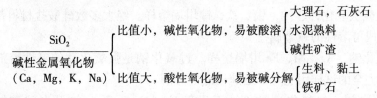

试样的分解方法如下：

$$分解方法分为\begin{cases}溶解法：水溶，酸溶，其他溶剂\\[1mm]熔融法：酸熔\ K_2O_7，碱熔\begin{cases}K_2CO_3，KOH，Na_2O_2，LiBO_2（偏硼酸锂）\\Na_2CO_3，NaOH，Na_2B_4O_7（四硼酸钠）\end{cases}\\[1mm]半熔法：K_2CO_3，Na_2CO_3\end{cases}$$

例：石灰石：主成分 CaO（45% ~53%）多数酸溶即可，SiO_2（0.2% ~10%），含硅高需用碱熔。

黏土：主成分 $Al_2O_3 \cdot 2SiO_2$ Si 含量高（50% ~65%）必须熔融法，另外，混合材料不仅从组成判断，还应从每个组分是否都能被酸溶解判断。

熟料：SiO_2 含量为 19% ~24%，CaO 含量为 60% ~66% 就可用 $HCl - HNO_3$ 溶解。

硅酸盐分解酸溶法利用 HCl，HNO_3，H_2SO_4，H_3PO_4，HF 等。

在系统分析中盐酸分解试样是最简便快速的处理方法，但只有少数样品可以用盐酸分解。氢氟酸是分解硅酸盐试样最有效的溶剂，大多数硅酸盐都能为氢氟酸所分解。

（1）HCl。系统分析中 HCl 是良好的溶剂。其特点为：

1）生成的氯化物除 $AgCl$、Hg_2Cl_2、$PbCl_2$ 外都能溶于水，给测定带来方便（硅酸盐样品中几乎不含 Ag^+、Hg^{2+}、Pb^{2+}）。

2）Cl^- 与某些离子生成络合物 $FeCl_6$ 促进试样分解。

3）浓 HCl 沸点较低，沸点 108℃用重量法测 SiO_2 易于蒸发除去。

4）可以分解正硅酸盐矿物，品质较好的水泥和水泥熟料试样。

（2）HNO_3、H_2SO_4、H_3PO_4。在系统分析中很少用 HNO_3、H_2SO_4 溶样。例如：

1）HNO_3 溶样，重量法测 SiO_2，加热蒸发过程中易形成难溶性碱式盐沉淀。

2）H_2SO_4 易形成溶解度小或不溶的碱土金属硫酸盐，干扰测定。但在单项测定中 HNO_3、H_2SO_4、H_3PO_4 都广泛应用。

3）H_3PO_4 在 200 ~300℃下变为含焦磷酸，配位性强具很强溶解能力，能溶解一些难溶于 HCl、H_2SO_4 的样品，如铁矿石、钛铁矿等，但只适用于单项测定。

（3）HF。氢氟酸是分解硅酸盐试样唯一最有效的溶剂。F^- 可与硅酸盐中的主要组分硅、铝、铁等形成稳定的易溶于水的配离子。

用氢氟酸或氢氟酸加硝酸分解试样，用于测定 SiO_2；用氢氟酸加硫酸（或高氯酸）分解试样，可防止 SiF_4 分解、有效加热除 F、可生成硫酸盐、高氯酸盐防止生成的氟化物挥发用于测定钠、钾或除 SiO_2 外的其他项目。

硅酸盐分解熔融法，即不能被酸直接分解的硅酸盐，可用熔融法在高温下对样品晶体破坏转化为易溶晶体。

（1）碳酸钠和碳酸钾，铂、瓷坩埚熔样。无水碳酸钠的熔点为 852℃，它与硅酸盐共熔时发生复分解反应，生成易熔性的硅酸钠及铝酸盐等。

（2）苛性碱氢氧化钾、钠、银、铁、镍坩埚熔样。绝大多数硅酸盐材料都能为苛性碱熔融分解，生成可溶性的碱金属盐。

（3）过氧化钠，Ag、Ni、Fe 坩埚熔样。过氧化钠是强氧化性的碱性熔剂。一些用其他方法分解不完全的试样用它可以迅速彻底的分解。

（4）其他熔剂。包括焦硫酸钾，无水硼砂（$Na_2B_4O_7$）与无水碳酸钠（Na_2CO_3）（1∶1）。

半熔法（烧结法），瓷坩埚熔样。即将试样与熔剂混合，在低于熔点（熔剂和样品这一混合物之熔点）温度下，让两者发生反应，至熔结（半熔物收缩成整块）而不是全熔。

烧结法的特点有：

（1）烧结的温度和时间，具体情况具体分析。

（2）熔剂少，干扰少。

（3）操作速度快、熔样时间短，易提取（尤其重量法测 SiO_2，省去了蒸发溶液时间）。

（4）减轻了对铂金坩埚的浸蚀作用（因为时间短易提取）。

（5）用于较易熔的样品，如水泥、石灰石、水泥生料，白云石等，对难熔样分解不完全。

任务 3.2　硅酸盐中二氧化硅的测定

【知识要点】

知识目标：

（1）了解硅酸盐中二氧化硅含量测定的重要性；

（2）掌握重量法、容量法测硅酸盐中硅含量的方法；

（3）掌握硅钼杂多酸光度法测硅含量的方法。

能力目标：

（1）会用重量法分析和容量法分析进行硅含量的测定；

（2）能掌握分光法测微量硅含量操作要点。

3.2.1　任务描述与分析

硅是硅酸盐主要组成元素之一，一般在硅酸盐中以二氧化硅形式存在，是硅酸盐一项重要分析项目。通过硅酸盐中硅化学性质分析，使用合理的分析方法对硅含量进行测定，使学生的理论知识和实验技能都得以强化巩固。

3.2.2　相关知识

3.2.2.1　重量法测二氧化硅

A　概述

硅酸盐中碱金属硅酸盐 Na_2SiO_3、K_2SiO_3 可溶于水，少量硅酸盐能溶于酸，多数硅酸盐既不溶于水，又不溶于酸。必须通过熔融方法，即

$$\left.\begin{array}{l} Na_2CO_3(铂) \\ K_2CO_3 \\ NaOH(银) \\ KOH \end{array}\right\} 熔融法 \quad 可溶性\ Na_2SiO_3、K_2SiO_3$$

熔融物用酸处理即 $Na_2SiO_3 + 2HCl == H_2SiO_3 + 2NaCl$，此后

硅酸 $\left\{\begin{array}{l} 一部分变成白色形状的水凝胶析出 \\ 其余以水溶胶状留在溶液 \end{array}\right\} \longrightarrow \left\{\begin{array}{l} 控制浓度、酸度、温度、空气为溶胶——容量法 \\ 干涸电解质，溶胶凝聚为沉淀——重量法 \end{array}\right.$

SiO_2 的测定方法为：

$$SiO_2\ 测定 \left\{\begin{array}{l} 重量法：NH_4Cl\ 凝聚重量法 \\ 容量法：K_2SiF_6\ 容量法 \\ 比色法：硅钼蓝比色法 \end{array}\right.$$

本节主要讲述的内容为重量法（NH_4Cl 法）和容量法（K_2SiF_6 法）。

B　氯化铵重量法

胶体的性质如下：

$$\underbrace{\underbrace{[\underbrace{(SiO_2)_m}_{胶核} \cdot \overbrace{(n-x)H_2SiO_3 \cdot xSiO_3^{2-}}^{吸附层}]}_{胶粒（带负电荷）} \cdot \underbrace{2xH^+}_{扩散层}}_{胶团}$$

胶体性质为：

（1）胶体的带电性质（实质是胶粒带电）。同性电荷间的斥力造成各胶体粒子间的稳定性，呈胶溶状不聚沉。

（2）胶粒的溶剂化。$HSiO_3^-$ 带负电（胶粒带负电），其与 H_3O^+ 产生水化作用，溶剂化性质（因为不论酸熔还是碱熔最终在溶液态时要加酸或酸性液）为亲液胶体，溶剂化性质严重者为憎液胶体，溶剂化性质不严重者 H_2SiO_3 属亲水性强。

硅酸盐重量法任务是破坏硅酸胶体。

破坏胶体的方法（途径）有：

（1）加异号电解质。中和胶粒的带电，破坏胶粒的电性，使胶粒显中性，不稳定，使沉淀，如

$$Fe^{3+} + NaOH == Fe(OH)_3 + Na^+$$

（2）破坏胶粒表面水化膜。具体为：

1）加热。增加碰撞机会。

2）浓缩。除去，使扩散层变薄（整个胶团压缩）。

3）干涸如 NH_4Cl 法：在含硅酸的浓盐酸液中，加入足量 NH_4Cl，水浴（砂浴）加热 10~15min，使硅酸迅速脱水析出。其中 NH_4Cl 作用（脱水过程）为：

① 由于 NH_4Cl 的水解，夺取硅酸中的水分，加速硅酸的脱水，即

$$NH_4Cl \rightleftharpoons NH_4^+ + Cl^-$$

$$NH_4^+ + H_2O \rightleftharpoons NH_3 \cdot H_2O + H^+$$

② NH_4Cl 存在降低了硅酸对其他组分的吸附，得到纯净的沉淀。（SiO_2 吸附的 NH_4Cl 在灼烧时挥发）。

因为硅酸分子是胶体沉淀，具有水化作用，胶粒有吸引溶剂分子——水的作用，使胶粒周围包上一层溶剂分子，致使各胶粒相碰时不能凝聚。

但是硅酸溶胶在加入电解质后并不立即聚沉，还必须通过干涸。

（3）动物胶（也是亲液胶体）。动物胶在水溶液中是两性电解质，硅酸胶粒带负电，正负电荷相吸彼此中和电性，使硅酸凝聚而析出。此外，动物胶是亲水性很强的胶体能从硅胶粒子上夺取水分破坏其水化外壳进一步促使硅胶凝聚。

NH_4Cl 重量法原理为

$$样品 \xrightarrow[熔融]{Na_2CO_3} \xrightarrow[\substack{处理\\凝\ 溶\\胶\ 胶}]{\downarrow 浓HCl} H_2SiO_3 \xrightarrow[蒸发干涸]{\downarrow NH_4Cl} \substack{凝聚沉 \downarrow\\ SiO_2 \cdot \frac{1}{2}H_2O}$$

$$\substack{3:97HCl溶可溶盐\\ \longrightarrow\\ 3:97HCl洗涤} \begin{cases} SiO_2 \cdot \frac{1}{2}H_2O \underset{（纯净）}{沉淀} \xrightarrow{950~1000℃} SiO_2 \rightarrow 称重（无定型，吸水严重，迅速称量）\rightarrow 含量 \\ 滤液 Fe、Al、Ca、Mg（Ti、Mn）测定 \end{cases}$$

操作步骤为：称取约 0.5g 试样（精确至 0.0001g），置于铂坩埚中，在 950~1000℃ 下灼烧 5min，冷却。用玻璃棒仔细压碎块状物，加入 0.3g 无水碳酸钠，混匀，再将坩埚置于 950~1000℃ 下灼烧 10min，放冷。

将烧结块移入瓷蒸发皿中，加少量水润湿，用平头玻璃棒压碎块状物，盖上表面皿，从皿口滴入 5mL 盐酸及 2~3 滴硝酸，待反应停止后取下表面皿，用平头玻璃棒压碎块状物使分解完全，用热盐酸（1+1）清洗坩埚数次，洗液合并于蒸发皿中。将蒸发皿置于沸水浴上，皿上放一玻璃三脚架，再盖上表面皿。蒸发至糊状后，加入 1g 氯化铵，充分搅匀，继续在沸水浴上蒸发至干。中间过程搅拌数次，并压碎块状物。

取下蒸发皿，加入 10~20mL 热盐酸（3+97），搅拌使可溶性盐类溶解。用中速滤纸过滤，用胶头扫棒以热盐酸（3+97）擦洗玻璃棒及蒸发皿，并洗涤沉淀 3~4 次。然后用热水充分洗涤沉淀，直至检验无氯离子为止。滤液及洗液保存在 250mL 容量瓶中。

在沉淀上加 3 滴硫酸（1+4），然后将沉淀连同滤纸一并移入铂坩埚中，烘干并灰化后放入 950~1000℃ 的马弗炉内灼烧 1h。取出坩埚，置于干燥器中，冷却至室温，称量，反复灼烧，直至恒重（m_1）。

向坩埚中加数滴水润湿沉淀，加 3 滴硫酸（1+4）和 10mL 氢氟酸，放入通风橱内电热板上缓慢蒸发至干，升高温度继续加热至三氧化硫白烟完全逸尽。将坩埚放入 950~1000℃ 的马弗炉内灼烧 30min。取出坩埚，置于干燥器中。冷却至室温，称量，反复灼烧，直至恒重（m_2）。

在上述经过氢氟酸处理后得到的残渣中加入 0.5g 焦硫酸钾，熔融，熔块用热水和数滴盐酸（1+1）溶解，溶液并入分离二氧化硅后得到的滤液和洗液中。用水稀释至标线，摇匀。此溶液用来测定溶液残留的可溶性二氧化硅、三氧化二铁、三氧化二铝、氧化钙、氧化镁、二氧化钛等。

条件及注意事项包括：

（1）脱水温度及时间。脱水时间为沸水浴 10~15min，温度控制在 100~110℃，加热近于黏糊状（现国标蒸干）。具体如下：

$$加热蒸发温度\begin{cases} 利于凝聚 \\ >120℃\quad 形成难溶的碱式盐\ Mg(OH)Cl,\ Fe(OH)Cl \\ 其溶解度低导致\ SiO_2\ 偏高\ (Fe、Mg\ 偏低) \end{cases}$$

$$脱水时间（10~15min）\begin{cases} 太长脱的太干，增加吸附量不易洗净，偏高 \\ 太短脱水不完全，可溶\xrightarrow{转化}不溶性硅酸不完全，易透过滤纸损失 \\ 使结果偏低并且过滤慢 \end{cases}$$

（2）过滤与洗涤，即：

1）过滤。为缩短过滤时间，加 10mL 3:97 热稀 HCl 先将可溶性盐溶解。

2）洗涤。3:97 热稀 HCl 作洗涤剂，加热可洗去硅酸吸附的杂质；防止 Fe^{3+}，Al^{3+} 水解；防止硅酸漏失。

控制次数为 10~12 次，总体积 120mL（每次 8~10mL），损失量小于 0.1%。

（3）灼烧、冷却、称重至恒重。灼烧可除去硅酸中残余水：

$$H_2SiO_3 \cdot xH_2O \xrightarrow{-xH_2O} H_2SiO_3 \xrightarrow{110℃} SiO_2 \cdot \frac{1}{2}H_2O \xrightarrow{950~1000℃} SiO_2$$

（4）结果计算。即

$$w(SiO_2) = \frac{m_{坩埚+沉淀} - m_{坩埚}}{m} \tag{3-1}$$

（5）精确分析还应将沉淀用 HF + H_2SO_4 进行挥发处理。

3.2.2.2　容量法测二氧化硅

A　二氧化硅容量法原理、过程及有关反应方程

方法原理为：在强酸介质中，在氟化钾、氯化钾的存在下，可溶性硅酸与 F^- 作用时，能定量地析出氟硅酸钾沉淀，该沉淀在沸水中水解析出氢氟酸，可用氢氧化钠标准滴定溶液进行滴定生产的氢氟酸，从而间接计算出样品中二氧化硅的含量。

其方法过程为：

$$样品\xrightarrow[熔融]{KOH}Na_2SiO_3\ 熔融物\xrightarrow{\downarrow HCl}H_2SiO_3\xrightarrow{强酸(3mol/L\ 浓\ HNO_3)过量\ K^+,\ F^-}K_2SiF_6\downarrow$$

$$\xrightarrow{过滤洗涤中残余酸}纯\ K_2SiF_6\ 沉淀\xrightarrow{热水水解定量释出}HF\xrightarrow{NaOH\ 滴定，酚酞}NaF$$

反应方程如下：

沉淀反应：

$$SiO_3^{2-} + 6F^- + 6H^+ \rightleftharpoons SiF_6^{2-} + 3H_2O$$

$$SiF_6^{2-} + 2K^+ \rightleftharpoons K_2SiF_6\downarrow$$

水解反应：

$$K_2SiF_6 + 3H_2O \xrightarrow{\triangle} 2KF + H_2SiO_3 + 4HF$$

滴定反应：

$$HF + NaOH \rightleftharpoons NaF + H_2O$$

$$SiO_2 \longrightarrow K_2SiF_6 \longrightarrow 4HF \longrightarrow 4NaOH$$

为使上述反应进行完全必须控制好条件。

B　测定步骤

称取约 0.5g 试样（精确至 0.0001g），置于铂坩埚中，加入 6~7g 氢氧化钠，在650~700℃的高温下熔融 20min，取出冷却。将坩埚放入盛有 100mL 近沸腾水的烧杯中，盖上表面皿，于电热板上适当加热，待熔块完全浸出后，取出坩埚，用水冲洗坩埚和盖，在搅拌下一次加入 25~30mL 盐酸，再加入 1mL 硝酸，用热盐酸（1+5）洗净坩埚和盖，将溶液加热至沸，冷却，然后移入 250mL 容量瓶中，用水稀释至标线，摇匀。此溶液供测定二氧化硅、三氧化二铁、三氧化二铝、氧化钙、氧化镁、二氧化钛用。

吸取 50.00mL 待测溶液，放入 250~300mL 塑料杯中，加入 10~15mL 硝酸，搅拌，冷却至 30℃ 以下，加入氯化钾，仔细搅拌至饱和并有少量氯化钾析出，再加 2g 氯化钾及 10mL 氟化钾溶液（150g/L），仔细搅拌（如氯化钾析出量不够，应再补充加入），放置 15~20min。用中速滤纸过滤，用氯化钾溶液（50g/L）洗涤塑料杯及沉淀 3 次。将滤纸连同沉淀取下置于原塑料杯中，沿杯壁加入 10mL 30℃ 以下的氯化钾—乙醇溶液（50g/L）及 1mL 酚酞指示剂溶液（10g/L），用 0.15mol/L 氢氧化钠标准滴定溶液中和未洗尽的酸，仔细搅动滤纸并擦洗杯壁直至溶液呈淡红色。向杯中加入 200mL 沸水（煮沸并用氢氧化钠溶液中和至酚酞呈微红色），用 0.15mol/L 氢氧化钠标准滴定溶液滴定至微红色。

C　结果计算

SiO_2 的质量分数按下式计算：

$$w(SiO_2) = \frac{T_{SiO_2}V}{m \times \frac{50}{250}} \times 100\% \tag{3-2}$$

式中　T_{SiO_2}——每毫升氢氧化钠标准滴定溶液相当于二氧化硅的质量，g/mL；

　　　V——滴定时消耗氢氧化钠标准滴定溶液的体积，mL；

　　　m——试料的质量，g。

D　条件及注意事项

（1）掌握沉淀这一步（国标有具体规定）。酸度，温度，体积，KCl、KF 加入量尽可能使所有 H_2SiO_3 全部转化为 K_2SiF_6 沉淀。

（2）沉淀的洗涤和中和残余酸。具体为：

1）控制好条件，使 K_2SiF_6 能够定量完全生成。实验证明，用 HNO_3 分解样品或熔融物，效果比 HCl 好，因为 HNO_3 分解时，不易析出硅酸凝胶，并减少 Al^{3+} 干扰，系统分析时用 HCl 分解熔块，但测 SiO_2 时还是用 HNO_3 酸化。

2）保证溶液有足够酸度。一般为 3mol/L 左右，过低易形成其他盐类氟化物，干扰测定；过高给沉淀洗涤中和残余酸带来麻烦。

3）沉淀温度、体积。温度 30℃ 以下，体积 80mL 以下，否则 K$_2$SiF$_6$ 溶解度增大，偏低。

4）足够过量 KCl 与 KF。即

$$\text{过量的KCl、KF} \xrightarrow[\text{利于}]{\text{同离子效应}} K_2SiF_6\downarrow \text{完全}$$

$$\text{但KF过高}\xrightarrow{\text{样品有较高Al}^{3+}} \begin{array}{l} K_2SiF_6 \xrightarrow{\text{水解}} HF \begin{array}{l}\rightarrow \text{Si偏高}\\ \rightarrow \text{Al偏低}\end{array}\\ K_3AlF_6\downarrow \end{array}$$

5）沉淀的洗涤——5% KCl（强电解质部分水解）溶液洗涤剂。因 K$_2$SiF$_6$ 沉淀易水解，故不能用水作洗涤剂，通过实验确定 50g/L 的 KCl 溶液，洗涤速度快，效果好，洗涤次数 2~3 次，总量 20mL（一般洗涤烧杯两次，滤纸 1 次）。

6）中和残余酸——50g/L KCl–50% 乙醇液作抑制剂，中和速度要快。残余酸必须要中和，否则消耗滴定剂，结果偏高，但中和过程会发生局部水解现象，干扰，偏低，所以操作要迅速。通常用 50g/L KCl–50% 乙醇溶液作为抑制剂，以酚酞为指示剂，用 NaOH 中和至微红色。

7）水解温度（热水，终点温度不低于 60℃）。水解反应是吸热反应，所以水解时温度越高，体积越大越利于 K$_2$SiF$_6$ 的溶解和水解，所以在实际操作中，用热水水解，体积在 200mL 以上，终点温度不低于 60℃。一般加入沸水使之水解，并在滴定过程中保持溶液温度为 70~90℃。

K$_2$SiF$_6$ 法的优点为：

（1）操作简便快捷。

（2）准确（操作正确）。

（3）应用广泛。

3.2.2.3　硅钼杂多酸分光光度法测二氧化硅

A　方法原理

在一定的酸度下，硅酸与钼酸生成黄色硅钼杂多酸（硅钼黄）H$_8$[Si(Mo$_2$O$_7$)$_6$]，在波长 350nm 处测量其吸光度，在工作曲线上求得硅含量。若用还原剂进一步将其还原成蓝色硅钼杂多酸（硅钼蓝），也可以在 650nm 处测量其吸光度，在工作曲线上求得硅含量，此为硅钼蓝光度法，该法更稳定、更灵敏。

B　测定步骤

（1）二氧化硅标准溶液的配制。称取 0.2000g 经 1000~1100℃ 新灼烧过 30min 以上的二氧化硅（SiO$_2$），置于铂坩埚中，加入 2g 无水碳酸钠，搅拌均匀，在 1000~1100℃ 高温下熔融 15min，冷却。用热水将熔块浸出，放于盛有热水的 300mL 塑料杯中，待全部溶解后冷却至室温，移入 1000mL 容量瓶中，用水稀释至标线，摇匀，移入塑料瓶中保存。此标准溶液中二氧化硅的浓度为 0.2000mg/mL。

吸取 10.00mL 上述标准溶液于 100mL 容量瓶中，用水稀释至标线，摇匀，移入塑料瓶中保存。此标准溶液中二氧化硅的浓度为 0.02000mg/mL。

（2）工作曲线的绘制。吸取 0.02000mg/mL 二氧化硅标准溶液 0mL、2.00mL、4.00mL、5.00mL、6.00mL、8.00mL、10.00mL，分别放入不同的 100mL 容量瓶中，加水稀释至约 40mL，依次加入 5mL 盐酸（1＋1）、8mL 乙醇（95％）、6mL 钼酸铵溶液（50g/L）。放置 30min 后，加入 20mL 盐酸（1＋1）、5mL 抗坏血酸溶液（5g/L），用水稀释至标线，摇匀。放置 1h 后，以水作参比，于 660nm 处测定溶液的吸光度，绘制工作曲线求出线性回归方程。

（3）样品测定从待测溶液中吸取 25.00mL 放入 100mL 容量瓶中，按照工作曲线绘制中的测定方法测定溶液的吸光度，然后求出二氧化硅的含量（m_3）。

C　条件及注意事项

（1）硅酸在酸性溶液中能逐渐地聚合，形成多种聚合状态，其中仅单分子正硅酸能与钼酸盐生成黄色硅钼杂多酸。因此，正硅酸的获得是光度法测定二氧化硅的关键。硅酸的浓度越高，溶液的酸度越大，加热煮沸和放置的时间越长，则硅酸的聚合程度越严重。实验中控制二氧化硅浓度在 0.7mg/mL 以下，溶液酸度在 0.7mol/L 以下，则放置 8 天，也无聚合现象。可采用返酸化法和氟化物解聚法防止硅酸的聚合。

（2）正硅酸与钼酸铵生成黄色硅钼杂多酸有两种形态，即 α 型硅钼酸和 β 型硅钼酸。α 型硅钼黄在低酸度（高 pH 值）条件生成，被还原后产物呈绿蓝色，$\lambda_{max} = 742nm$，不稳定而很少用；β 型硅钼黄在高酸度（低 pH 值）条件生成，被还原后产物呈深蓝色，$\lambda_{max} = 810nm$，颜色可稳定 8h 以上，分析上广泛应用。

分析中应创造条件（即提高酸度）生成稳定的 β 型硅钼黄。

酸度对其形态影响最大，若硅钼黄测定硅，控制溶液 pH = 3.0～3.8；若用硅钼蓝光度法测定硅，宜控制生成硅钼黄酸度在 pH = 1.3～1.5 为最佳。

任务 3.3　硅酸盐中三氧化二铁的测定

【知识要点】

知识目标：
（1）了解硅酸盐中铁含量测定的重要性；
（2）掌握硅酸盐中常量铁含量的分析方法；
（3）掌握硅酸盐中微量铁含量的分析方法。

能力目标：
（1）会用 EDTA 配位滴定法测定铁含量；
（2）能掌握仪器分析法测定微量铁原理及操作。

3.3.1　任务描述与分析

铁是硅酸盐主要组成元素之一，一般在硅酸盐中以氧化铁形式存在，是硅酸盐分析的必测项目。测氧化铁的方法很多，目前常用的是重铬酸钾氧化还原滴定法、EDTA 配位滴定法和原子吸收分光光度法。如样品铁含量很低时，可采用磺基水杨酸钠分光法和邻菲罗啉分光光度法。通过对硅酸盐中铁化学性质分析介绍，使学生能够选择合理的分析方法，掌握三氧化二铁分析测定技能。

3.3.2　相关知识

3.3.2.1　EDTA 容量法测定铁

三氧化二铁的测定方法有多种,如 K_2CrO_7 法、$KMnO_4$ 法、EDTA 配位滴定法、磺基水杨酸钠或邻二氮菲分光光度法、原子吸收分光光度法等。但水泥及其原料系统分析中应用最多的是 EDTA 配位滴定及磺基水杨酸钠分光光度法。

$$
铁的测定
\begin{cases}
化学分析法
\begin{cases}
氧化还原滴定法
\begin{cases}
KMnO_4 \text{ 法} \\
K_2Cr_2O_7
\end{cases} \\
络合滴定法 \quad EDTA \text{ 法}
\begin{cases}
直滴法 \quad SS \text{ 指示剂} \\
返滴法 \quad 铋盐返滴 XO \text{ 指示剂}
\end{cases}
\end{cases} \\
仪器分析法 \quad 光度分析法 \quad 微量铁测定
\end{cases}
$$

A　EDTA 容量分析法原理

Fe^{3+} 在 pH≈2 的酸性溶液中能与 EDTA 作用生成稳定的配合物。用磺基水杨酸为指示剂,以 EDTA 标准滴定到紫红色变为黄色为终点,由 EDTA 标液滴定的体积计算铁的含量。

B　测定步骤

溶解硅酸盐并在 250mL 容量法中定容,吸取此溶液 25.00mL,放入 300mL 烧杯中,加水稀释至约 100mL,用氨水和盐酸调节溶液 pH 在 1.8～2.0 之间。将溶液加热至 70℃,加 10 滴磺基水杨酸钠指示剂溶液,用 EDTA 标准滴定溶液缓慢地滴定至亮黄色,记录终点时 EDTA 标准滴定溶液消耗的体积。

C　结果计算

方法 1:

$$
w(Fe_2O_3) = \frac{C_{EDTA} V_{EDTA} M_{Fe_2O_3}}{1000 \times G \times \dfrac{25.00}{250.00}} \times 100\% \tag{3-3}
$$

式中　$w(Fe_2O_3)$——三氧化二铁的质量分数,%;

$\qquad C_{EDTA}$——EDTA 标准滴定溶液的摩尔浓度,mol/L;

$\qquad V_{EDTA}$——滴定时消耗 EDTA 标准滴定溶液的体积,mL;

$\qquad M_{Fe_2O_3}$——三氧化二铁的摩尔质量,g/moL;

$\qquad G$——试样的质量,g。

方法 2:

$$
w(Fe_2O_3) = \frac{T_{EDTA} V_{EDTA}}{1000 \times G \times \dfrac{25.00}{250.00}} \times 100\% \tag{3-4}
$$

式中　T_{EDTA}——每毫升 EDTA 标准滴定溶液相当于三氧化二铁的毫克数,mg/mL;

$\qquad V_{EDTA}$——滴定时消耗 EDTA 标准滴定溶液的体积,mL;

$\qquad G$——试样的质量,g。

D　条件及注意事项

(1) 分离硅后滤液溶液体系的组成为 Fe^{3+}、Al^{3+}、Ca^{2+}、Mg^{2+} 等,$\lg K$ 为 25.1,

16.3，10.69，8.7。

理论上讲，对混合离子分步测定有两种：

1）用掩蔽方法进行分布测定。

2）用控制酸度方法进行分步测定。

（2）溶液中混合离子分步测定条件为 $\Delta\lg K \geqslant 5$。即

$$FeY \quad \lg K = 25.1，\quad AlY \quad \lg K = 16.5 \quad\quad \Delta\lg K = 8.6 > 5$$

可以在 Al^{3+}、Ca^{2+}、Mg^{2+} 共同存在情况下，利用控制一定酸度，分步滴定 Fe^{3+}。

（3）EDTA 与金属离子形成 MY 配合物的条件为：

$$C_{(M)} \cdot K_{f(MY)}^{\ominus} \geqslant 10^6$$

当 $C_{(M)} = 0.01\text{mol/L}$ 时，形成条件：$\lg K_{f(MY)}^{\ominus} \geqslant 8$。

（4）酸度条件。酸度是本法的关键（pH = 1.6 ~ 1.8）。EDTA 配位法准确滴定铁的条件为：

$$\lg K'_{FeY} = \lg K_{FeY} - \lg\alpha_{Y(H)} \geqslant 8$$
$$25.1 - \lg\alpha_{Y(H)} \geqslant 8$$
$$\lg\alpha_{Y(H)} \leqslant 17.1$$

查酸效应曲线图可知：$pH_{min} = 1.0$。

所以，pH 为 1.0 ~ 2.5 之间均可以准确对铁进行测定。

酸效应曲线图如图 3 - 1 所示。其作用为：

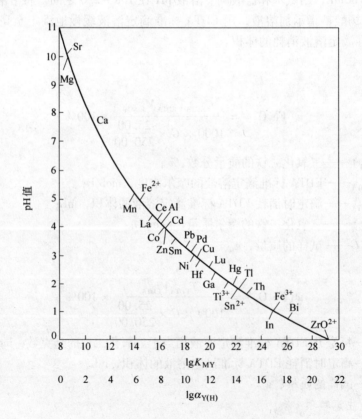

图 3 - 1　EDTA 的酸效应曲线（金属离子浓度 0.01mol/L）

1）可以找出单独滴定某一金属离子所需的最低 pH 值。

2）可以看出在一定 pH 值时，哪些离子被滴定，哪些离子有干扰，从而可以利用控制酸度，达到分别滴定或连续滴定的目的。

3）可兼作 $pH - \lg \alpha_{Y(H)}$ 表。

部分金属离子被 EDTA 滴定的最低 pH 值见表 3 – 1。

表 3 – 1　部分金属离子被 EDTA 滴定的最低 pH 值（即最高酸度）

金属离子	$\lg K_f^{\ominus}$	最低 pH 值	金属离子	$\lg K_f^{\ominus}$	最低 pH 值
Mg^{2+}	8.69	约 9.7	Pb^{2+}	18.04	约 3.2
Ca^{2+}	10.69	约 7.5	Ni^{2+}	18.62	约 3.0
Mn^{2+}	14.04	约 5.2	Cu^{2+}	18.80	约 2.9
Fe^{2+}	14.33	约 5.0	Hg^{2+}	21.80	约 1.9
Al^{3+}	16.10	约 4.2	Sn^{2+}	22.11	约 1.7
Co^{2+}	16.31	约 4.0	Cr^{3+}	23.40	约 1.4
Cd^{2+}	16.46	约 3.9	Fe^{3+}	25.10	约 1.0
Zn^{2+}	16.50	约 3.9	ZrO^{2+}	29.50	约 0.4

实际上，pH < 1.5，终点变色缓慢，拖后；pH > 2.5，Fe^{3+} 易水解，Al^{3+} 干扰 Fe^{3+} 测定。所以适宜酸度 pH 值为 1.6 ~ 1.8（精密试纸）。

调 pH 值为 1.6 ~ 1.8 的经验方法为：取试液后，首先加入 8 ~ 9 滴 SS，用 1 + 1 氨水调至桔红色或红棕色（pH = 4 ~ 8），然后再滴加 1 + 1 HCl 至红紫色（pH = 2.5）出现后，过量 8 ~ 9 滴，pH 值一般都在 1.6 ~ 1.8（不需试纸消耗试液）。

（5）指示剂。磺基水杨酸及其钠盐，SS。单色指示剂，配成 10% 10 滴在 pH 值为 1.2 ~ 2.5 形成紫色络合物 Fe – SS。

（6）EDTA 滴定反应方程。即

$$Fe^{3+} + HIn^- \Longleftrightarrow FeIn^+ + H^+$$
$$\text{无}\qquad\qquad \text{紫红}$$

终点前　$Fe^{3+} + H_2Y^{2-} \Longleftrightarrow FeY^- + 2H^+$

终点时　$H_2Y^{2-} + FeIn^+ \Longleftrightarrow HIn^- + FeY^- + H^+$　　终点紫红→亮黄
$$\qquad\qquad \text{紫红}\qquad\qquad\qquad \text{黄}$$

（7）温度为 60 ~ 70℃（温度计观察）。因 Fe^{3+} 与 EDTA 反应慢，所以加热提高反应速度。$t > 70℃$，部分 Al^{3+} 络合，太高还会造成 TiO^{2+} 水解成偏钛酸沉淀，使 $Al_2O_3 + TiO_2$ 含量结果不稳定；$t < 50℃$，反应速度慢。所以控制滴定起始温度为 70℃，最终温度为 60℃。

3.3.2.2　氧化还原滴定法测铁

（1）重铬酸钾法。在热的盐酸介质中，以氯化亚锡为还原剂将溶液中的三价铁全部还原为二价铁，再用重铬酸钾标液进行滴定，常用二苯胺磺酸钠为指示剂。

$$2Fe^{3+} + Sn^{2+} + 6Cl^- \Longrightarrow 2Fe^{2+} + SnCl_6^{2-}$$
$$6Fe^{2+} + Cr_2O_7^{2-} + 14H^+ \Longrightarrow 6Fe^{3+} + 2Cr^{3+} + 7H_2O$$

（2）高锰酸钾法。高锰酸钾法原理与重铬酸钾法相同，只是改用高锰酸钾标准溶液来滴定二价铁。

（3）碘量法。利用 I_2 的氧化性和 I^- 的还原性进行测定的一种方法。在中性或弱酸性介质中加入过量的碘化钾，然后以淀粉为指示剂，用硫代硫酸钠标准溶液滴定定量析出的单质 I_2。

$$2Fe^{3+} + 2I^- \Longrightarrow 2Fe^{2+} + I_2$$
$$I_2 + 2S_2O_3^{2-} \Longrightarrow S_4O_6^{2-} + 2I^-$$

3.3.2.3　分光光度法测微量铁

分光光度法测量微量铁主要有以下两种方法：

（1）磺基水杨酸法。在 pH = 8 ~ 11 的氨性溶液中，Fe^{3+} 与磺基水杨酸生成稳定的黄色配合物，最大吸收波长为 420nm，颜色强度与铁含量成正比，故可用铁的光度测定。

（2）邻菲罗啉光度法。用盐酸羟胺抗坏血酸将 Fe^{3+} 还原为 Fe^{2+}，在 pH = 2 ~ 9 时，Fe^{2+} 能与邻菲罗啉生成稳定的橙红色的配合物，其最大吸收波长为 508nm，配位色与 Fe^{2+} 浓度成正比。

3.3.2.4　原子吸收分光光度法测微量铁

A　方法原理

试样经氢氟酸和高氯酸分解后，分取一定量的溶液，以锶盐消除硅、铝、钛等对铁的干扰。在空气—乙炔火焰中，于波长 248.3nm 处测定吸光度。

B　测定步骤

测定步骤为：

（1）三氧化二铁标准溶液的配制。称取 0.1000g 已于 950℃ 灼烧 1h 的 Fe_2O_3（高纯试剂），置于 300mL 烧杯中，依次加入 50mL 水、30mL 盐酸（1 + 1）、2mL 硝酸，低温加热至全部溶解，冷却后移入 1000mL 容量瓶中，用水稀释至标线，摇匀。此标准溶液中三氧化二铁的浓度为 0.1000mg/mL。

（2）工作曲线的绘制。吸取 0.1000mg/mL 三氧化二铁的标准溶液 0mL、10.00mL、20.00mL、30.00mL、40.00mL、50.00mL 分别放入 500mL 容量瓶中，加入 25mL 盐酸及 10mL 氯化锶溶液（50g/L），用水稀释至标线，摇匀。将原子吸收光谱仪调节至最佳工作状态，在空气—乙炔火焰中，用铁元素空心阴极灯，于 248.3nm 处，以水校零测定溶液的吸光度。绘制工作曲线或求出线性回归方程。

（3）样品测定从待测溶液中分取一定量的溶液，放入容量瓶中（试样溶液的分取量及容量瓶的容积视三氧化二铁的含量而定），加入氯化锶溶液（锶 50g/L），使测定溶液中锶的浓度为 1mg/mL。用水稀释至标线，摇匀。在与工作曲线绘制相同的仪器条件下测定溶液的吸光度，求出三氧化二铁的浓度。

C　结果计算

三氧化二铁的质量分数按式（3 - 5）计算：

$$w(Fe_2O_3) = \frac{CV \times 10^{-3}}{m \times \frac{V_0}{250}} \times 100\% \qquad (3 - 5)$$

式中　C——测定溶液中三氧化二铁的浓度，mg/mL；

　　　V——测定溶液的体积，mL；

　　　V_0——移取试样溶液的体积，mL；

　　　m——试料的质量，g。

任务 3.4　硅酸盐中三氧化铝的测定

【知识要点】

知识目标：

（1）了解硅酸盐中氧化铝含量测定的重要性；

（2）掌握重量法、容量法测硅酸盐中铝含量的方法；

（3）掌握硅钼杂多酸光度法测铝含量的方法。

能力目标：

（1）会用重量法分析和容量法分析法进行铝含量的测定；

（2）能掌握分光法测微量铝含量操作要点。

3.4.1　任务描述与分析

铝是硅酸盐主要组成元素之一，一般在硅酸盐中以三氧化铝形式存在，是硅酸盐分析主要检测分析项目之一。铝的测定方法有重量法、可见分光法、滴定法、原子吸收法、ICP 等，光度法应用很多，在硅酸盐中铝含量高，多采用 EDTA 配位滴定，若含量低，采用铬天青 S 比色法。通过对硅酸盐中铝化学性质分析，使学生掌握常量铝含量的测定方法和实验要点。

3.4.2　相关知识

3.4.2.1　EDTA 配位滴定法测铝

A　分析滴定可能性

在滴定完铁的溶液中有：

$$\Delta\lg K = \lg K_{Al-Y} - \lg K_{CaY} = 16.1 - 10 > 5$$

在有 Ca^{2+}、Mg^{2+} 共存的溶液中，可通过控制酸度测定 Al^{3+}，EDTA 法测铝最低 pH 值为 4.2。

B　EDTA 配位滴定法类型

EDTA 配位滴定法类型有：

（1）直接滴定法。

（2）返滴定法。

（3）置换滴定法。

C　EDTA 配位滴定法原理

铝与 EDTA 可以形成稳定的无色配合物，但在室温下反应很慢，只有在煮沸的溶液中才能较快进行。

由于 Al^{3+} 对二甲酚橙、铬黑 T 等常用的金属指示剂均有封闭作用所以一般不直接滴定铝而采用返滴定法。

a　返滴定法（测 Al + Ti 合量）

测定原理为：该法是试样溶液中加入过量的 EDTA，调整溶液 pH 值为 3.8 ~ 4.0，煮沸 1 ~ 2min，使 Al^{3+} 与 EDTA 配合反应完全，以 PAN 为指示剂，在 pH 值为 5 ~ 6 时，用铜盐标液返滴定剩余的 EDTA，溶液颜色由黄色变为亮紫色，根据加入 EDTA 溶液和滴定消耗的铜盐溶液的体积，计算试样中三氧化铝的含量。

$$\text{滴定 } Fe^{3+} \text{ 后的溶液} \xrightarrow[\text{加热 } 70 \sim 80℃]{\text{过量的 EDTA}} \text{使大部分生成 AlY} \xrightarrow[\text{煮沸 } 1 \sim 2min]{\text{调 pH 值为 } 3.8 \sim 4.0} \text{全部 AlY}$$

$$\xrightarrow[CuSO_4]{\text{稍冷 } 5 \sim 6 \text{ 滴 PAN}} \text{亮紫色}$$

测定步骤为：向滴定完铁的溶液中加入 0.015mol/L EDTA 标准滴定溶液至过量 10 ~ 15mL，用水稀释至 150 ~ 200mL。将溶液加热至 70 ~ 80℃后，加数滴氨水（1 + 1）使溶液 pH 在 3.0 ~ 3.5 之间，加 15mL 缓冲溶液（pH = 4.3），煮沸 1 ~ 2min，取下稍冷，加入 4 ~ 5 滴 PAN 指示剂溶液（2g/L），用硫酸铜标准滴定溶液滴定至亮紫色。

结果计算为：

$$w(Al_2O_3) = \frac{T_{Al_2O_3} \times (V_1 - KV_2)}{m \times \frac{V_0}{250}} \times 100\% - 0.64 \times w(TiO_2) \qquad (3-6)$$

式中　$T_{Al_2O_3}$——每毫升 EDTA 标准溶液相当于三氧化二铝的质量，g/mL；

$\quad\quad V_1$——加入 EDTA 标准溶液的体积，mL；

$\quad\quad K$——每毫升硫酸铜标准滴定溶液相当于 EDTA 标准滴定溶液的毫升数；

$\quad\quad V_2$——滴定时消耗的硫酸铜标准滴定溶液的体积，mL；

$w(TiO_2)$——用二安替比林甲烷光度法测得的二氧化钛的质量分数；

$\quad\quad 0.64$——二氧化钛对三氧化二铝的换算系数；

$\quad\quad m$——试料的质量，g。

条件及注意事项为：终点颜色为紫红色（好）。与过剩的 EDTA 量和所加 PAN 指示剂量有关。即

过剩的 EDTA 量和 PAN 指示剂量	终点颜色
EDTA 过剩太多或 PAN 量少	蓝紫色甚至为蓝色
EDTA 过剩太少或 PAN 量多	红色
EDTA 过剩适中	紫红色

过量 EDTA，加热至 70℃；再调 pH 值为 3.8 ~ 4.0。

加入 EDTA 后不立即调至 pH 值为 3.8 ~ 4.0 的原因是：

（1）Al^{3+} 与 EDTA 反应慢，过量 EDTA 及加热均提高反应速度 v。

（2）过量后并不直接调至 pH 值为 3.8 ~ 4.0，目的是让大部分 Al^{3+}、TiO^{2+} 与 EDTA 络合，以防 pH 值提高至 3.8 ~ 4.0 水解。

PAN 与 Cu – PAN 都不易溶于水，为增大其溶解度，配成 PAN 的酒精溶液，滴定时在热的条件下进行滴定，一般为 80 ~ 90℃。滴定的体积保持在 200mL 以上，以降低 Ca、Mn

对测定的干扰。

本法测得的是 Al、Ti 合量，要求高时，用光度法测出 Ti 量，扣除得准确铝量。

本法适用于 Mn 含量小于 0.5% 的试样，超过应用直滴法。

b　氟化物置换滴定法（测纯 Al 量）

方法原理为：在微酸性溶液中加入过量的 EDTA，将溶液煮沸，调节溶液 pH 值为 5～6，使 Al^{3+}、Cu^{2+}、Zn^{2+}、Pb^{2+}、Ti^{4+}、Ni^{2+} 等离子与 EDTA 完全配合，选合适的指示剂，用锌盐溶液回滴过量的 EDTA，然后加入氟化铵，释放出与 Al^{3+} 等量的 EDTA，再用锌标准溶液滴定。

$$AlY^{4+} + 6F^{-} = AlF_6^{3-} + Y^{+}$$
$$Y^{4-} + Zn^{2+} = ZnY^{2-}$$

此法适用于铁高铝低（铁矿石）试样。

测定步骤为：吸取分离二氧化硅后的滤液 25.00mL，于 300mL 锥形瓶中，加水 20mL，用氨水调至氢氧化铁沉淀出现，以盐酸（1+1）溶解并过量 2mL，加热煮沸、冷却。加入 10mL 钽试剂，放置 5min，加入 40mL EDTA 溶液（若铝量较高，可增加），在 60℃ 保温至钛与钽试剂的沉淀凝聚。取下冷却，以甲基橙为指示剂，用氨水（1+1）调至黄色，过量两滴，加入 10mL 乙酸—乙酸钠缓冲溶液，煮沸 3min，取下，冷却至室温。加入 3～4 滴 0.50% 二甲酚橙指示剂，用氯化锌标准溶液滴定至溶液刚变红紫色，此读数不计。然后加入 1～2g 氟化铵，煮沸 3min，取下冷却至室温，用氯化锌标准溶液滴定至溶液刚变红紫色为终点。记下读数，按式（3-7）计算三氧化二铝的百分含量。

结果计算为：

$$w(Al_2O_3) = \frac{T_{Al_2O_3} \times V \times n}{G} \times 100\% \qquad (3-7)$$

式中　$T_{Al_2O_3}$——每毫升氯化锌标准溶液相当于三氧化二铝的克数，g/mL；

　　　　V——滴定消耗氯化锌标准溶液体积，mL；

　　　　n——全部试样溶液与测定时所分取试样溶液的体积比；

　　　　G——试样的质量，g。

条件及注意事项为：

（1）钛（Ⅳ）、锆（Ⅳ）、锡（Ⅳ）、钍（Ⅳ）等与 EDTA 形成稳定的配合物，加入氟化物后，也能释放 EDTA，使测定结果偏高。在一般的硅酸盐中，锡、钍、锆含量均很低，故只考虑钛对测定的影响。通常采取另外测定钛含量，然后扣除的方法。也可加入钽试剂、乳酸、酒石酸等消除钛的干扰。若钛含量较高，可采用铝、钛连续滴定。即在加入氟化物之前，加入苦杏仁酸置换出 Ti–EDTA 中的 EDTA，用锌盐标准溶液滴定测定钛，然后再测铝。

分离二氧化硅后的溶液调 pH=2，防止 Al^{3+} 和 Ti^{4+} 水解，Al^{3+} 和 Ti^{4+} 一旦水解，则难以与 EDTA 或钽试剂配位完全。然后加入钽试剂和过量的 EDTA，将溶液加热至 60℃，再于 pH 值为 4 左右加热煮沸数分钟，此时 Al^{3+} 完全形成 EDTA 配合物，钛亦被钽试剂完全掩蔽。

（2）以二甲酚橙为指示剂，锌标准溶液返滴定剩余的 EDTA 恰至终点，此时溶液中已无游离的 EDTA 存在，Al^{3+}、Fe^{3+}、Cu^{2+}、Zn^{2+}、Pb^{2+}、Ti^{4+}、Ni^{2+} 等离子均与 EDTA 定

量配位，TiO^{2+} 与钽试剂配位。因尚未加入 NH_4F 进行置换，故此时不必记录锌盐溶液的消耗数。

（3）第一次用锌盐溶液滴定至终点后，要立即加入氟化铵溶液且加热，进行置换，否则痕量的钛会与甲酚橙指示剂配位，影响第二次滴定。

（4）氟化铵的加入量不宜过多，因为大量的氟化物可与 Fe – EDTA 中的 Fe^{3+} 反应，造成误差。一般分析中，100mg 以内的 Al_2O_3，加 1g 氟化铵可完全满足置换反应的需要。

（5）锰量大于 1mg 时，终点变化不明显，可用苯甲酸铵、六次甲基四胺或氨水沉淀铝，使铝与锰分离。

3.4.2.2　光度法

光度法包括：铝试剂法、埃铬青 R 法、铬天青 S 法。

铬天青 S 分光法原理为：在 pH 值为 4.5~5.4 的条件下，铝与铬天青 S 显色反应，可稳定 1h，在 545nm 测吸光度，可测定低含量铝试样。

任务 3.5　硅酸盐中钛、钙、镁的测定

【知识要点】

知识目标：
（1）了解硅酸盐中钛、钙、镁含量测定的重要性；
（2）掌握 EDTA 法测钙、镁含量原理及操作方法；
（3）掌握硅酸盐中微量钙、镁的测定方法。

能力目标：
（1）会用 EDTA 容量法测钙、镁含量；
（2）能正确理解分光法测氧化钾、氧化钠含量。

3.5.1　任务描述与分析

钛在硅酸盐中含量较低，通常用光度法测定；钙、镁在硅酸盐中通常共存，需同时测定，常用 EDTA 容量法测定，通过本章节的学习，使学习掌握硅酸盐中钛、钙、镁含量的测定分析方法。

3.5.2　相关知识

3.5.2.1　钛的测定方法

钛的测定方法很多，常用的有分光光度法和返滴定法两种。分光光度法主要有二安替比林甲烷分光光度法、过氧化氢分光光度法和钛铁试剂光度法等，其中二安替比林甲烷分光光度法在国家标准 GB/T 176—1996 中列为基准法。返滴定法通常有苦杏仁酸置换—铜盐溶液返滴定法和过氧化氢—铋盐溶液返滴定法。这里只介绍二安替比林甲烷分光光度法。

A　方法原理

在盐酸介质中，二安替比林甲烷（DAPM）与 TiO^{2+} 生成极为稳定的组成为 1:3 的黄色配合物。在波长 420nm 处测定其吸光度，摩尔吸光系数约为 $1.47 \times 10^4 L/(mol \cdot cm)$。

$$TiO^{2+} + 3DAPM + 2H^+ \Longrightarrow [Ti(DAPM)_3]^{4+} + H_2O$$

B　测定步骤

测定步骤为：

（1）二氧化钛标准溶液的配制。称取 0.1000g 经高温灼烧过的二氧化钛，置于铂坩埚中，加入 2g 焦硫酸钾，在 500~600℃ 下熔融至透明。熔块用硫酸（1+9）浸出，加热至 50~60℃，使熔块完全溶解，冷却后移入 1000mL 容量瓶中，用硫酸（1+9）稀释至标线，摇匀。此标准溶液每毫升含有 0.100mg 二氧化钛。吸取 100.00mL 上述标准溶液于 500mL 容量瓶中，用硫酸（1+9）稀释至标线，摇匀此标准溶液每毫升含有 0.0200mg 二氧化钛。

（2）工作曲线的绘制。吸取 0.02mg/mL 二氧化钛标准溶液 0mL、2.50mL、5.00mL、7.50mL、10.00mL、12.50mL、15.00mL 分别放入 100mL 容量瓶中，依次加入 10mL 盐酸（1+2）、10mL 抗坏血酸溶液（5g/L）、5mL 乙醇（95%）、20mL 二安替比林甲烷溶液（30g/L），用水稀释至标线，摇匀。放置 40min 后，以水作参比于 420nm 处测定溶液的吸光度。绘制工作曲线或求出线性回归方程。

（3）样品测定。吸取 25.00mL 待测溶液放入 100mL 容量瓶中，加入 10mL 盐酸（1+2）及 10mL 抗坏血酸溶液（5g/L），放置 5min。加入 5mL 乙醇（95%）、20mL 二安替比林甲烷溶液（30g/L），用水稀释至标线，摇匀。用上述方法测定溶液的吸光度。

C　结果计算

$$w(TiO_2) = \frac{m_{TiO_2} \times 10^{-3}}{m \times \frac{25}{250}} \times 100\% \qquad (3-8)$$

式中　m_{TiO_2}——100mL 测定溶液中二氧化钛的含量，mg；

　　　m——试料的质量，g。

D　条件及注意事项

条件及注意事项包括：

（1）比色用的试样溶液可以是氯化铵重量法测定硅后的溶液，也可以用氢氧化钠熔融后的盐酸溶液。但加入显色剂前，需加入 5mL 乙醇，以防止溶液浑浊而影响测定。

（2）该法有较高的选择性。Fe^{3+} 能与二安替比林甲烷形成棕色配合物，铬（Ⅲ）、钒（Ⅴ）、铈（Ⅳ）本身具有颜色，使测定结果产生显著的正误差，可加入抗坏血酸还原。

（3）反应介质选用盐酸，因硫酸溶液会降低配合物的吸光度。比色溶液最适宜的盐酸酸度范围为 0.5~1mol/L。如果溶液的酸度太低，一方面很容易引起 TiO^{2+} 的水解；另一方面，当以抗坏血酸还原 Fe^{3+} 时，由于 TiO^{2+} 与抗坏血酸形成不易破坏的微黄色配合物，而导致测定结果的偏低。如果溶液酸度达 1mol/L 以上，有色溶液的吸光度将明显下降。

3.5.2.2　EDTA 配位滴定法测定钙、镁

EDTA 配位滴定钙、镁有两种形式，即：

（1）分别滴定法。即在一份试液中，在 pH = 10 时，用 EDTA 滴定钙、镁合量，而在另一份试液中调节 pH = 12 ~ 13 使 Mg^{2+} 沉淀用 EDTA 滴定钙。

（2）连续滴定法。在同一份试液中先将 pH 值调到 12 ~ 13，用 EDTA 滴定钙，再将溶液酸化调节 pH = 10 继续滴定镁。

目前常用于滴定钙的指示剂是 CMP、MTB 和钙指示剂。常用于滴定钙、镁合量的指示剂为铬黑 T 或酸性铬蓝 K – 萘酚绿 B 混合剂。

用 EDTA 配位法测定钙、镁时共存的 Fe^{3+}、Al^{3+} 有干扰，一般加三乙醇胺、酒石酸钾钠及氟化物进行掩蔽。

A　钙的测定

a　方法原理

在 pH > 13 的强碱性溶液中，以三乙醇胺（TEA）为掩蔽剂，用钙黄绿素—甲基百里香酚蓝—酚酞（CMP）混合指示剂，用 EDTA 标准滴定溶液滴定。

$$Ca^{2+} + CMP \Longrightarrow Ca^{2+} - CMP$$

红色   绿色荧光

$$Ca^{2+} - CMP + H_2Y^{2-} \Longrightarrow CaY^{2-} + CMP + 2H^+$$

绿色荧光   红色

b　测定步骤

移取 25.00mL 待测溶液放入 300mL 烧杯中，加水稀释至约 200mL，加 5mL 三乙醇胺（1 + 2）及少许的钙黄绿素—甲基百里香酚蓝—酚酞混合指示剂，在搅拌下加入氢氧化钾溶液（200g/L），至出现绿色荧光后再过量 5 ~ 8mL，使溶液 pH > 13。用 0.015mol/L EDTA标准滴定溶液滴定至绿色荧光消失并呈现红色为终点。

c　结果计算

$$w(CaO) = \frac{T_{CaO} \times V}{m \times \dfrac{25}{250}} \times 100\% \tag{3-9}$$

式中　T_{CaO}——每毫升 EDTA 标准滴定溶液相当于氧化钙的质量，g/mL；

      V——滴定时消耗 EDTA 标准滴定溶液的体积，mL；

      m——试料的质量，g。

d　条件及注意事项

条件及注意事项包括：

（1）该法在国家标准 GB/T 176—1996 中列为基准法。在代用法中，预先向酸溶液中加入适量氟化钾，以抑制硅酸的干扰。

（2）钙黄绿素是一种常用的荧光指示剂，在 pH > 12 时，其本身无荧光，但与 Ca^{2+}、Mg^{2+}、Sr^{2+}、Ba^{2+}、Al^{3+} 等形成配合物时呈现黄绿色荧光，对 Ca^{2+} 特别灵敏。但是，有时在合成或贮存时会分解而产生荧光黄，使滴定终点仍有残余荧光。因此，常对指示剂进行提纯处理，或以酚酞、百里酚酞溶液加以掩蔽。另外，钙黄绿素也能与钾离子、钠离子产生微弱的荧光，但钾的作用比钠弱，故应尽量避免使用钠盐。

（3）在不分离硅的试液中测定钙时，在强碱性溶液中生成硅酸钙，使钙的测定结果偏低。可将试液调为酸性后，加入一定量的氟化钾溶液，搅拌，放置 2min 以上，生成氟硅酸，再用氢氧化钾碱化，反应式如下：

$$H_2SiO_3 + 6H^+ + 6F^- \Longrightarrow H_2SiF_6 + 3H_2O$$

$$H_2SiF_6 + 6OH^- \Longrightarrow H_2SiO_3 + 6F^- + 3H_2O$$

该反应速率较慢，新释出的硅酸为非聚合状态的硅酸，在 30min 内不会生成硅酸钙沉淀。因此，当碱化后应立即滴定，即可避免硅酸的干扰。

加入氟化钾的量应根据试样中二氧化硅的大致含量而定。例如，含 SiO_2 为 2～15mg 的水泥、矾土、生料、熟料等试样，应加入氟化钾溶液（20g/L $KF \cdot 2H_2O$）5～7mL；而含 SiO_2 为 25mg 以上的黏土、煤灰等试样，则加入 15mL。若加入氟化钾的量太多，则生成氟化钙沉淀，影响测定结果及终点的判断；若加入量不足，则不能完全消除硅的干扰，两者都使测定结果偏低。

（4）铁、铝、钛的干扰可用三乙醇胺掩蔽。少量锰与三乙醇胺也能生成绿色配合物而被掩蔽，锰量太高则生成的绿色背景太深，影响终点的观察。镁的干扰是在 pH > 12 的条件下使之生成氢氧化镁沉淀而消除。加入三乙醇胺的量一般为 5mL，但当测定高铁或高锰类试样时应增加至 10mL，并经过充分搅拌，加入后溶液应呈酸性，如变浑浊应立即以盐酸调至酸性。

（5）滴定至近终点时应充分搅拌，使被氢氧化镁沉淀吸附的钙离子能与 EDTA 充分反应。在使用 CMP 指示剂时，不能在光线直接照射下观察终点，应使光线从上向下照射。近终点时应观察整个液层，至烧杯底部绿色荧光消失呈现红色。

（6）如试样中含有磷，由于有磷酸钙生成，滴定近终点时应放慢速度并加强搅拌。当磷含量较高时，应采用返滴定法测 Ca^{2+}。

（7）测定铝酸盐水泥、矾土等高铝试样中的氧化钙时，通常采用硼砂—碳酸钾（1 + 1）于铂坩埚中熔样。由于引入的硼与部分氟离子形成 BF_6^{3-}，故氟化钾的加入量应为 15mL。另外，由于氟离子与硅酸的反应需在一定的酸度下进行，所以在加入氟化钾溶液前，应先加 5mL 盐酸（1 + 1）。

B　镁的测定

a　方法原理

在 pH = 10 的溶液中，以三乙醇胺、酒石酸钾钠为掩蔽剂，用酸性铬蓝 K – 萘酚绿 B 混合指示剂（简称 KB 指示剂），以 EDTA 标准滴定溶液滴定，测得钙、镁含量，然后扣除氧化钙的含量，即得氧化镁含量。当试样中一氧化锰含量在 0.5% 以上时，在盐酸羟胺存在下，测定钙、镁、锰总量，差减法求得氧化镁含量。

b　测定步骤

吸取 25.00mL 待测溶液放入 400mL 烧杯中，加水稀释至约 200mL，加 1mL 酒石酸钾钠溶液（100g/L），5mL 三乙醇胺溶液（1 + 2），搅拌，然后加入 25mL 缓冲溶液（pH = 10）及少许酸性铬蓝 K—萘酚绿 B 混合指示剂，用 0.015mol/L EDTA 标准滴定溶液滴定，近终点时应缓慢滴定至纯蓝色。

c　结果计算

若一氧化锰含量在 0.5% 以下时，氧化镁的质量分数按式（3 – 10）计算：

$$w(MgO) = \frac{T_{MgO} \times (V_1 - V_2)}{m \times \dfrac{25}{250}} \times 100\% \qquad (3-10)$$

式中　T_{MgO}——每毫升 EDTA 标准滴定溶液相当于氧化镁的质量，g/mL；

　　　　V_1——滴定钙、镁总量时消耗 EDTA 标准滴定溶液的体积，mL；

　　　　V_2——测定氧化钙时消耗 EDTA 标准滴定溶液的体积，mL；

　　　　m——试料的质量，g。

　　若一氧化锰含量在 0.5% 以上时，氧化镁的质量分数按式（3-11）计算：

$$w(MgO) = \frac{T_{MgO} \times (V_1 - V_2)}{m \times \frac{25}{250}} \times 100\% - 0.57 w(MnO) \qquad (3-11)$$

式中　T_{MgO}——每毫升 EDTA 标准滴定溶液相当于氧化镁的质量，g/mL；

　　　　V_1——滴定钙、镁、锰总量时消耗 EDTA 标准滴定溶液的体积，mL；

　　　　V_2——测定氧化钙时消耗 EDTA 标准滴定溶液的体积，mL；

　　　　m——试料的质量，g；

　　$w(MnO)$——测得的氧化锰的质量分数；

　　0.57——氧化锰对氧化镁的换算系数。

　　d　条件及注意事项

　　条件及注意事项包括：

　　（1）EDTA 滴定 Ca^{2+} 时的允许酸度为 pH≥7.5，滴定 Mg^{2+} 时的允许酸度为 pH≥9.5。在实际操作中，常控制在 pH = 10 时滴定 Ca^{2+} 和 Mg^{2+} 的总量，再于 pH > 12.5 时滴定 Ca^{2+}。

　　（2）当溶液中锰含量在 0.5% 以下时对镁的干扰不显著，但超过 0.5% 则有明显的干扰，此时三乙醇胺的量需增至 10mL，在滴定前加入 0.5 ~ 1g 盐酸羟胺，使锰 Mn^{2+}，与 Mg^{2+}、Ca^{2+} 一起被定量配位滴定，然后再扣除氧化钙、氧化锰的含量，即得氧化镁含量。

　　（3）用酒石酸钾钠与三乙醇胺联合掩蔽铁、铝、钛的干扰。但必须在酸性溶液中先加酒石酸钾钠，然后再加三乙醇胺，使掩蔽效果更好。

　　（4）滴定近终点时，一定要充分搅拌并缓慢滴定至由蓝紫色变为纯蓝色。若滴定速度过快，将使结果偏高，因为滴定近终点时，由于加入的 EDTA 夺取酸性铬蓝 K 中的 Mg^{2+}，而使指示剂游离出来，此反应速率较慢。

　　（5）在测定硅含量较高的试样中的 Mg^{2+} 时，也可在酸性溶液中先加入一定量的氟化钾来防止硅酸的干扰，使终点易于观察。不加氟化钾时会在滴定过程中或滴定后的溶液中出现硅酸沉淀，但对结果影响不大。

　　（6）在测定高铁或高铝类样品时，需加入 100g/L 酒石酸钾钠溶液 2 ~ 3mL，加 10mL 三乙醇胺（1 + 2），充分搅拌后滴加氨水（1 + 1）至黄色变浅，再用水稀释至 200mL，加入 pH = 10 缓冲溶液后滴定，掩蔽效果好。

　　（7）酸性铬蓝 K 是一种酸碱指示剂，在酸性溶液中呈玫瑰红色。它在碱性溶液中呈蓝色，能与 Mg^{2+}、Ca^{2+} 形成玫瑰色的配合物，故可用作滴定钙、镁的指示剂。为使终点变化敏锐，常加入萘酚绿 B 作为衬色剂。采用酸性铬蓝 K – 萘酚绿 B 作指示剂，二者配比要合适。若萘酚绿 B 的比例过大，绿色背景加深，使终点提前到达。反之，终点拖后且不明显。一般为 1:2 左右，但须根据试剂质量，通过试验确定合适的比例。

　　C　微量钙镁的测定

　　微量钙镁的测定方法有：

（1）火焰光度法。对于微量钙的测定，火焰光度法有较高的灵敏度和准确度，但干扰物质太多。

（2）原子吸收分光光度法。用原子吸收分光光度法测定钙、镁最大优点是测定的专属性。可简便的解决钙镁之间的相互干扰及其他元素的干扰，且灵敏度高、重现性好。

3.5.2.3 氧化钾和氧化钠测定

氧化钾和氧化钠测定方法有：

（1）火焰光度法。试样通常用氢氟酸—硫酸分解，以除去二氧化硅，然后用碳酸铵和氨水分离除去大部分钙和铁、铝等，再用火焰光度法测定钾、钠。

钾的火焰为紫色，波长为766nm；钠的火焰为黄色，波长为589nm。

（2）原子吸收分光光度法。用原子吸收分光光度法测定钾、钠，其干扰因素少，钙及钾、钠间的相互影响都可以消除。

原子吸收分光光度法测定钾、钠时，一般选用钾的（$\lambda = 756.5nm$）和钠（$\lambda = 589.0nm$）进行测定。

【思考与练习】

3-1 填空题

（1）用氯化铵重量法测定硅酸盐中二氧化硅时，加入氯化铵的作用是_____。

（2）可溶性二氧化硅的测定方法常采用_____。

（3）可以将硅钼黄还原为硅钼蓝的还原剂有_____。

（4）氟硅酸钾酸测定硅酸盐中的二氧化硅时，若采用氢氧化钾为熔剂，应在_____坩埚中熔融；若以碳酸钾作熔剂，应在_____坩埚中熔融；若多采用氢氧化钠作熔剂时，应在_____坩埚中熔融。

（5）用 EDTA 滴定法测定硅酸盐中的三氧化二铁时，使用的指示剂是_____。

（6）硅酸盐水泥熟料可采用_____法分解试样，也可以采用_____法溶解试样。

（7）用 EDTA 法测定水泥熟料中的 Al_2O_3 时，使用的滴定剂和指示剂分别为_____和_____。

3-2 称取某岩石样品 1.000g，以氟硅酸钾容量法测定硅的含量，滴定时消耗 0.1000mol/L NaOH 标准溶液 19.00mL，试求该试样中 SiO_2 的质量分数。

3-3 称取含铁、铝的试样 0.2015g，溶解后调节溶液 pH = 2.0，以磺基水杨酸作指示剂，用 0.02008mol/L EDTA 标准溶液滴定至红色消失并呈亮黄色，消耗 15.20mL。然后加入 EDTA 标准溶液 25.0mL，加热煮沸，调 pH = 4.3，以 PAN 作指示剂，趁热用 0.2112mol/L 硫酸铜标准溶液返滴，消耗 8.16mL。试计算试样中 Fe_2O_3 和 Al_2O_3 的含量。

3-4 采用配位滴定法分析水泥熟料中铁、铝、钙和镁的含量时，称取 0.5000g 试样，碱熔后分离除去 SiO_2，滤液收集并定容于 250mL 的容量瓶中，待测。

（1）移取 25.00mL 待测溶液，加入磺基水杨酸钠指示剂，快速调整溶液至 pH = 2.0，用 T(CaO/EDTA) = 0.5600mg/mL 的 EDTA 标准溶液滴定溶液由紫红色变为亮黄色，消耗 3.30mL。

(2) 在滴定完铁的溶液中，加入 15.00mL EDTA 标准溶液，加热至 70 ~ 80℃，加热 pH = 4.3 的缓冲溶液，加热煮沸 1 ~ 2min，稍冷后以 PAN 为指示剂，用 0.01000mol/L 的硫酸铜标准溶液滴定过量的 EDTA 至溶液变为亮紫色，消耗 9.80mL。

(3) 移取 10.00mL 待测溶液，掩蔽铁、铝、钛，然后用 KOH 溶液调节溶液 pH > 13，加入几滴 CMP 混合指示剂，用 EDTA 标准溶液滴至黄绿色荧光消失并呈红色，消耗 22.94mL。

(4) 移取 10.0mL 待测溶液，掩蔽铁、铝、钛，加入 pH = 10.0 的氨性缓冲溶液，以 KB 为指示剂，用 EDTA 标准溶液滴定至纯蓝色，消耗 23.54mL。

若用二安替比林甲烷分光光度法测定试样中 TiO_2 的含量为 0.29%，试计算水泥熟料中 Fe_2O_3、Al_2O_3、CaO 和 MgO 的质量分数。

【项目实训】

实训题目：

硅酸盐系统分析

教学目的：

(1) 了解在同一份试样中进行多组分测定的系统分析方法；

(2) 掌握难溶试样的分解方法；

(3) 学习复杂样品中多组分的测定方法的选择。

实验原理：

水泥熟料是调和生料经 1400℃ 以上的高温煅烧而成的。通过熟料分析，可以检验熟料质量和烧成情况的好坏，根据分析结果，及时调整原料的配比以控制生产。

目前，我国用立窑生产的硅酸盐水泥熟料的主要化学成分测定指标及其控制范围，大致如表 3 - 2 所示。

表 3 - 2 水泥熟料成分

化学成分	含量范围（质量分数）/%	一般控制范围（质量分数）/%
SiO_2	18 ~ 24	20 ~ 22
Fe_2O_3	2.0 ~ 5.5	3 ~ 4
Al_2O_3	4.0 ~ 9.5	5 ~ 7
CaO	60 ~ 67	62 ~ 66

水泥熟料中碱性氧化物占 60% 以上，因此易为酸分解。水泥熟料主要为硅酸三钙（$3CaO \cdot SiO_2$）、硅酸二钙（$2CaO \cdot SiO_2$）、铝酸三钙（$3CaO \cdot Al_2O_3$）和铝酸四钙（$4CaO \cdot Al_2O_3$）等化合物的混合物。这些化合物与盐酸作用时，生成硅酸和可溶性的氯化物，反应式如下：

$$2CaO \cdot SiO_2 + 4HCl \longrightarrow 2CaCl_2 + H_2SiO_3 + H_2O$$
$$3CaO \cdot SiO_2 + 6HCl \longrightarrow 3CaCl_2 + H_2SiO_3 + 2H_2O$$

$$3CaO \cdot Al_2O_3 + 12HCl \longrightarrow 3CaCl_2 + 2AlCl_3 + 6H_2O$$

$$4CaO \cdot Al_2O_3 \cdot Fe_2O_3 + 20HCl \longrightarrow 4CaCl_2 + 2AlCl_3 + 2FeCl_3 + 10H_2O$$

硅酸是一种很弱的无机酸，在水溶液中绝大部分以溶胶状态存在，其化学式应以 $SiO_2 \cdot nH_2O$ 表示。在用浓酸和加热蒸干等方法处理后，能使绝大部分硅酸水溶胶脱水成水凝胶析出，因此可以利用沉淀分离的方法把硅酸与水泥中的铁、铝、钙、镁等其他组分分开。

1. 以重量法测定 SiO_2 的含量

在水泥经酸分解后的溶液中，采用加热蒸发近干和加固体氯化铵两种措施，使水溶性胶状硅酸尽可能全部脱水析出。蒸干脱水是将溶液控制在 $100 \sim 110℃$ 温度下进行的。由于 HCl 的蒸发，硅酸中所含的水分大部分被带走，硅酸水溶胶即成为水凝胶析出。由于溶液中的 Fe^{3+}、Al^{3+} 等离子在温度超过 $110℃$ 时易水解生成难溶性的碱式盐混在硅酸凝胶中，这样将使 SiO_2 的结果偏高，而 Fe_2O_3、Al_2O_3 等的结果偏低，故加热蒸干宜采用水浴以严格控制温度。

加入固体 NH_4Cl 后由于 NH_4Cl 易离解生成 $NH_3 \cdot H_2O$ 和 HCl，在加热的情况下，它们易挥发逸去，从而消耗了水，因此能促进硅酸水溶胶的脱水作用。

含水硅酸的组成不固定，故沉淀经过滤、洗涤、烘干后，还需经 $950 \sim 1000℃$ 高温灼烧成固定成分 SiO_2，然后称量，根据沉淀的质量计算 SiO_2 的质量分数。

灼烧时，硅酸凝胶不仅失去吸附水，并进一步失去结合水，脱水过程的变化如下：

$$H_2SiO \cdot nH_2O \xrightarrow{110℃} H_2SiO_3 \xrightarrow{950 \sim 1000℃} SiO_2$$

灼烧所得之 SiO_2 沉淀是雪白而又疏松的粉末。如所得沉淀呈灰色，黄色或红棕色，说明沉淀不纯。在要求比较高的测定中，应用氢氟酸—硫酸处理。

水泥中的铁、铝、钙、镁等组分以 Fe^{3+}、Al^{3+}、Ca^{2+}、Mg^{2+} 等离子形式存在于过滤硅酸沉淀后的滤液中，它们都与 EDTA 形成稳定的配离子。但这些配离子的稳定性有较显著的差别，因此只要控制适当的酸度，就可用 EDTA 分别滴定它们。

2. 铁的测定

测定铁时需控制酸度为 $pH = 2 \sim 2.5$。试验表明，溶液酸度控制得不恰当对测定铁的结果影响很大。在 $pH = 1.5$ 时，结果偏低；$pH > 3$ 时，Fe^{3+} 离子开始形成红棕色氢氧化物，往往无滴定终点，共存的 Ti^{4+} 和 Al^{3+} 离子的影响也显著增加。

滴定时以磺基水杨酸为指示剂，它与 Fe^{3+} 离子形成的配合物的颜色与溶液酸度有关，在 $pH = 1.2 \sim 2.5$ 时，配合物呈红紫色。由于 Fe–磺基水杨酸配合物不及 Fe–EDTA 稳定，所以临近终点时加入的 EDTA 便会夺取 Fe–磺基水杨酸配合物中的 Fe^{3+} 离子，使磺基水杨酸游离出来，因而溶液由红紫色变为微黄色，即为终点。磺基水杨酸在水溶液中是无色的，但由于 Fe–EDTA 配合物是黄色的，所以终点时由红紫色变为黄色。

滴定时溶液的温度以 $60 \sim 70℃$ 为宜，当温度高于 $75℃$，并有 Al^{3+} 离子存在时，Al^{3+} 离子亦可能与 EDTA 配位结合，使 Fe_2O_3 的测定结果偏高，而 Al_2O_3 的结果偏低。当温度低于 $50℃$ 时，则反应速度缓慢，不易得到准确的终点。

由于配位滴定的过程中有 H^+ 离子产生（$Fe^{3+} + H_2Y^{2-} = FeY + 2H^+$），所以在没有缓冲作用的溶液中，当铁含量较高时，在滴定过程中溶液的 pH 会逐渐降低，从而妨碍反应进一步完成，以致终点变色缓慢，难以进行准确测定。

3. 铝的测定

以 PAN 为指示剂的铜盐回滴法是普遍采用的一种测定铝的方法。

因为 Al^{3+} 离子与 EDTA 的配合作用进行得较慢，所以一般先加入过量的 EDTA 溶液，并加热煮沸，使 Al^{3+} 离子与 EDTA 充分配合，然后用 $CuSO_4$ 标准溶液回滴过量的 EDTA。

Al – EDTA 配合物是无色的，PAN 指示剂在 pH 为 4.3 的条件下是黄色的，所以滴定开始前溶液呈黄色。随着 $CuSO_4$ 标准溶液的加入，Cu^{2+} 离子不断与过量的 EDTA 配合，由于 Cu – EDTA 是淡蓝色的，因此溶液逐渐由黄色变绿色。在过量的 EDTA 与 Cu^{2+} 离子完全配合后，继续加入 $CuSO_4$，则过量的 Cu^{2+} 离子即与 PAN 形成深红色配合物，由于蓝色的 Cu – EDTA 的存在，使得终点呈紫色。滴定过程中的主要反应如下：

$$Al^{3+} + H_2Y^- \rlongequal AlY + 2H^+$$
$$\text{无色}$$
$$H_2Y^- + Cu^{2+} \rlongequal CuY^- + 2H^+$$
$$\text{蓝色}$$
$$Cu^{2+} + PAN \longrightarrow Cu - PAN$$
$$\text{黄色}\qquad\text{深红色}$$

这里需要注意的是，溶液中存在三种有色物质，而它们的含量又在不断变化之中，因此溶液的颜色特别是终点时的变化就较复杂，它决定于 Cu – EDTA、PAN 和 Cu – PAN 的相对含量和浓度。滴定终点是否敏锐的关键是蓝色的 Cu – EDTA 浓度的大小，终点时 Cu – EDTA 配合物的物质的量等于加入的过量的 EDTA 的物质的量。一般来说，在 100mL 溶液中加入的 EDTA 标准溶液（浓度在 0.015mol/L 附近的），以过量 10mL 左右为宜。

4. 钙、镁的测定

其方法与"工业用水总硬度的测定"类同，此处从略。

系统分析方法：

试剂有浓盐酸，1:1 HCl 溶液，3:97 HCl 溶液，浓硝酸，1:1 氨水，10% NaOH 溶液，固体 NH_4Cl，10% NH_4CNS 溶液，1:1 三乙醇胺溶液，0.015mol/L EDTA 标准溶液，0.015mol/L $CuSO_4$ 标准溶液，HAc – NaAc 缓冲溶液（pH = 4.3），NH_3 – NH_4Cl 缓冲溶液（pH = 10），0.05% 溴甲酚绿指示剂，10% 磺基水杨酸指示剂，0.2% PAN 指示剂，酸性铬蓝 K – 萘酚绿 B（K – B 指示剂），钙指示剂。

1. SiO_2 的测定

仪器：

（1）通常实验室用仪器。

（2）马弗炉。

（3）电炉。

（4）坩埚。

试剂：

浓盐酸，1:1 HCl 溶液，3:97 HCl 溶液，浓硝酸，固体 NH_4Cl，10% NH_4CNS 溶液。

实验步骤：

准确称取试样 0.5g 左右，置于干燥的 50mL 烧杯（或 100 ~ 150mL 瓷蒸发皿）中，加 2g 固体 NH_4Cl，用平头玻璃棒混合均匀。盖上表面皿，沿杯口滴加 3mL 浓盐酸和 1 滴浓硝酸，仔细搅匀，使试样充分分解。将烧杯置于沸水浴上，杯上放一玻璃三脚架，再盖上表面皿，蒸发至近干（约需 10～15min）。取下，加 10mL 热的稀盐酸（3:97），搅拌，使可溶性盐类溶解，以中速定量滤纸过滤，用胶头淀帚蘸以热的稀盐酸（3:97）擦洗玻璃棒及烧杯，并洗涤沉淀至洗涤液中不含 Fe^{3+} 离子为止。Fe^{3+} 离子可用 NH_4CNS 溶液检验，一般来说，洗涤 10 次即可达到不含 Fe^{3+} 离子的要求。滤液及洗涤液保存在 250mL 容量瓶中，并用水稀释至刻度，摇匀，供测定 Fe^{3+}、Al^{3+}、Ca^{2+}、Mg^{2+} 等离子之用。

将沉淀和滤纸移至已称至恒重的瓷坩埚中，先在电炉上低温烘干，再升高温度使滤纸充分灰化，然后在 950～1000℃ 的高温炉内灼烧 30min。取出，稍冷，再移置于干燥器中冷却至室温（约需 15～40min），称量。如此反复灼烧，直至恒重。

结果计算：

$$w(\mathrm{SiO_2}) = \frac{m_2 - m_1}{m} \times 100\%$$

式中　m_1——空坩埚质量，g；

　　　m_2——坩埚和四苯硼酸钾沉淀质量，g；

　　　m——试样质量，g。

数据记录及处理表见表 3－3。

表 3－3　数据记录与处理

编　　号	I	II	III
m/g			
m_1/g			
m_2/g			
$m_2 - m_1/\mathrm{g}$			
$w(\mathrm{SiO_2})/\%$			
$w(\text{平均}\mathrm{SiO_2})/\%$			
相对极差			

2. Fe^{3+} 离子的测定

仪器：

滴定分析常用仪器。

试剂：

（1）1:1 HCl 溶液。

（2）1:1 氨水。

（3）10% NaOH 溶液。将 10g NaOH 溶于 100mL 水中。

（4）10% 磺基水杨酸指示剂，将 10g 磺基水杨酸溶于 100mL 水中。

（5）0.05% 溴甲酚绿指示剂，将 0.05g 溴甲酚绿溶于 100mL 20% 乙醇溶液中。

（6）0.015mol/L EDTA 标准溶液。准确称取乙二胺四乙酸二钠 5.6g 放置于烧杯中，加约 200ml 水，加热溶解，用水稀释至 1L。

实验步骤：

准确吸取分离 SiO_2 后的滤液 50.0mL，置于 400mL 烧杯中，加两滴 0.05% 溴甲酚绿指示剂，此时溶液呈黄色。逐滴滴加 1∶1 氨水，使之成绿色。然后再用 1∶1 HCl 溶液调节溶液酸度至呈黄色后再过量 3 滴，此时溶液 pH 值约为 2。加热至约 70℃（根据经验，感到烫手但还不觉得非常烫），取下，加 6~8 滴 10% 磺基水杨酸，以 0.015moL EDTA 标准溶液滴定。滴定开始时溶液呈红紫色，此时滴定速度宜稍快些。当溶液开始呈淡红紫色时，滴定速度放慢，一定要每加一滴就摇摇、看看，最好同时加热，直至滴到溶液变为淡黄色，即为终点。滴得太快，EDTA 易加多，这样不仅会使 Fe^{3+} 的结果偏高，同时还会使 Al^{3+} 的结果偏低。

结果计算：

$$w(Fe_2O_3) = \frac{C_{EDTA}V_{EDTA} \times \frac{250}{50}}{m \times 1000} \times 100\%$$

式中　C_{EDTA}——EDTA 标液浓度，mol/L；

　　　V_{EDTA}——滴定时消耗 EDTA 标液的体积，mL；

　　　m——试样质量，g。

数据记录与处理表见表 3-4。

表 3-4　数据记录与处理

编　　　号		I	II	III
吸取试液量/mL				
EDTA 滴定读数/mL	终　点			
	起　点			
EDTA 用量/mL				
$w(Fe_2O_3)$/%				
$w($平均 $Fe_2O_3)$/%				
相对极差				

3. Al^{3+} 离子的测定

仪器：

（1）滴定分析常用仪器。

（2）电炉。

试剂：

（1）pH 为 4.3 的 HAc-NaAc 缓冲液，将 42.3g 无水醋酸钠溶于水中，加 80mL 冰醋酸，用水稀释至 1L，摇匀。

（2）0.015mol/L EDTA 标准溶液，配制方法同前。

（3）0.2% PAN 指示剂，将 0.2g PAN（1-2-吡啶偶氮-2-萘酚）溶于无水乙醇中。

（4）0.015mol/L 硫酸铜标液，将 3.7g $CuSO_4 \cdot 5H_2O$ 溶于水中，加 4~5 滴硫酸（1+1）。用水稀释至 1L，摇匀。

实验步骤：

在上述滴定测铁含量后的溶液中，加入 0.015mol/L EDTA 标准溶液约 20mL，记下实际使用 EDTA 标液读数，摇匀。然后再加入 15mL、pH 为 4.3 的 HAc – NaAc 缓冲液，以精密 pH 试纸检查溶液酸度。煮沸 1 ～ 2min 后，冷至 90℃ 左右，加入 4 滴 0.2% PAN 指示剂，以 0.015mol/L CuSO₄ 标准溶液滴定。开始时溶液呈黄色，随着 CuSO₄ 溶液的加入，颜色逐渐变绿并由蓝绿转向灰绿，再加入一滴即可变紫达到终点。

结果计算：

$$w(Al_2O_3) = \frac{(C_{EDTA}V_{EDTA} - C_{CuSO_4}V_{CuSO_4}) \times \frac{250}{50}}{m \times 1000} \times 100\%$$

式中　C_{EDTA}——EDTA 标液浓度，mol/L；

　　　V_{EDTA}——过量的 EDTA 标液的体积，mL；

　　　C_{CuSO_4}——CuSO₄ 标液浓度，mol/L；

　　　V_{CuSO_4}——CuSO₄ 标液返滴所用体积，mL；

　　　m——试样质量，g。

数据记录与处理表见表 3 – 5。

表 3 – 5　数据记录与处理

编　号		I	II	III
加入 EDTA 标液的量/mL				
CuSO₄ 滴定读数/mL	终　点			
	起　点			
CuSO₄ 用量/mL				
$w(Al_2O_3)$/%				
w(平均 Al₂O₃)/%				
相对极差				

4. Ca^{2+} 离子的测定

仪器：

滴定分析常用仪器。

试剂：

（1）1 + 1 三乙醇胺溶液。

（2）10% NaOH 溶液（质量浓度 10g NaOH 溶解在 100mL H₂O 中）。

（3）0.015mol/L 的 EDTA 标准溶液，配制方法同前。

（4）钙指示剂。

实验步骤：

准确吸取分离 SiO₂ 后的滤液 25.0mL，置于 250mL 锥形瓶中，加水稀释至约 50mL，加 4mL 1:1 三乙醇胺溶液，摇匀后再加 5mL 10% NaOH 溶液，再摇匀，加入约 0.01g 固体钙指示剂（用药勺小头取约 1 勺），此时溶液呈酒红色。然后以 0.015mol/L EDTA 标准溶液滴定至溶液呈蓝色，即为终点。

结果计算：

$$w(\text{CaO}) = \frac{C_{\text{EDTA}} V_{\text{EDTA}} \times \dfrac{250}{25}}{m \times 1000} \times 100\%$$

式中　C_{EDTA}——EDTA 标液浓度，mol/L；

　　　V_{EDTA}——滴定消耗 EDTA 标液的体积，mL；

　　　m——试样质量，g。

数据记录与处理表见表 3 – 6。

表 3 – 6　数据记录与处理

编　　号		I	II	III
吸取试液量/mL				
EDTA 滴定读数/mL	终　点			
	起　点			
EDTA 用量/mL				
$w(\text{CaO})/\%$				
$w(\text{平均 CaO})/\%$				
相对极差				

5. Mg^{2+} 离子的测定（差减法）

仪器：

滴定分析常用仪器。

试剂：

（1）1 + 1 三乙醇胺溶液。

（2）pH 为 10 的 $\text{NH}_3 - \text{NH}_4\text{Cl}$ 缓冲溶液，取氯化铵 5.4g，加水 20mL 溶解后，加氨水溶液 35ml，再加水稀释至 100mL，即得。

（3）0.015mol/L 的 EDTA 标准溶液，配制方法同前。

（4）铬黑 T 指示剂，将氯化铵 0.5g 铬黑 T 溶于 100mL 三乙醇胺，放在棕色瓶中。

实验步骤：

准确吸取分离 SiO_2 后的滤液 25.0mL 于 250mL 锥形瓶中，加水稀释至约 50mL，加 4mL（1 + 1）三乙醇胺溶液，摇匀后，加入 5mL、pH 为 10 的 $\text{NH}_3 - \text{NH}_4\text{Cl}$ 缓冲溶液，再摇匀，然后加入适量酸性铬蓝 K—萘酚绿 B 指示剂或铬黑 T 指示剂，以 0.015mol/L EDTA 标准溶液滴定至溶液呈蓝色，即为终点。根据此结果计算所得的为钙、镁合量，由此减去钙量即为镁量。

结果计算：

$$w(\text{Ca} + \text{Mg}) = \frac{C_{\text{EDTA}} V_{\text{EDTA}} \times \dfrac{250}{25}}{m \times 1000} \times 100\%$$

$$w(\text{Mg}) = w(\text{Mg} + \text{Ca}) - w(\text{Ca})$$

式中　$w(\text{Mg} + \text{Ca})$——钙、镁合量，%；

　　　C_{EDTA}——EDTA 标液浓度，mol/L；

V_{EDTA}——滴定消耗 EDTA 标液的体积，mL；

　　m——试样质量，g；

$w(Ca)$——前面已经测得的钙含量，%。

数据记录与处理表见表 3 – 7。

表 3 – 7　数据记录与处理

编　号		I	II	III
吸取试液量/mL				
EDTA 滴定读数/mL	终　点			
	起　点			
EDTA 用量/mL				
$w(MgO)/\%$				
$w(平均 MgO)/\%$				
相对极差				

项目4　钢铁分析

钢铁是应用最广泛、使用量最大的金属材料，在国民经济中的地位十分重要，是一切工业发展的基础。钢铁材料的使用量占所有金属材料使用量的百分之九十以上，广义的钢铁分析包括钢铁的材料分析、生产过程分析、产品分析；狭义的钢铁分析主要是钢铁中碳、硫、磷、锰、硅五个元素分析和铁合金、合金钢元素的分析，本章节以狭义的钢铁分析为主。

任务4.1　钢中碳的测定

【知识要点】

知识目标：

（1）了解碳化物的化学性质及在分析中的应用；

（2）掌握燃烧气体容量法测碳方法；

（3）掌握非水滴定法测钢中碳的测定方法。

能力目标：

（1）会用燃烧气体容量法测钢中碳含量；

（2）会用非水滴定法测钢中碳含量。

4.1.1　任务描述与分析

碳是钢铁的重要元素，它对钢铁的性能影响很大。碳是区别铁与钢，决定钢号、品质的主要标志。正是由于碳的存在，才能用热处理的方法来调节和改善其力学性能。碳在钢铁中主要以两种形式存在。一种是游离碳，如铁碳固溶体、无定形碳、退火碳、石墨碳等，可直接用"C"表示。另一种就是化合碳，即铁或合金元素的碳化物，如Fe_2C、Mn_3C、Cr_5C_2等可用"MC"表示。在钢中一般是以化合碳为主，游离碳只存于铁及经褪火处理的高碳钢中。通过本章节的学习，掌握气体容量法及非水滴定法测钢中碳的含量。

4.1.2　相关知识

4.1.2.1　燃烧气体容量法测钢中碳方法

A　钢铁基础知识

钢铁生产三原料为：

（1）铁矿石——原材料。

（2）焦炭——还原铁。

（3）石灰石——除硅。

钢铁根据含碳量不同分为铁和钢。

钢铁试样一般采用酸分解法。

B　碳化物的性质及在分析中的应用

（1）氧化物。碳和氧生成两种氧化物，完全氧化时生成二氧化碳，在分析中具有较特殊的地位。

（2）酸碱性质。二氧化碳溶于水时生成弱酸，且二氧化碳在水中溶解度并不大，在水溶液中直接测定二氧化碳比较困难，测定二氧化碳的有效途径是采用非水介质予以强化，对碳的测定具有十分重要的意义。二氧化碳是酸性氧化物，所以容易与强碱作用生成碳酸盐。这一反应是重量法和气体体积法测定的基础。

（3）沉淀反应。碳酸盐除碱金属盐外，其他碳酸盐大都不溶于水。

C　测定方法

总碳量的测定方法都是将试样置于高温氧气流中燃烧，转化为二氧化碳再用适当方法测定。

钢中碳常用测定方法汇总为：燃烧气体容量法；非水滴定法；红外碳硫仪；电导法；燃烧—气体容量法。

燃烧—气体容量法自 1939 年应用以来，由于它操作迅速、手续简单，分析准确度高，迄今仍广泛应用，被国内外推荐为标准方法（GB 223.1—81）。

如图 4-1 所示为钢铁定碳仪示意图。

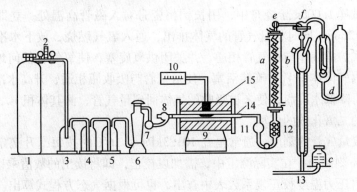

图 4-1　钢铁定碳仪示意图

1—氧气瓶；2—减压阀；3—缓冲瓶；4，5—洗气瓶；6—干燥瓶；7—供氧活塞；
8—玻璃磨口瓶；9—管式炉；10—温度控制器；11—球形干燥管；12—除硫管；
13—容量定硫仪；14—瓷管；15—瓷舟；a—蛇形冷凝管；b—量气管；
c—水准瓶；d—吸收瓶；e—小活塞；f—三通活塞

a　方法原理及反应方程

将钢铁试样置于 1150~1250℃高温炉中加热，并通氧气燃烧，使钢铁中的碳和硫被定量氧化成 CO_2 和 SO_2，混合气体经除硫剂（活性 MnO_2）后收集于量气管中，以氢氧化钾溶液吸收其中的 CO_2，前后体积之差即为生成 CO_2 体积，由此计算碳含量。

$$C + O_2 = CO_2$$
$$4Fe_3C + 13O_2 = 4CO_2 \uparrow + 6Fe_2O_3$$
$$Mn_3C + 3O_2 = CO_2 \uparrow + Mn_3O_4$$
$$3FeS + 5O_2 = Fe_3O_4 + 3SO_2$$

$$3MnS + 5O_2 \xlongequal{\quad} Mn_3O_4 + 3SO_2$$

$$CO_2 + 2KOH \xlongequal{\quad} K_2CO_3 + H_2O$$

$$MnO_2 + SO_2 \xlongequal{\quad} MnSO_4$$

b　试剂及仪器

试剂与仪器包括：

（1）氢氧化钾吸收剂溶液（400g/L）。

（2）除硫剂，活性二氧化锰（粒状）。

（3）添加除硫管。内径 10mm，长 100mm 的玻璃管，内装 4g 颗粒活性二氧化锰，两端塞有脱脂棉。

$$MnO_2 + SO_2 \longrightarrow MnSO_4$$

（4）酸性氯化钠溶液（250g/L）。

（5）水准瓶内密封液。

（6）助熔剂。锡粒（或锡片）、铜、氧化铜、纯铁粉。

（7）甲基橙指示剂（2g/L）。

c　测定步骤

将炉温升至 1200～1350℃，检查管路及活塞是否漏气，装置是否正常，燃烧标准样品，检查仪器及操作。

称取生铁试样 1.000g 于瓷舟中，用长钩将瓷舟对入磁管高温处，立即用胶塞将管口堵住，预热 1～2min，同时将量气管的气体排出，通入氧气燃烧，放下水准瓶在液面接近零点时，使管式炉的气体与量气管相通，并关闭供氧旋塞，使氧气管任何地方不通，量出此时的量气管内气体体积 V_1；旋转活塞，使量气管与吸收瓶相通，升高水准瓶，使酸性水充满量气管，再降低水准瓶，使未被吸收的气体回到量气管，测其体积 V_2，根据两次气体之差，求吸收的二氧化碳的体积。

钢铁定碳仪量气管的刻度，通常是在 101.3kPa 和 16℃ 时按每毫升滴定剂相当于每克试样含碳 0.05% 刻制的。在实际测定中，需加以校正，即将读出的数值乘以压力温度校正系数 f。f 值可自压力温度校正表系数表中查出，也可根据气态方程式算出。

$$f = \frac{V_1}{V_2} = \frac{V_{16}}{V_t}$$

$$f = \frac{T_1}{p_1} \times \frac{p_2}{T_2} = \frac{273.16 + 16}{101.325 - 1.813} \times \frac{p - bt}{273.16 + t} = 2.91 \times \frac{p - bt}{273.16 + t}$$

式中　p——t℃时大气压，kPa；

　　　bt——t℃时饱和水蒸气压力，kPa；

　　　t——量气管内温度，℃。

d　含碳量计算公式

$$w(C) = \frac{A \times V \times f}{m} \times 100\% \tag{4-1}$$

式中　A——温度 16℃，气压 101.3kPa，每毫升二氧化碳中含碳质量，g（当用酸性水溶液作封闭液时，A 为 0.0005000g；用氯化钠酸性溶液作封闭液时，A 为 0.0005022g）；

V——吸收前与吸收后气体的体积差，即氧化碳体积，mL；

f——温度、压力校正系数，采用不同封闭液时其值不同；

m——试样质量，g。

注意事项包括：

(1) 定碳仪与电炉不可十分接近，相距 300mm 为宜，并避免阳光直接照射量气及吸收器。

(2) 量气管必须保持清洁，必要时要用洗涤液清洗。

(3) 吸收器中氢氧化钾溶液及干燥管中脱脂棉应根据情况及时更换。

(4) 拉出燃烧后的瓷舟，发现试样燃烧不完全，应另取样品重做。

(5) 试样应细薄，在称样和推样燃烧时，应避免混进有机质、纸屑、油脂等。

4.1.2.2　非水滴定法测钢中碳

A　非水滴定法原理

在非水溶剂中进行的滴定分析方法称为非水滴定法。

该法可用于酸碱滴定、氧化还原滴定、配位滴定及沉淀滴定等，在药物分析中，以非水酸碱滴定法应用最为广泛，适用于：

(1) 难溶于水的有机物。

(2) 在水中不能直接被滴定的弱酸（$cK_a < 10^{-8}$）或弱碱（$cK_b < 10^{-8}$）。

(3) 在水中不能被分步滴定的强酸或强碱。

其特点为扩大滴定分析的应用范围。

酸碱滴定大多在水溶液中进行，许多有机试样难溶于水，有些物质的 $cK_a \leqslant 10^{-8}$、$cK_b \leqslant 10^{-8}$（$cK_a \leqslant 10^{-8}$ 为强碱滴定弱酸的判据。$cK_b \leqslant 10^{-8}$ 为强酸滴定弱碱的判据）不能用酸、碱直接滴定。

物质的酸碱强度与物质本身的性质及溶剂的酸碱性有关。同一种酸在不同溶剂中，其强度不相同，通过改变溶剂来改变酸碱性强度，达到滴定条件。

非水滴定法中代替水的溶剂类型，根据酸碱的质子理论分类为：

质子溶剂 { 酸性溶剂　如：冰醋酸、丙酸等
　　　　　 碱性溶剂　如：乙二胺、乙醇胺等
　　　　　 两性溶剂　如：醇类等

无质子溶剂 { 偶极亲质子溶剂　如：酰胺类、酮类等
　　　　　　 惰性溶剂　如：氯仿、苯等

B　非水滴定法测碳原理及反应方程

试样在 1150～1300℃ 的高温 O_2 气流中燃烧后，将生成的 CO_2、SO_2 等混合气体，经除硫管导入有酚酞—茜素黄 R 混合指示剂的乙醇—乙醇胺—KOH 混合液中，吸收并进行滴定。溶液由浅蓝色→无色→浅蓝色，即为终点。根据碱性非水溶液消耗的量计算求出碳的质量分数。主要反应为：

KOH 溶于 C_2H_5OH 生成乙醇钾：

$$C_2H_5OH + KOH =\!=\!= C_2H_5OK + H_2O$$

乙醇胺吸收 CO_2 生成 2 - 羟基乙基胺甲酸：

$$NH_5C_2H_4OH + CO_2 =\!=\!= HOC_2H_4NHCOOH$$

用乙醇钾滴定 2 - 羟基乙基胺甲酸，生成乙氧基碳酸钾并释放出乙醇胺：

$$HOC_2H_4NHCOOK + C_2H_5OK \Longleftarrow C_2H_5OCOOK + NH_2C_2H_4O$$

如图 4 - 2 所示为非水滴定仪示意图。

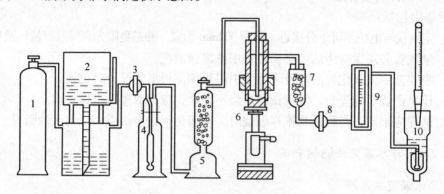

图 4 - 2　非水滴定仪示意图

1—氧气瓶；2—贮气阀；3—第一道活塞；4—洗气瓶；5—干燥塔；6—电弧炉；

7—除尘除硫管；8—第二道活塞；9—流量计；10—吸收杯

C　碳的含量计算公式

$$w(C) = \frac{TV}{M} \times 100\% \tag{4-2}$$

式中　T——标准滴定溶液对碳的滴定度（可用相近类型、相近含量的标准钢样进行标定），g/mL；

　　　V——消耗标准溶液的体积，mL；

　　　M——样品的质量，g。

D　条件及注意事项

分析含铬 2% 以上的试样，应把锡粒与铝硅热剂加于试样的底部，否则因锡粒有延缓铬氧化的趋势而使燃烧速度降低，测定结果显著偏低。间隔测定时，如间隔时间较长，吸收液有返黄现象，测定之前需重新调至蓝紫色。当氢氧化钾试剂瓶密封不严时，会吸收空气中的二氧化碳生成碳酸钾，对测定结果有一定的影响。

有机胺在溶液中具有一定的缓冲能力，使滴定终点的敏锐性有所降低。所以用量必须适当，一般为 2% ~ 3%，不超过 5%。为了避免滴定过程中发生的沉淀现象，常采用加入稳定剂的方法。由于体系的极性增强，终点敏锐程度急剧下降，通常以加入 2% ~ 3% 为宜。为了改善滴定终点的敏锐程度，常采用混合指示剂。比较典型的有：百里酚酞—百里酚蓝、酚酞—溴甲酚绿—甲基红混合指示剂等。

任务 4.2　钢中硫的测定

【知识要点】

知识目标：

（1）了解硫对钢铁的影响；

（2）掌握硫化物的化学性质及在分析中的应用；

（3）掌握燃烧—碘酸钾滴定法测钢中硫的原理及操作方法。

能力目标：

（1）会用燃烧—碘酸钾滴定法测钢中硫含量；

（2）能掌握碘量法的原理及操作要点。

4.2.1　任务描述与分析

硫在钢铁中是有害元素之一，硫还能降低钢的力学性能，还会造成焊接困难和耐腐蚀性下降等不良影响。硫在钢铁中易产生偏析现象，硫对钢铁性能的影响是产生"热脆"，即在热变形时工件产生裂纹。通过本章节的学习使学生掌握氧化还原滴定法测硫方法。

4.2.2　相关知识

4.2.2.1　钢中硫的来源及在钢铁中的存在方式

钢中的硫主要由焦炭或原料矿石引入钢铁。硫在钢铁中能形成多种硫化物，如 FeS、MnS、VS、TiS、NbS、CrS 以及复杂硫化物 $Zr_4(CN)_2S_2$、$Ti(CN)_2S_2$ 等。钢中有大量锰存在时，主要以 MnS 存在，当锰含量不足时，则以 FeS 存在。硫在钢中固溶量极小，但由于硫在钢铁中易产生偏析现象，因此取样时必须保证试样对母体材料的代表性。钢铁中的硫化物一般易溶于酸中，在非氧化性酸中生成硫化氢逸出，在氧化性酸中转化成硫酸盐。硫化物在高温下（1250～1350℃）通氧气燃烧大部分生成二氧化硫，但转化的不完全，操作时应严格控制条件。

4.2.2.2　硫化物的性质及在分析中应用

硫可以形成 -2 价和常见的 $+4$ 价和 $+6$ 氧化态的化合物，分析上将其转化为相应化合物测定，其中最重要的是二氧化硫，其次是硫化氢和硫酸根。

元素硫或硫化物在空气中燃烧时，均可生成二氧化硫，二氧化硫在催化剂的存在下，可被氧化为三氧化硫，工业中用于制造硫酸，分析中有害。

硫化物的硫遇强氧化性酸时，被氧化为 $+6$ 价的硫酸盐，是重量法的主要依据。

二氧化硫易溶水，生成亚硫酸，具有还原性，可被碘、过氧化氢等氧化。但如遇强还原剂时，也可以显氧化性。

4.2.2.3　钢铁中硫的测定方法

钢铁中硫的测定，其试样分解方法有两类：一类为燃烧法；另一类为酸溶解分解法。燃烧法分解后试样中硫转化为 SO_2，SO_2 浓度可用红外光谱直接测定，也可使它被水或多种不同组成的溶液所吸收，然后用滴定法（酸碱滴定或氧化还原滴定）、光度法、电导法、库仑法测定，最终依 SO_2 量计算样品中硫含量。

酸分解法可用氧化性酸（硝酸加盐酸）分解，这时试样中硫转化为 H_2SO_4，可用 $BaSO_4$ 重量法测定，也可以用还原剂将 H_2SO_4 还原为 H_2S，然后用光度法测定。若用非氧化性酸（盐酸加磷酸）分解，硫则转变为 H_2S，可直接用光度法测定。

A　燃烧—碘酸钾滴定法原理

在多种分析方法中，燃烧—碘酸钾滴定法是一种经典的分析方法，被列为标准方法。将钢铁试样于 1250 ~ 1350℃ 的高温下通氧燃烧，使硫全部转化为二氧化硫，将生成的二氧化硫用淀粉溶液吸收，用碘酸钾标准溶液滴定至浅蓝色为终点：

燃烧：　　　　　　　　$4FeS + 7O_2 = 2Fe_2O_3 + 4SO_2$

　　　　　　　　　　　$3MnS + 5O_2 = Mn_3O_4 + 3SO_2$

吸收：　　　　　　　　$SO_2 + H_2O = H_2SO_3$

滴定：　　　　　　　　$KIO_3 + 5KI + 6HCl = 3I_2 + 6KCl + 3H_2O$

　　　　　　　　　　　$H_2SO_3 + I_2 + H_2O = H_2SO_4 + 2HI$

B　结果计算（按公式计算硫的含量）

$$w(S) = \frac{T \times (V - V_0)}{m} \times 100\% \qquad\qquad (4-3)$$

式中　T——碘酸钾标准溶液对硫的滴定度，g/mL；

　　　V——试样消耗标准溶液的体积，mL；

　　　V_0——空白消耗标准溶液的体积，mL；

　　　m——试样质量，g。

C　主要试剂及仪器

主要试剂及仪器有：碘酸钾标准滴定溶液；淀粉吸收液（10g/L）；助熔剂。

如图 4-3 所示为定硫仪示意图。

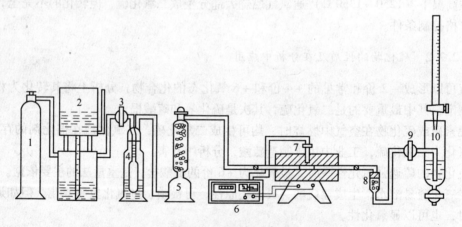

图 4-3　定硫仪示意图

1—氧气瓶；2—贮气阀；3—第一道活塞；4—洗气瓶；5—干燥塔；6—温控器；
7—卧式高温炉；8—除尘管；9—第二道活塞；10—吸收杯

D　测定步骤

称取适量试样，置于瓷舟中，加入适量助熔剂，将瓷舟推至高温处，预热 0.5 ~ 1.5min，通氧，控制氧速为 1500 ~ 2000mL/min，燃烧后的混合气体导入吸收杯中，使淀粉吸收液蓝色开始消退，立即用碘酸钾标准溶液滴定并使液面保持蓝色，间歇通气后，色泽不变即为终点。

E　条件及注意事项

条件及注意事项包括：

（1）本法适用于钢铁及合金中含 0.005% 以上硫含量的测定。由于硫的燃烧反应一般很难进行完全，因此这一方法硫的回收率不高，通常硫的回收率大约为 90%。

（2）淀粉吸收液的配制方法为称可溶性淀粉 10g，用少量水调成糊状，然后加入 500mL 沸水，搅拌，煮沸 1min，冷却后加 3g 碘化钾 500mL 及两滴浓盐酸，搅拌均匀后静置澄清。使用时取 25mL 上层澄清液，加 15mL 浓盐酸，用水稀释至 1L。

（3）常用的助熔剂为五氧化二钒和还原铁粉以 3∶1 混匀。五氧化二钒的助熔效果比较理想，优点是燃烧过程中产生的粉尘少，硫的回收率高。采用五氧化二钒、还原铁粉和碳粉为混合助熔剂，可使中低合金钢、碳钢、生铁等不同样品中硫的回收率接近一致；将五氧化二钒与二氧化硅按 1∶1 混合，用作碳素锰铁的助熔剂。还原铁粉一般作为稀释剂使用，但需注意铁粉的纯度，否则还原铁粉中的硫会导致结果偏高。

任务 4.3　钢中磷的测定

【知识要点】

知识目标：

（1）了解磷对钢铁的影响；

（2）掌握磷化物的化学性质及在分析中的应用；

（3）掌握燃烧—碘酸钾滴定法测钢中硫的原理及操作方法。

能力目标：

（1）会用分光光度法测钢中硫含量；

（2）能掌握重量法及容量法测钢中磷的原理及操作要点。

4.3.1　任务描述与分析

磷通常为钢铁中的有害元素，Fe_3P 质硬，影响塑性和韧性，易发生冷脆。在凝结过程中易产生偏析，降低力学性能。在铸造工艺上，可加大铸件缩孔、缩松的不利影响。在某些情况下，磷的加入也有有利的方面，磷能固溶强化铁素体，提高钢铁的拉伸强度。磷能改善钢材的切削性能，故易切钢都要求有较高的磷含量。磷能提高钢材的抗腐蚀性。含铜时，效果更加显著。利用磷的脆性，可冶炼炮弹钢，提高爆炸威力。铜合金中加入适量磷，能提高合金的韧性、硬度、耐磨性和流动性。在含铋的铜中加入少量磷，可消除因铋而引起的脆性。通过本章节的学习使学生掌握钢中常量磷及微量磷的测定方法。

4.3.2　相关知识

4.3.2.1　钢中磷的来源及在钢铁中的存在方式

钢中磷由原料中引入，有时也为了特殊需要而有意加入。

硫的存在方式为：以 Fe_2P 或 Fe_3P 状态存在。

4.3.2.2　磷化物的性质及在分析中应用

A　主要存在形态

磷的化合价有 -3、+1、+3、+4、+5，相应的典型化合物依次为磷化氢 PH_3，次磷酸 H_3PO_2，亚磷酸 H_3PO_3，连二磷酸 $H_4P_2O_6$ 和正磷酸 H_3PO_4。

PH_3 为无色而有剧毒的气体，由磷化钙水解、单质磷被氢还原，或在非氧化性酸中分解含磷试样而得。其在水中溶解度较小，因此，PH_3 一旦形成，必有相当部分挥发损失，测磷时必须注意。

次磷酸、亚磷酸及其盐类均是强还原剂，但与绝大多数氧化剂的反应相当缓慢，未获得广泛应用。仅在有适当催化剂存在时，方能用于某些分析目的（如锡、砷的测定）。连二磷酸在水溶液中很不稳定，能发生如下歧化反应，生成亚磷酸和正磷酸。

$$H_4P_2O_6 + H_2O \Longrightarrow H_3PO_3 + H_3PO_4$$

氧化作用和还原作用发生在同一分子内部处于同一氧化态的元素上，使该元素的原子（或离子）一部分被氧化，另一部分被还原。这种自身的氧化还原反应称为歧化反应。

正磷酸为不挥发性三元酸，虽磷已达到最高氧化数，但由于其标准电极电位很低。通常不具有氧化性，即不为一般还原剂还原。正磷酸的形成是测定磷的化学分析方法的重要基础。因此，处理试样时，除应避免形成 PH_3 气体外，有机磷化物必须破坏，低价磷化物需要进一步氧化，聚磷酸盐需解聚。在以硫酸为主、硝酸为辅的混合酸中分解钢铁试样时，一般均需补加适量氧化剂如高锰酸钾、过硫酸铵等。

B　沉淀反应

简单的正磷酸盐中，所有的磷酸二氢盐 MeH_2PO_4 都易溶于水，而磷酸氢盐 $MeHPO_4$ 和正磷酸 $MePO_4$，除钠盐、钾盐和铵盐外，一般均不溶于水。正磷酸盐溶解度最小，可用于重量法、滴定法测磷。

C　配合反应

由于磷酸要存在孤对电子可给出电子对与金属离子形成配位键。正磷酸中的磷也可成为电子对接受体，而充当配合物中心原子。正磷酸与钼酸盐反应形成具有重量分析化学价值的磷钼杂多酸。

D　分离与富集

分离与富集有以下两种方法：

（1）沉淀法。正磷酸与过量钼酸铵反应，形成磷钼酸铵沉淀而与大量干扰离子分离。

（2）萃取法。在适宜的酸度和适量钼酸盐存在条件下，磷、砷、硅和锗均能形成相应的杂多酸。通过控制不同的酸度和选用不同的有机溶剂萃取，可实现磷与砷、硅、锗及过量钼酸盐的分离。

乙酸丁酯对磷钼酸的萃取性能最佳。

4.3.2.3　钢铁中磷的分析方法

钢铁中磷的测定方法有重量法、滴定法、光度法，一般是使磷转化为磷酸，在与钼酸铵反应生成磷钼酸，在此基础上可用重量法、酸碱滴定法、磷钼蓝光度法进行测定。

钢铁中磷的测定方法一般都是用氧化性酸分解试样，使样品中的磷转化为正磷酸，反应如下：

$$3Fe_3P + 41HNO_3 \Longrightarrow 3H_3PO_4 + 9Fe(NO_3)_3 + 14NO + 16H_2O$$

正磷酸与钼酸盐在一定酸度溶液中反应而生成黄色的磷钼杂多酸，反应如下：

$$H_3PO_4 + 12H_2MoO_4 \Longrightarrow H_3[P(Mo_3O_{10})_4] + 12H_2O$$

磷钼杂多酸可用下述不同的方法测定：

A　重量法

重量法分为：

（1）无机沉淀剂法。在强酸性溶液中，正磷酸与过量钼酸铵形成磷钼酸铵沉淀，即成为 $(NH)_3[P(Mo_3O_{10})_4]$

（2）有机沉淀剂法。在强酸性溶液中，磷钼酸能与某些含氮的有机碱如喹啉、二安替比林甲烷等形成离子缔合物沉淀。生成二安替比林甲烷磷钼酸沉淀 $[(C_{23}H_{24}N_4O_2)_3H_7P(Mo_2O_7)_6]_2$

B　酸碱滴定法

在 NH_4^+ 存在下，以磷钼酸铵形式沉淀磷，沉淀经洗涤后溶于已知过量的氢氧化钠标准滴定溶液，剩余的氢氧化钠以酚酞为指示剂，用硝酸标准滴定溶液滴定。此法很早就列入钢铁及铁矿中磷的标准分析方法，并沿用至今。

磷钼酸喹啉—酸碱滴定法是在无 NH_4^+ 存在下，以磷钼酸喹啉形式沉淀磷，然后将沉淀洗涤后溶于已知过量的氢氧化钠标准滴定溶液，剩余的氢氧化钠以酚酞—百里酚蓝为指示剂，用盐酸标准滴定溶液滴定。

该法比磷钼酸铵法有更多的优点，反应完全，干扰少，广泛用于常量磷的测定如磷肥中有效。

C　分光光度法

分光光度法是冶金分析中测定磷的主要方法。其中主要有直接光度法和萃取光度法。

（1）乙酸丁酯光度法。在硝酸介质中，磷与钼酸铵生成的磷钼杂多酸可被乙酸丁酯萃取，用氯化亚锡将磷钼杂多酸还原并反萃取至水相中，于波长 680nm 处，测其吸光度。

（2）直接法光度法

在适当的酸度的钼酸铵浓度下，于高温下形成磷钼酸并用氯化钠—二氯化锡混合物溶液还原磷钼蓝，以此进行光度法。

4.3.2.4　氟化钠—氯化亚锡光度法

A　方法原理

试样用王水溶解，大部分磷转化为磷酸，少部分转化为亚磷酸，用高氯酸冒烟将亚磷酸氧化成正磷酸。在 $0.8 \sim 1.1 mol/L$ 硝酸介质中，正磷酸与钼酸铵作用生成磷铝黄配合物，用氟化钠掩蔽铁离子，以氯化亚锡还原磷钼黄为磷钼蓝，在波长 660nm 处，用分光光度法测定。

主要反应为：

（1）溶解反应。

$$3Fe_3P + 41HNO_3 \Longrightarrow 3H_3PO_4 + 9Fe(NO_3)_3 + 14NO\uparrow + 16H_2O$$

$$Fe_3P + 13HNO_3 \Longrightarrow H_3PO_3 + 3Fe(NO_3)_3 + 4NO\uparrow + 5H_2O$$

（2）氧化反应。

$$4H_3PO_3 + HClO_4 \Longrightarrow 4H_3PO_4 + HCl$$

（3）生成磷钼黄配合物反应。

$$H_3PO_4 + 12(NH_4)_2MoO_4 + 21HNO_3 \Longrightarrow (NH_4)_3[P(Mo_3O_{10})_4] + 21NH_4NO_3 + 12H_2O$$

（4）生成磷钼蓝反应。

$$(NH_4)_3[P(Mo_3O_{10})_4] + 4SnCl_2 + 3HNO_3 + 8HCl \Longrightarrow$$

$$(MoO_2 \cdot 4MoO_3)_2 \cdot H_3PO_4 + 2MoO_2 + 4SnCl_4 + 3NH_4NO_3 + 4H_2O$$

酸度对磷钼蓝的形成十分重要。据资料介绍，酸度低于 0.7mol/L 硝酸介质时，过量的钼酸铵也将被还原；酸度为 1.1 ~ 1.4mol/L，只有部分磷钼黄被还原；酸度高于 1.4mol/L 时磷钼蓝分解，无蓝色产生；较合适的酸度为 0.8 ~ 1.1mol/L 硝酸介质。硅也能形成硅钼蓝干扰测定，但在较高酸度下，形成硅钼杂多酸速度很慢。如果较快加入还原剂和酒石酸，使其立即与剩余的钼酸铵生成极稳定配合物，可抑制硅铜杂多酸的生成。Fe^{3+} 作为基体，会消耗大量的 $SnCl_2$。如加入 NaF 使形成 FeF_6。可消除其干扰，加酒石酸也起类似作用。

砷含量大于 0.1% 也能造成干扰，用盐酸—氢溴酸混合酸与三价和五价的砷反应生成卤化砷，受热易挥发，可消除砷的干扰。

B　主要试剂

主要试剂有：

（1）王水（盐酸 + 硝酸 = 3 + 1）。

（2）亚硫酸钠溶液（5%）。

（3）钼酸铵溶液（5%）。

（4）氟化钠—氯化亚锡溶液。称取 24.0g 氟化钠溶解于 1L 水中，加入 2.0g 氯化亚锡，必要时可过滤，用时现配。经常使用时，可将氟化钠溶液大量配制，使用时取部分溶液加入氯化亚锡。

（5）磷标准溶液。每 1mL 含磷 2μg，称取方法为：

1）称取 0.4393g 基准磷酸二氢钾（KH_2PO_4）（预先经 105℃ 烘干至恒量），用适量水溶解，加入 10mL 硝酸（$p = 1.42g/mL$），移入 1000mL 容量瓶中，用水稀释至刻度，摇匀。此溶液 1mL 含 100μg 磷。

2）移取 20.00mL 上述磷标准溶液（100μg/L），置于 1000mL 容量瓶中，加 5mL 浓硝酸，用水稀释至刻度，混匀。此溶液 1mL 含 2μg 磷。

C　分析步骤

称取 0.5000g 试样于 150mL 烧杯中，加 10mL 王水，加热溶解，加 5mL 高氯酸加热蒸发至近干（如试样含砷 > 0.1%，可在冒高氯酸烟后加 5mL 盐酸—氢溴酸混合酸（2 + 1）加热挥发砷），冷却，用少量水溶解盐类，移至 50mL 容量瓶中，用水稀释至刻度，摇匀。

吸取 5mL 试液于 150mL 烧杯中，用刻度吸管准确加入 1mL 硝酸，2mL 亚硫酸钠溶液，煮沸 30s 驱除氮化物，立即加入 5mL 钼酸铵溶液，摇匀，再迅速加入 20mL 氟化钠—二氯化锡溶液，流水冷却，移至 50mL 容量瓶中，定容，摇匀。在波长 660nm 处，以 2cm 比色皿，用水作空白测定吸光度。

D　标准曲线的绘制

称取 0.5000g 纯铁粉一份，按分析步骤溶解蒸干，用少量水溶解盐类，移至 50mL 容量瓶中，以水定容。吸取 5mL 该溶液 6 份于 6 个 150mL 烧杯中，分别移入 0mL，1.00mL，2.00mL，3.00mL，4.00mL，5.00mL 磷标准溶液（2μg/mL），按上述分析步骤显色，测定吸光度，绘制相应的标准曲线。

称取相同或相近牌号，不同含磷量的标准样品 4~6 个，同试样操作，绘制吸光度与磷含量标准曲线。

E　结果计算

$$w(P) = \frac{m_1 \times V}{m_0 \times V_1} \times 100\% \tag{4-4}$$

式中　$w(P)$——磷的质量分数，%；

　　　V_1——分取试液体积，mL；

　　　V——试液总体积，mL；

　　　m_1——从工作曲线上查得磷量，g；

　　　m_0——试样量，g。

F　条件及注意事项

条件及注意事项包括：

（1）测定磷所用的烧杯，必须专用且不接触磷酸，因磷酸在高温时（100~150℃）能侵蚀玻璃而形成 $SiO_2 \cdot P_2O_5$ 或 $SiO(PO_3)_2$，用水及清洁剂不易洗净，并使测定磷的结果增高。

（2）铁、钛、锆的干扰可通过加入氟化钠掩蔽；有高价铬、钒存在时，加入亚硫酸钠将锰、铬、钒还原为低价以消除影响。铬量高时，宜在用高氯酸将其氧化成六价铬，再用浓盐酸加热，使铬生成氯化铬酰（CrO_2Cl_2）挥发除去。

（3）大于 1% 的硅，可加入酒石酸钾钠掩蔽，或者延长高氯酸冒烟时间，使硅脱水沉淀；钨的干扰可在试样冒完高氯酸烟，并用水溶解盐类后过滤除去。

任务 4.4　钢中锰的测定

【知识要点】

知识目标：

（1）了解锰对钢铁的影响；

（2）掌握锰化物的化学性质及在分析中的应用；

（3）掌握氧化还原滴定法测钢中锰的原理及操作方法。

能力目标：

（1）会用原子吸收分光光度法测钢中锰含量；

（2）能掌握钢中常量锰及微量锰含量测定的原理。

4.4.1　任务描述与分析

锰对钢的性能具有多方面的影响。锰和氧、硫有较强化合能力，故为良好的脱氧剂和脱硫剂。锰与硫形成熔点较高的 MnS，能降低钢的热脆性，同时还能使钢铁的硬度和强度增加，提高热加工性能。锰能提高钢的淬透性，因而加锰生产的弹簧钢、轴承钢、工具钢等，具有良好的热处理性能。通过本章节的学习，掌握钢中锰含量的测定方法。

4.4.2　相关知识

4.4.2.1　钢中锰的来源及在钢铁中的存在方式

钢中的锰少量由原料矿石中引入，主要是在冶炼钢铁过程中作为脱硫脱氧剂有意加入。

锰的存在方式为：锰为银白色金属，性坚而脆，锰几乎存在于一切钢铁中，是常见的"五大元素"之一，亦是重要的合金元素。锰在钢铁中主要以固溶体及 MnS 形态存在，也可形成 Mn_3C、MnSi、FeMnSi 等。

4.4.2.2　锰化物的性质及在分析中的应用

A　主要存在形态

锰有 1~7 个价态，分析上主要用锰 +2 价、+3 价、+4 价、+7 价，金属锰表现出七个不同价态。可以氧化还原为不同价态，因此常用氧化还原滴定法测定。

B　氧化还原性质

+7 价的锰是以 MnO_4^- 的形式存在并显示特有的紫红色，所以既可以用分光法测也可以用氧化还原法滴定。

目前应用较多的氧化剂有铋酸钠（大量锰）、高碘酸钾（微量锰）或过硫酸铵（中等量锰）。

还原剂有硫酸亚铁铵、亚砷酸钠—亚硝酸钠（选择性优良）、硝酸亚汞、苯基氧肟酸等。

4.4.2.3　锰的分析方法

钢铁中锰含量的分析通常采用滴定法和光度法，前者可用硝酸铵（酸性条件下）定量将锰氧化成正三价，用硫酸亚铁铵标准滴定溶液滴定。还可以用过硫酸铵将锰氧化成正七价，以亚砷酸钠、亚硝酸钠标准溶液滴定。后者常用高碘酸钾（钠）将锰氧化成正七价高锰酸根后，进行光度法测定。

A　氧化还原滴定法

金属锰表现出七个不同价态。可以氧化还原为不同价态，因此常用氧化还原滴定法测定。

以亚砷酸钠—亚硝酸钠滴定法（国家标准法）为例。

a　方法原理

试样用酸溶解后在硫酸、磷酸介质中，以硝酸银为催化剂，用过硫酸铵将锰氧化成七价，用亚砷酸钠—亚硝酸钠标准溶液滴定。

反应方程为：

$$3MnS + 14HNO_3 \rightleftharpoons 3Mn(NO_3)_2 + 3H_2SO_4 + 8NO\uparrow + 4H_2O$$

$$MnS + H_2SO_4 \rightleftharpoons MnSO_4 + H_2S\uparrow$$

$$3Mn_3C + 28HNO_3 \rightleftharpoons 9Mn(NO_3)_2 + 10NO\uparrow + 3CO_2\uparrow + 14H_2O$$

在催化剂 $AgNO_3$ 作用下，$(NH_4)_2S_2O_8$ 对 Mn^{2+} 的催化氧化过程为：

$$2Ag^+ + S_2O_8^{2-} + 2H_2O \rightleftharpoons Ag_2O_2 + 2H_2SO_4$$

$$5Ag_2O_2 + 2Mn^{2+} + 4H^+ \rightleftharpoons 10Ag^+ + 2MnO_4^- + 2H_2O$$

所产生的 MnO_4^- 用还原剂亚砷酸钠—亚硝酸钠标准滴定溶液滴定高锰酸至红色消失为终点，发生定量反应：

$$5AsO_3^{3-} + 2MnO_4^- + 6H^+ \rightleftharpoons 5AsO_4^{3-} + 2Mn^{2+} + 3H_2O$$

$$5NO_2 + 2MnO_4^- + 6H^+ \rightleftharpoons 5NO_3^- + 2Mn^{2+} + 3H_2O$$

使用混合标准溶液作滴定剂，是因为单独用亚砷酸钠，七价锰将部分还原成三价及四价锰，而单独用亚硝酸钠，虽然能将七价锰还原成二价锰，但在室温下作用缓慢，两者混合使用可取长补短。但仍不能定量将锰全部还原，因此不能按理论值计算，必须用含量相近的标准钢样在相同的条件下测定，求得滴定度，再进行试样中锰含量的计算。

b　测定步骤

（1）0.025mol/L 亚砷酸钠—亚硝酸钠标准溶液配制和标定。称取 $1.6gNa_3AsO_3$ 和 $0.86gNaNO_2$ 于 250mL 烧杯中，加 20mL $H_2SO_4(2+3)$ 和 50mL 水溶解并稀释至 1000mL。称取金属锰（基准物）0.5000g 于 250mL 烧杯中，加 20mL $HNO_3(1+3)$ 加热溶解，煮沸除尽氮氧化物。冷却后，转移至 1000mL 容量瓶中，定容至刻度。

移取 25.00mL 锰标准溶液于 300mL 锥形瓶中，加入 20mL 硫磷混合酸，加 20mL 蒸馏水，加 10mL $AgNO_3$ 溶液（5g/L）和 10mL 过硫酸铵溶液（200g/L），低温加热 30s，冷至室温，加 10mL 硫酸—氯化钠混合溶液（4g/L），摇匀，立即用亚砷酸钠—亚硝酸钠标准溶液滴定至紫红色刚刚消失为终点。用式（4-5）计算亚砷酸钠—亚硝酸钠标准溶液对锰的滴定度：

$$T_{Mn} = \frac{25.00 \times 0.5000}{1000 \times V_1} \tag{4-5}$$

式中　T_{Mn}——亚砷酸钠—亚硝酸钠标准溶液对锰的滴定度，g/mL；

V_1——滴定锰标准溶液消耗砷酸钠—亚硝酸钠标准溶液的体积，mL。

（2）样品测定称取适量试样（含锰0.1%～1%称0.5g；1%～2.5%称0.25g，精确至0.0001g），置于 300mL 锥形瓶中，加入 30mL 硫磷混合酸（高合金钢、精密合金等可先用 15mL 适当比例的 $HCl-HNO_3$ 混合酸溶解），加热至完全溶解后，滴加 HNO_3 破坏碳化物至无反应。继续加热，驱尽氮氧化物。取下放置 1～2min，加 50mL H_2O，加 10mL $AgNO_3$ 溶液（5g/L）和 10mL 过硫酸铵溶液（200g/L），低温加热 30s，放置 2min，冷至室温，加 10mL 硫酸—氯化钠混合溶液（4g/L），摇匀，立即用亚砷酸钠—亚硝酸钠标准溶液滴定至紫红色刚刚消失为终点。用式（4-6）计算试样中的锰的质量分数：

$$w(Mn) = \frac{T_{Mn} \times V}{m} \times 100\% \tag{4-6}$$

式中　T_{Mn}——亚砷酸钠—亚硝酸钠标准溶液对锰的滴定度，g/mL；

　　　　V——滴定样品消耗砷酸钠—亚硝酸钠标准溶液的体积，mL；

　　　　m——样品质量，g。

　　c　条件及注意事项

　　条件及注意事项包括：

　　（1）硫磷混合酸中的 H_3PO_4 不仅可以提高 $HMnO_4$ 的稳定性，防止 Mn^{4+} 的生成，而且可以与 Fe^{3+} 生成无色的配合物 $Fe(PO_4)_2^{3-}$，有利于对终点的判断。当试样中钨含量较高时，H_3PO_4 还可以与钨生成易溶性的磷钨酸，有利于对终点的观察。

　　（2）滴定过程中若单独使用 $NaNO_2$，虽然基本上可以将 MnO_4^- 还原为 Mn^{2+}，但在室温下作用缓慢，试剂本身也不够稳定；若单独使用 $NaAsO_3$，可能有部分 MnO_2 被还原为 Mn^{3+} 或 Mn^{4+}。而两者混合使用可以互相取长补短。

　　（3）若试样中含铬 2% 以上时会干扰对终点的判断，为此，应在溶样后把溶液调至中性，加氧化锌使 Cr^{3+} 生成 $Cr(OH)_3$ 沉淀，再过滤除去。若试样中有大量的钴，会因 Co^{2+} 的颜色而干扰终点判断，可在氨性溶液中加入过硫酸铵，使 Mn^{2+} 氧化并生成 MnO_2 而沉淀，进行过滤分离。

　　B　高碘酸钠（钾）氧化光度法

　　高碘酸钠（钾）氧化光度法属于分光光度法（国家标准法），即试样经酸分解后，在硫酸、磷酸介质中，用高碘酸钠（钾）将锰氧化至七价，高锰酸根呈紫红色，可于 530nm 处测其吸光度。

　　a　方法原理

　　试样经酸溶解后，在硫酸、磷酸介质中，用高碘酸钠（钾）将 Mn^{2+} 氧化为 MnO_4^-，在 530nm 处测其吸光度。

$$2Mn^{2+} + 5IO_4^- + 3H_2O \rule[0.5ex]{1.5em}{0.4pt}\rule[0.5ex]{1.5em}{0.4pt} 2MnO_4^- + 5IO_3^- + 6H^+$$

　　本法适用于生铁、铁粉、碳钢、合金钢和精密合金中锰含量的测定，测定范围是 0.01% ~ 2%。

　　b　测定步骤

　　（1）样品测定称取合适量的试样置于 150mL 锥形瓶中，加 15mL 硝酸（1 + 4），低温加热溶解，加 10mL 磷酸—高氯酸混合酸（3 + 1），加热蒸发至冒高氯酸烟（含铬试样需将铬氧化），稍冷，加 10mL 硫酸（1 + 1），用水稀释至约 40mL，加 10mL 高碘酸钠（钾）溶液（50g/L），加热至沸并保持 2~3min，冷却至室温，移入 100mL 容量瓶中，用不含还原物质的水稀释至刻度，摇匀。

　　将上述显色液移入比色皿中，向剩余的显色液中，边摇动边滴加亚硝酸钠溶（10g/L）至紫红色刚好褪去，将此溶液移入另一比色皿中为参比，在长 530nm 处，测其吸光度，根据工作曲线计算试样中的锰含量。

　　（2）工作曲线的绘制。移取 20mL 锰标准溶液（500μg/mL），置于 100mL 容量瓶中，用水稀释至刻度，摇匀。此溶液 1mL 含 100μg 锰。

　　移取不同量的锰标准溶液 5 份，分别置于 5 个 150mL 锥形瓶中，加 10mL 磷酸—高氯酸混合酸，以下按分析步骤进行，测其吸光度，绘制工作曲线或求出线性回归方程。

c　条件及注意事项

条件及注意事项包括：

（1）称样量、锰标准液加入量及选用比色皿，参照表 4 – 1。

表 4 – 1　称样量、锰标准液加入量及比色皿的选用

含量范围/%	0.01 ~ 0.1	0.1 ~ 0.5	0.5 ~ 1.0	1.0 ~ 2.0
称样量	0.5000	0.2000	0.2000	0.1000
锰标准溶液浓度/$\mu g \cdot mL^{-1}$	100	100	500	500
移取锰标准溶液体积/mL	0.50 2.00 3.00 4.00 5.00	2.00 4.00 6.00 8.00 10.00	2.00 2.50 3.00 3.50 4.00	2.00 2.50 3.00 3.50 4.00
吸收皿/cm	3	2	1	1

（2）高硅试样需滴加 3 ~ 4 滴氢氟酸。

（3）生铁试样用硝酸（1 + 4）溶解时滴加 3 ~ 4 滴氢氟酸，试样溶解后，取下冷却，用快速滤纸过滤于另一个 150mL 锥形瓶中，用热硝酸（2 + 98）洗涤原锥形瓶和滤纸 4 次，于滤液中加 10mL 磷酸—高氟酸混合酸，然后按分析步骤进行。

（4）高钨（含量大于 5%）试样或难溶试样，可加 15mL 磷酸—高氯酸混合酸，低温加热溶解，并加热蒸发至冒高氯酸烟，然后按分析步骤进行。

（5）含钴试样用亚硝酸钠溶液退色时，钴的微红色不退，可按下述方法处理：不断摇动容量瓶，慢慢滴加 1% 的亚硝酸钠溶液，若试样微红色无变化时，将试液置于比色皿中，测其吸光度，向剩余试液中再加 1 滴 1% 的亚硝酸钠溶液，再次测其吸光度，直至两次吸光度无变化即可以此溶液为参比。

（6）制备不含还原物质的水，将去离子水（或蒸馏水）加热煮沸，每升用 10mL 硫酸（1 + 3）酸化，加几粒高碘酸钠（钾），蒸馏。

C　火焰原子吸收光谱法

a　方法原理

试样以盐酸和过氧化氢分解后，用水稀释至一定体积，喷入空气—乙炔火焰中，用锰空心阴极灯作光源，于原子吸收光谱仪波长 279.5nm 处，测量其吸光度。

本方法适用于生铁、碳素钢及低合金钢中锰量的测定，测定范围为 0.1% ~ 2.0%。

b　主要仪器

主要仪器有原子吸收光谱仪，备有空气—乙炔燃烧器和锰空心阴极灯。

c　测定步骤

测定步骤为：

（1）试样的处理。称取 0.5g 试样（精确至 0.0001g）置于 300mL 烧杯中，加入 20mL 盐酸置于电热板上加热完全溶解后，加入 2 ~ 3mL 过氧化氢使铁氧化（试样未完全溶解时，不要加过氧化氢）。加热煮沸片刻，分解过剩的过氧化氢，取下冷却，过滤，用盐酸

（2 + 98）洗涤，滤液和洗液（如试液中碳化物、硅酸等沉淀物很少，不妨碍喷雾器的正常工作时，可免去过滤）移入 100mL 容量瓶中，用水稀释至刻度，混匀。

（2）吸光度的测定将试样溶液在原子吸收光谱仪上，于波长 279.5nm 处，以空气—乙炔火焰，用水调零，测量其吸光度。根据工作曲线计算出锰的浓度（μg/mL）。

（3）工作曲线的绘制。配制锰标准溶液，称取 1.0000g 金属锰（含量 99.9% 以上），置于 400mL 烧杯中，加入 30mL 盐酸（1 + 2），加热分解，冷却后移入 1000mL 容量瓶中，用水稀释至刻度，混匀。此溶液 1mL 含 1.00mg 锰。

称取纯铁数份，每份 0.5000g，分别置于 300mL 烧杯中，加入 0 ~ 10.00mL 锰标准溶液，然后按上述步骤进行测量每份溶液的吸光度。

校准曲线系列每一溶液的吸光度减去零浓度的吸光度，为锰校准曲线系列溶液的吸光度，以锰浓度为横坐标，吸光度为纵坐标，绘制校准曲线或求出线性回归方程。

d　条件及注意事项

条件及注意事项包括：

（1）对于用盐酸分解有困难的试样可按下述方法处理：将试样置于 300mL 烧杯中，盖上表面皿，加入 30mL 王水，加热分解蒸发至干。冷却，加入 20mL 盐酸（1 + 2）溶解可溶性盐类，过滤，用盐酸（2 + 98）洗涤滤纸。将滤液和洗液移入 100mL 容量瓶中，用水稀释至刻度，混匀。

（2）对于生铁等试样，将试样置于 300mL 烧杯中，盖上表面皿，加入 10mL 硝酸（1 + 1）加热分解，然后加入 7mL 高氯酸，加热至冒白烟，冷却后加少量水溶解盐类，移入 100mL 容量瓶中，用水稀释至刻度，混匀，干过滤。

（3）为消除基体影响，绘制校准曲线时，应加入与试样溶液相近的铁量。

任务 4.5　钢中硅的测定

【知识要点】

知识目标：

（1）了解硅对钢铁的影响；

（2）掌握硅化物的化学性质及在分析中的应用；

（3）掌握硅钼蓝光度法测钢中硅的原理及操作方法。

能力目标：

（1）会用分光光度法测钢中硅的含量；

（2）能掌握钢中常量硅及微量硅含量测定的原理。

4.5.1　任务描述与分析

硅增强钢的硬度、弹性及强度，提高抗氧化能力及耐酸性；促使 C 以游离态石墨状态存在，使钢强于流动性，易于铸造；是炼钢过程中常用的脱氧剂。通过本章节的学习使学生掌握分光法测钢的原理及操作要点。

4.5.2　相关知识

4.5.2.1　钢中硅的来源及在钢铁中的存在方式

钢中的硅由原料矿石引入或脱氧及特殊需要而有意加入。

硅是钢铁中常见元素之一，主要以固溶体、FeSi、MnSi 或 FeMnSi 的形式存在，有时亦可发现少量的硅酸盐夹杂物及游离 SiO_2 的形式。除高碳钢外，一般不存在碳化硅（SiC）。

4.5.2.2　硅化物的性质及在分析中的应用

主要是氧化价 +4 价，溶液中没游离的 Si^{4+}，总是与氧结合生成硅氧四面体 SiO_4^{2-} 或衍生物 $Si(OH)_4$。

（1）溶解性。只有氢氟酸或热浓磷酸分解硅及氧化物，二氧化硅易与碱共熔形成可溶性的硅酸盐。分析中用碱共熔法或氢氟酸结合硝酸低温分解方法处理含硅高的样品。

（2）挥发性。用氢氟酸处理以四氟化硅气体挥发，常用于硅的重量法测定。

（3）沉淀反应。除碱金属硅酸盐外，其他硅酸盐大多难溶于水。重金属的氟硅酸盐一般溶于水，而钠、钾、钡等盐则难溶于水。氟硅酸钾沉淀在硅的滴定分析中非常重要。

（4）配合反应。在适宜的酸度及钼酸盐存在下，硅酸可形成硅钼杂多酸，是光度法的重要依据。

4.5.2.3　钢中硅的分析方法

根据含量的不同选择适当的方法：

（1）常量法。SiO_2 重量法，K_2SiF_6 容量法。

（2）微量法。硅钼蓝分光光度法。

A　高氯酸脱水重量法

热的高氯酸既是强氧化剂，也是脱水剂。溅失现象少，脱水速度快。常见元素中，除钾、铷、铯以及铵盐外，其余的高氯酸盐均易溶于水，故对沉淀的污染很小，是最常用的脱水介质。

其方法原理为：钢铁试样用酸分解，或用碱熔后酸化，在高氯酸介质中蒸发冒烟使硅酸脱水，经过滤洗涤后，将沉淀灼烧成二氧化硅，在硫酸存在下加氢氟酸使硅成四氟化硅挥发除去，由氢氟酸处理前后的重量差计算硅含量。

本方法硅量的测定范围为 0.10% ~6.00%。

B　氟硅酸钾滴定法

氟硅酸钾滴定方法原理为：试样以硝酸和氢氟酸（或盐酸、过氧化氢）分解，使硅转化为氟硅酸，加入硝酸钾（或氯化钾）溶液生成氟硅酸钾沉淀。经过滤、洗涤游离酸，以沸水溶解沉淀，使其水解而释放出氢氟酸，用氢氧化钠标准滴定溶液滴定释放出氢氟酸。由消耗氢氧化钠标准滴定溶液的体积计算出硅的含量。

C　硅钼蓝光度法测硅（GB/T 223.5—1997）

a　方法原理

钢铁试样用稀硫酸溶解，使硅转化为可溶性硅酸。加高锰酸钾溶液氧化碳化物，并用亚硝酸钠溶液还原过量的高锰酸钾。在微酸性溶液中，硅酸与钼酸铵生成氧化型的硅钼酸盐（黄），在草酸存在下，用硫酸亚铁铵将其还原成硅钼蓝，于波长约810nm处测量其吸光度。以吸光度为纵坐标作标准工作曲线，在工作曲线上查出硅含量。

本标准适用于铁、碳钢、低合金钢中0.030%~1.00%（质量分数）酸溶硅含量的测定。

b　主要试剂与仪器

主要试剂为纯铁（硅的含量小于0.002%）；钼酸铵溶液（50g/L）；草酸溶液（50g/L）；硫酸亚铁铵溶液（60g/L）；硅标准溶液（20μg/mL）。

主要仪器为721等类型的光度计。

c　操作步骤

称取试样0.1g左右，置于150mL烧杯中。加入30mL硫酸（1+17），低温缓慢加热（不要煮沸）至试样完全溶解（并不断补充蒸发失去的水分）。煮沸，滴加高锰酸钾溶液（40g/L）至析出二氧化锰水合物沉淀。再煮沸约1min，滴加亚硝酸钠溶液（100g/L）至试验溶液清亮，继续煮沸1~2min（如有沉淀或不溶残渣，趁热用中速滤纸过滤，用热水洗涤）。冷却至室温，将试验溶液移入100mL容量瓶中，用水稀释至刻度，混匀。

移取10.00mL上述试验溶液两份，分别置于50mL容量瓶中（一份作显色溶液用，一份作参比溶液用）。

（1）显色溶液。小心加入5.0mL钼酸铵溶液，混匀。放置15min或沸水浴中加热30s，加入10mL的草酸溶液，混匀。待沉淀溶解后30s内，加入5.0mL的硫酸亚铁铵溶液，用水稀释至刻度，混匀。

（2）参比溶液。加入10.0mL草酸溶液、5.0mL钼酸铵溶液、5.0mL硫酸亚铁铵溶液，用水稀释至刻度，混匀。

将显色溶液移入1cm吸收皿中，以参比溶液为参比，于分光光度计波长810nm处测量溶液的吸光度值。对没有此波长范围的光度计，可于680nm处测量。

d　结果计算

按公式计算硅的含量：

$$w(\text{Si}) = \frac{m_1 \times 10^{-6}}{m_0 \times \dfrac{V_1}{V}} \tag{4-7}$$

式中　$w(\text{Si})$——硅的质量分数，%；

　　　　V——分取试液体积，mL；

　　　　V_1——试液总体积，mL；

　　　　m_1——从工作曲线上查得的硅量，g；

　　　　m_0——样品质量，g。

e　条件及注意事项

条件及注意事项包括：

（1）硅钼蓝光度法测硅的条件为：创造条件生成β型硅钼黄。

（2）硅钼黄有两种形态：α型硅钼杂多酸（硅钼黄），在较低酸度即较多pH值为

3.8~4.8 的室温中生成很稳定，还原为蓝绿色；β 型硅钼杂多酸（硅钼黄），在较高酸度即较低 pH 值为 1.0~1.8 中生成，还原为蓝色。具体性质见表 4-2。

表 4-2　硅钼黄两种形态性质

形　态	α-硅钼黄	β-硅钼黄
pH	3.8~4.8 较高　范围宽	1.0~1.8 较低　窄
颜色（λ_{max}）	蓝绿色 635，（750nm）	蓝色（810nm）
ε（硅钼蓝）	1.85×10^4　灵敏度较低	2.00×10^4　灵敏度较高
稳定性	较稳定	不稳定
被还原为硅钼蓝	不易	容易

实际应用时创造条件得 β 型硅钼黄的原因是：虽然 β 型不稳定，生成的酸度又比较严格，但是：

1）它在较高酸度下形成，此时铁等许多金属离子不易水解，共存离子干扰少。

2）β 型硅钼黄比 α 型硅钼黄易被还原成硅钼蓝。

3）β 型硅钼黄的还原产物硅钼蓝的灵敏度高于 α 型还原产物的灵敏度。

（3）测硅消除 P，As 的干扰。酸度是生成硅钼黄或硅钼蓝及排除 P，As 杂质干扰的重要条件，硅钼黄在低酸度生成，然后提高酸度至 3.0~4.0mol/L 消除 P，As 干扰。除 P，As 杂多酸可加入有机酸：草酸，酒石酸，柠檬酸消除干扰其中以 $H_2C_2O_4$ 效果最快，$H_2C_2O_4$ 除了提高酸度除杂质，还有其他作用，$H_2C_2O_4$ 的作用有：

1）调整酸度（提高酸度），破坏 P，As 杂多酸，消除 P，As 干扰。

2）增加 Fe^{2+} 还原能力并消除 Fe^{3+} 黄色干扰。

任务 4.6　钢中铬的测定

【知识要点】

知识目标：

（1）了解铬对钢铁的影响；

（2）掌握铬化物的化学性质及在分析中的应用；

（3）掌握钢中铬的测定原理及操作方法。

能力目标：

（1）会用氧化还原滴定法测钢中铬的含量；

（2）能掌握钢中常量铬及微量铬含量测定的原理。

4.6.1　任务描述与分析

铬是合金钢生产中应用最广的元素之一。铬能增强钢的力学性能和耐磨性能，增加钢的淬火度及淬火后的抗变形能力，增强钢的硬度、弹性、抗磁性、抗张力、耐蚀性和耐热性。在炼钢中加入铬炼成不锈钢。不锈钢遇到腐蚀性的物质时，就会在它的表面形成一种细致而坚实的氧化铬薄膜，保护内部的金属不继续受腐蚀，通过本章节的学习使学生掌握铬的分解方法及测定方法。

4.6.2　相关知识

4.6.2.1　铬的化学性质及在分析中的应用

化合价为 +2、+3 和 +6，多价化合物，分析上利用铬 +3 和 +6 氧化还原性质测定铬。

在酸性溶液中，通常用的氧化剂有高锰酸钾、过硫酸铵（在硝酸银存在下）、高氯酸等；还原剂通常就用硫酸亚铁铵。

4.6.2.2　铬的存在方式及分解方法

铬在钢中的存在状态较为复杂，有固溶体、碳化物（Cr_4C、Cr_7C_3、Cr_2C_2 等）、硅化物（Cr_3Si 等）、氮化物（CrN、Cr_2N 等）、氧化物（Cr_2O_3）等形态。其中以铬的碳化物和氮化物较为稳定。金属铬在酸中一般以表面钝化为其特征。一旦去钝化后，即易溶解于几乎所有的无机酸中，但不溶于硝酸。铬在硫酸中是可溶的，而在硝酸中则不易溶。用化学法测定钢中铬时，首先遇到的问题就是试样较难溶解。一般处于固溶体中的铬易溶于盐酸、稀硫酸或高氯酸中，但铬的碳化物或氮化物，通常则要以浓硝酸或加热至冒烟硫酸或冒烟高氯酸时才能破坏，有的甚至需在冒硫酸烟时，滴加浓硝酸才能破坏。但浓硝酸能使试样钝化，所以不能单独用来溶解试样。通常先以热的稀盐酸、稀硫酸、磷酸或其混酸溶解可溶的金属等，剩余难溶的碳化物或氮化物在冒烟硫酸或高氯酸烟的条件下再滴加浓硝酸来分解。

4.6.2.3　铬的测定方法

钢铁试样中较高含量的铬多用容量法测定（通常高于 0.5%），低含量铬一般用光度法测定。铬的容量法大多是基于铬的氧化还原特性，先用氧化剂将 Cr（Ⅲ）氧化至 Cr（Ⅵ），然后再用还原剂（通常用 Fe^{2+}）来滴定，从而求得铬量。根据所用氧化剂不同而有多种滴定铬的方法，但就其滴定方式而言，主要有下述两种。

（1）以 N - 苯代邻氨基苯甲酸为指示剂，用亚铁标准滴定溶液直接滴定六价铬。但有钒时，由于其标准还原电位（$E_{V^{5+}/V^{4+}} = +1.20V$）比 N - 苯代邻氨基苯甲酸的标准还原电位（$E = +1.0V$）高，因而它先于指示剂而被亚铁还原，故对铬的测定有干扰。

（2）用高锰酸钾反滴定方式，即先加入过量的亚铁标准滴定溶液将铬还原，再以高锰酸钾标准溶液滴定过量亚铁。这种反滴定方式钒无干扰，因为用亚铁还原铬时，H_3VO_4 同时被还原成四价：

$$2H_3VO_4 + 2FeSO_4 + 3H_2SO_4 \rightleftharpoons V_2O_2(SO_4)_2 + Fe_2(SO_4)_3 + 6H_2O$$

而当用高锰酸钾反滴定过量亚铁时，四价钒又被氧化成 H_3VO_4：

$$5V_2O_2(SO_4)_2 + 2KMnO_4 + 22H_2O \rightleftharpoons 10H_3VO_4 + K_2SO_4 + 2MnSO_4 + 7H_2SO_4$$

这两个反应所消耗的亚铁和高锰酸钾是等当量的，因此，钒无影响。这种滴定方式常用作标准分析。

光度法测定铬是利用有机试剂与铬形成的有色配合物进行比色，其测定的方法很多，大致可分为两类。一类是 Cr(Ⅵ) 氧化有机试剂而显色的间接测定法，另一类是用有机试剂和 Cr(Ⅲ) 直接配合显色的方法。但无论哪种类型的方法，目前尚存在很多问题，因为干扰成分较多，一般需要先将铬与干扰成分分离后方可应用。现今，测定钢铁中低含量铬仍采用熟知的二苯基碳酰二肼法。

国家现行标准分析方法有：《钢铁及合金化学分析方法过硫酸铵氧化容量法测定铬量》、《钢铁及合金化学分析方法碳酸钠分离——二苯碳酰二肼光度法测定铬量》。这两个方法也是工厂的实用分析方法。过硫酸铵氧化容量法较准确，适用范围宽，是目前钢铁中铬的分析广泛采用的方法。二苯碳酰二肼光度法的灵敏度高，测定钢铁中的低含量铬，快速、准确。下面分别给予介绍。

A　过硫酸铵氧化容量法

本方法主要适用于生铁、碳素钢、合金钢、高温合金和精密合金中铬量的测定。测定范围为 0.100% ~ 30.00%。

a　方法原理

试样以硫—磷混酸溶解，加硝酸氧化，则铬转化成 $Cr_2(SO_4)_3$ 等形式而存在于溶液中。在硫酸、磷酸介质中，以硝酸银作催化剂，用过硫酸铵氧化铬 (Ⅲ) 为铬 (Ⅵ)：

$$Cr_2(SO_4)_3 + 3(NH_4)_2S_2O_8 + 8H_2O = 2H_2CrO_4 + 3(NH_4)_2SO_4 + 6H_2SO_4$$

此时锰也被氧化：

$$2MnSO_4 + 5(NH_4)_2S_2O_8 + 8H_2O = 2HMnO_4 + 5(NH)_2SO_4 + 7H_2SO_4$$

当溶液呈紫红色时，表明 Cr(Ⅲ) 已全部被氧化成 Cr(Ⅵ)，因此，若试样含锰量较低，需补加少量 $MnSO_4$，这是由于 Mn (Ⅱ) 标准氧化还原电位 (E_0 = + 1.52V) 比 Cr (Ⅲ) 的标准氧化还原电位 (E_0 = + 1.36V) 高，因此，Mn (Ⅱ) 在 Cr (Ⅲ) 被 $(NH_4)_2S_2O_8$ 氧化后才被氧化，但 $HMnO_4$ 存在又有其不利的一面，因 MnO_4^- 先于 Cr(Ⅵ) 而被亚铁滴定，干扰铬的测定，必须消除。加氯化钠还原 $HMnO_4$：

$$2HMnO_4 + 10NaCl + 7H_2SO_4 = 2MnSO_4 + 5Na_2SO_4 + 5Cl_2 \uparrow + 8H_2O$$

以 N – 苯代邻氨基苯甲酸作指示剂，用硫酸亚铁铵标准滴定溶液滴定六价铬：

$$2H_2CrO_4 + 6(NH_4)_2Fe(SO_4)_2 + 6H_2SO_4 = Cr_2(SO_4)_3 + 3Fe_2(SO_4)_3 + 6(NH_4)_2SO_4 + 8H_2O$$

溶液由玫瑰红色变为亮绿色为终点。

含钒试样，以亚铁—邻菲罗啉溶液为指示剂，加过量的硫酸亚铁铵标准滴定溶液，以高锰酸钾标准滴定溶液回滴过量硫酸亚铁铵，间接计算出铬量。

b　主要试剂

主要试剂有：

(1) 硝酸银溶液 (1.0%)。称取 1.0g 硝酸银溶于 100mL 水中，滴加数滴浓硝酸 (3 + 4)，贮于棕色瓶中。

(2) 过硫酸铵溶液 (30%)，使用时配制。

(3) N – 苯代邻氨基苯甲酸溶液 (0.2%)。称取 0.2g 试剂置于 300mL 烧杯中，加 0.2g 无水碳酸钠，加 20mL 水加热溶解，用水稀释至 100mL，混匀。

(4) 亚铁—邻菲罗啉溶液。称取 1.49g 邻菲罗啉，0.98g 硫酸亚铁铵置于 300mL 烧杯中，加 50mL 水，加热溶解，冷却，用水稀释至 100mL，混匀。

(5) 铬标准溶液 ($C(1/6K_2Cr_2O_7)$ = 0.02885mol/L，即 1mL 此溶液含 0.500mg 铬)。

（6）硫酸亚铁铵标准滴定溶液（$C[(NH_4)_2Fe(SO_4)_2 \cdot 6H_2O] = 0.03mol/L$ 的硫酸（5 +95）介质溶液）。1000mL。

硫酸亚铁铵标准滴定溶液的标定及指示剂的校正具体为：于 3 个 500mL 锥形瓶中，各加 50mL 硫酸—磷酸混合酸（8 + 32 + 60），加热蒸发至冒硫酸白烟，稍冷，加水 50mL，冷却至室温，分别加入铬标准溶液 VmL（其量应与试样中含铬量相近），用水稀释至 200mL，用硫酸亚铁铵标准滴定溶液滴定至溶液呈淡黄色，加 3 滴 N - 苯代邻氨基苯甲酸溶液，继续滴定至由玫瑰红色变为亮绿色为终点。读取所消耗硫酸亚铁铵标准滴定溶液的毫升数。再加相同量的铬标准溶液，再用硫酸亚铁铵标准滴定溶液滴定至由玫瑰红色变为亮绿色为终点。两者消耗硫酸亚铁铵标准滴定溶液体积的差值，即为 3 滴 N - 苯代邻氨基苯甲酸溶液的校正值。将此值加入硫酸亚铁铵标准滴定溶液的消耗的毫升数中，再进行计算。三份铬标准溶液所消耗硫酸亚铁铵标准滴定溶液毫升数的极差值，不超过 0.05mL，取其平均值。

按式（4 - 8）计算硫酸亚铁铵标准滴定溶液对铬的滴定度：

$$T = \frac{V \times C}{V_1} \times 100\% \qquad (4-8)$$

式中　T——硫酸亚铁铵标准滴定溶液对铬的滴定度，g/mL；

　　　V——移取铬标准溶液的体积，mL；

　　　C——铬标准溶液的浓度，g/mL；

　　　V_1——滴定所消耗硫酸亚铁铵标准滴定溶液体积（包括指示剂校正值）的平均值，mL。

（7）高锰酸钾溶液（$C(1/5KMnO_4) \approx 0.03mol/L$）的配制及标定。

1）配制。称取 0.95g 高锰酸钾，分别置于 1000mL 烧杯中，用水溶解后加 5 ~ 10mL 浓磷酸，用水稀释至 1000mL，贮于棕色瓶中，在阴凉处放置 6 ~ 10 天，使用前用坩埚式过滤器过滤后使用。

2）标定。移取 25.00mL 硫酸亚铁铵标准滴定溶液三份，分别置于 250mL 锥形瓶中。以高锰酸钾溶液滴定至溶液呈粉红色，在 1 ~ 2min 内不消失为终点，三份硫酸亚铁铵标准滴定溶液所消耗高锰酸钾溶液毫升数的极差值，不超过 0.05mL，取其平均值。

按式（4 - 9）计算高锰酸钾溶液相当于硫酸亚铁铵标准滴定溶液的体积比：

$$K = \frac{25.00}{V} \times 100\% \qquad (4-9)$$

式中　K——高锰酸钾溶液相当于硫酸亚铁铵标准滴定溶液的体积比；

　25.00——移取硫酸亚铁铵标准滴定溶液的体积，mL；

　　　V——滴定所消耗高锰酸钾溶液的体积，mL。

c　分析步骤

（1）试样溶解与处理。称取试样（含铬量大于 10%，称 0.2g；小于 10%，称 0.5 ~ 2g）置于 500mL 烧杯中，加 50mL 硫—磷混酸（硫酸 + 磷酸 + 水 = 32 + 8 + 60），加热至试样完全溶解，滴加浓硝酸氧化，继续加热蒸发至冒硫酸烟（高碳、高铬、高铝试样在冒硫酸烟时滴加浓硝酸氧化至溶液清晰，碳化物全部破坏为止），冷却，加水稀释至约 200mL，低温加热至盐类全部溶解后，加入 5mL 硝酸银溶液（1.0%），20mL 过硫酸铵溶液

（30%），煮沸至铬完全氧化（溶液呈高锰酸的紫红色，表明铬已完全氧化。若试样含锰量低，溶液不呈紫红色，则可加入4%的硫酸锰溶液2~4滴后再氧化），继续煮沸5min，使过量过硫酸铵完全分解。取下，加入5mL盐酸（1+3），煮沸至红色消失。如还有红色，再加2~3mL盐酸（1+3），继续煮沸2~3min至完全消失，冷却至室温。

（2）滴定。分含钒和不含钒两种滴定方法。

1）不含钒的试样。先用硫酸亚铁铵标准滴定溶液滴定至溶液呈淡黄色，加3滴苯代邻氨基苯甲酸溶液，继续滴定至玫瑰红色转变亮绿色为终点。

2）含钒试样。先用硫酸亚铁铵标准滴定溶液滴定，至六价铬的黄色变为亮绿色之前，加5滴亚铁—邻菲罗啉溶液，继续滴定至溶液呈现稳定的红色，并过量5mL，再加5滴亚铁—邻菲罗啉溶液，以高锰酸钾溶液回滴至红色初步消失，加入无水乙酸钠15g，待乙酸钠溶解后，继续用高锰酸钾溶液缓慢滴定至淡蓝色（含铬量高时为蓝绿色）为终点。

亚铁—邻菲罗啉溶液要消耗高锰酸钾溶液，需按下法校正：

在做完高锰酸钾相当于硫酸亚铁铵标准滴定溶液体积比的标定后的两份溶液中，一份加10滴亚铁—邻菲罗啉溶液，而另一份加20滴，各用与滴定试液相同浓度的高锰酸钾溶液滴定，两者消耗高锰酸钾溶液体积的差数，即为10滴亚铁—邻菲罗啉溶液的校正值。此值应从过量的硫酸亚铁铵标准滴定溶液所消耗高锰酸钾溶液的毫升数中减去。

d 分析结果计算

（1）按式（4-10）计算不含钒试样中铬的质量分数。

$$w(\mathrm{Cr}) = \frac{V \times T}{m} \times 100\% \qquad (4-10)$$

式中 $w(\mathrm{Cr})$——铬的质量分数，%；

    V——滴定所消耗硫酸亚铁铵标准滴定溶液的体积，mL；

    T——硫酸亚铁铵标准滴定溶液对铬的滴定度，g/mL；

    m——称样量，g。

（2）按式（4-11）计算含钒试样中铬的质量分数。

$$w(\mathrm{Cr}) = \frac{(V_1 - V_2 K) \times T}{m} \times 100\% \qquad (4-11)$$

式中 $w(\mathrm{Cr})$——铬的质量分数，%；

    V_1——滴定所消耗硫酸亚铁铵滴定溶液的体积，mL；

    V_2——过量硫酸亚铁铵滴定溶液所消耗高锰酸钾溶液的体积减去亚铁—邻菲罗啉溶液的校正值所得的体积，mL；

    K——高锰酸钾溶液相当于硫酸亚铁铵滴定溶液的体积比；

    T——硫酸亚铁铵滴定溶液对铬的滴定度，g/mL；

    m——称样量，g。

e 注意事项

注意事项包括：

（1）如遇试样不易溶于硫酸—磷酸混合酸，可先用王水溶解，然后加硫酸—磷酸混合酸冒烟。

（2）含钨高试样，可补加浓磷酸，防止钨生成钨酸析出沉淀影响铬的测定。

（3）用过硫酸铵氧化铬时，试样溶液酸度的影响较大，一般以100mL溶液中含3～8mL浓硫酸为宜。酸度高，则氧化缓慢；酸度过低，会使二氧化锰沉淀析出。

（4）加盐酸（1+3）的作用除了还原高锰酸以消除其干扰外，还有一种作用，即除去银离子的影响，避免由于过硫酸铵未除干净，已被还原的锰，又被氧化成高价锰，使分析结果偏高。

值得注意的是，加盐酸（1+3）后煮沸时间不可太长，否则CrO_4^{2-}可被还原。再者，产生的氯化银沉淀若为褐色，是被二氧化锰污染所致。此现象在试样含锰量高时更易发生，二氧化锰同样可被亚铁滴定，所以需要继续补加盐酸（1+3）还原。

B　二苯碳酰二肼光度法

二苯碳酰二肼光度法的方法原理为：在硫酸溶液中以高锰酸钾将铬三价离子氧化至铬六价，六价铬与二苯碳酰二肼生成紫红色配合物，测量其吸光度。预先用碳酸钠沉淀分离铁等共存元素。当共存400mg铁，60mg镍，40mg钴，1mg铜，2mg钼、铝，12mg钨经分离后对测定铬无影响。

任务4.7　钢中钒的测定

【知识要点】

知识目标：

（1）了解钒对钢铁的影响；

（2）掌握钒化物的化学性质及在分析中的应用；

（3）掌握钢中钒的测定原理及操作方法。

能力目标：

（1）会用氧化还原滴定法测钢中钒的含量；

（2）能掌握钢中常量钒及微量钒含量测定的原理。

4.7.1　任务描述与分析

钒是钢的重要合金元素之一，在炼钢时加入钒，使钢具有特殊的力学性能，提高钢的抗拉强度和屈服强度，特别是提高钢的高温强度。通过本章节的学习使学生掌握钢中钒的测定方法。

4.7.2　相关知识

4.7.2.1　钒分析方法简介

A　钒的化学性质及在分析中的应用

钒为多价态元素，在溶液中可以+2价、+3价、+4价、+5价态存在。在分析化学中主要利用+4价钒和+5价钒来进行测定。钒（Ⅳ）和钒（Ⅴ）均易形成配合物，钒在钢中主要以固溶体及稳定的碳化物形态存在。钒的碳化物是很稳定的，几乎不溶于硫酸或盐酸，只有用氧化性较强的硝酸（或过氧化氢）等氧化并蒸发至逸出硫酸白烟以后才能溶解。

B　钒的测定方法

钢铁试样中较高含量的钒常用氧化还原滴定法测定，低含量的钒用光度法测定。与铬的测定方法相比较有许多类似之处，钒的氧化还原滴定法是基于钒在室温中易于被氧化及被还原的特点，常用高锰酸钾或过硫酸铵将钒氧化到五价，再用亚铁标准溶液滴定将五价钒还原到四价。确定终点的氧化还原指示剂仍然选用苯代邻氨基苯甲酸。但钒（Ⅴ）的氧化能力要弱于铬（Ⅵ）的（$E_{0V^{5+}/V^{4+}} = +1.20V$，$E_{0Cr^{6+}/Cr^{3+}} = +1.33V$）。钒的光度分析方法很多，已研究有 70 多种试剂可用于比色测定钒，但绝大部分显色试剂由于选择性不高，直接用于钢铁分析中尚存在一定困难，只有 N – 苯甲酰 – N – 苯基羟胺（简称钽试剂，简写 BPHA）、3，3 – 二甲基联萘胺、8 – 羟基喹啉和 4 – （2 – 吡啶偶氮）间苯二酚几种显色试剂较为可取。然而，实际工作中应用较多的还是钽试剂—氯仿萃取光度法。

国家现行标准分析方法有：《钢铁及合金化学分析方法硫酸亚铁铵滴定法测定钒含量》、《钢铁及合金化学分析方法钽试剂萃取光度法测定钒含量》。它们也是工厂的实用分析方法。前者应用范围广，是例行分析的主要方法。后者具有较好的选择性和灵敏度，特别适于钢中低含量钒的测定。

4.7.2.2　硫酸亚铁铵滴定法

硫酸亚铁铵滴定法主要参见 GB/T 223.13—2000，适用于钢铁及合金中 0.100% ~ 3.50%（m/m）钒含量的测定。

A　方法原理

用适当酸溶解试样（注意：钒的碳化物性质很稳定）后，钒转化为四价，在硫酸—磷酸介质中，于室温（不超过 34℃）用高锰酸钾氧化钒。过量的高锰酸钾以亚硝酸钠还原，过量的亚硝酸钠用尿素分解。以苯代邻氨基苯甲酸为指示剂，用硫酸亚铁铵标准溶液滴定钒。

溶解反应为：

$$3V + 10HNO_3 = 3VO(NO_3)_2 + 4NO^- + 5H_2O$$
$$V_2C + 8HNO_3 = 2VO(NO_3)_2 + 4NO + CO_2 + 4H_2O$$
$$2VO(NO_3)_2 + 2H_2SO_4 = V_2O_2(SO_4)_2 + 4HNO_3$$

用高锰酸钾氧化成钒酸：

$$5V_2O_2(SO_4)_2 + 2KMnO_4 + 22H_2O = 10H_3VO_4 + K_2SO_4 + 2MnSO_4 + 7H_2SO_4$$

过量的高锰酸钾以亚硝酸盐还原：

$$5KNO_2 + 2KMnO_4 + 3H_2SO_4 = 5KNO_3 + K_2SO_4 + 2MnSO_4 + 3H_2O$$

用亚硝酸盐还原时，过量的亚硝酸盐用尿素破坏：

$$2HNO_2 + CO(NH_2)_2 = CO_2\uparrow + 2N_2\uparrow + 3H_2O$$

钒酸用亚铁标准滴定溶液，以苯代邻氨基苯甲酸为指示剂：

$$2H_3VO_4 + 2(NH_4)_2Fe(SO_4)_2 + 3H_2SO_4 = V_2O_2(SO_4)_2 + Fe_2(SO_4)_3 + 2(NH_4)_2SO_4 + 6H_2O$$

B　主要试剂

主要试剂包括：

（1）亚砷酸钠溶液（5g/L）。称取 0.5g 三氧化二砷，溶于 50mL 氢氧化钠溶液（50g/L）中，用硫酸（1 + 1）中和至溶液呈中性，用水稀释至 100mL，混匀。

（2）重铬酸钾标准滴定溶液（$C(1/6K_2Cr_2O_7)$ ＝0.01000mol/L）。称取0.4903g预先经150℃烘1h后并于干燥器中冷却至室温的基准重铬酸钾置于300mL烧杯中，用水溶解，移入1000mL容量瓶中，用水稀释至刻度，混匀。

（3）硫酸亚铁铵标准滴定溶液$C((NH_4)_2Fe(SO_4)_2 \cdot 6H_2O)$ ＝0.01mol/L。

1）配制。称取4.0g六水合硫酸亚铁铵（$(NH_4)_2Fe(SO_4)_2 \cdot 6H_2O$），以硫酸（5＋95）溶解并稀释至1000mL，混匀。

2）标定及指示剂校正。取3个250mL锥形瓶各加15mL浓硫酸，10mL浓磷酸，加热蒸发至冒硫酸烟，稍冷，加50mL水，冷却至室温。各加10.00mL重铬酸钾标准溶液，摇匀。加3滴苯代邻氨基苯甲酸溶液2g/L，用硫酸亚铁铵标准滴定溶液滴定至由玫瑰红色变为亮绿色为终点，读取所耗硫酸亚铁铵标准滴定溶液的体积（%）。在已滴定到终点的溶液中，再加10.00mL重铬酸钾标准溶液，再用硫酸亚铁铵标准溶液滴定至玫瑰红色变为亮绿色为终点，后者与前者消耗硫酸亚铁铵标准滴定溶液体积之差值，为3滴苯代邻氨基苯甲酸溶液的校正值（%）。

若3份重铬酸钾标准溶液所消耗硫酸亚铁铵标准溶液的体积的极差值，不超0.05mL，取其平均值。

按式（4－12）计算硫酸亚铁铵标准滴定溶液的浓度：

$$C_1 = \frac{C \times V_1}{V_2 + V_3} \tag{4-12}$$

式中　C_1——硫酸亚铁铵标准滴定溶液的浓度，（$C[NH_4]_2Fe(SO_4)_2 \cdot 6H_2O$），mol/L；

　　　C——重铬酸钾标准溶液的浓度，（$C(1/6K_2Cr_2O_7)$），mol/L；

　　　V_1——移取重铬酸钾标准溶液的体积，mL；

　　　V_2——滴定所消耗硫酸亚铁铵标准滴定溶液的体积，mL；

　　　V_3——苯代邻氨基苯甲酸溶液的校正值，mL。

C　分析步骤

（1）试样量。按表4－3规定称取试样量，精确至0.1mg。

表4－3　试样称样量表（一）

钒含量（m/m）/%	试样量/g
0.10~0.50	约1.00
0.50~3.50(不含0.50)	约0.50

（2）溶解。将所称取试样置于250mL锥形瓶中，加70mL硫酸—磷酸混合酸（2＋1＋4），加热溶解，滴加浓硝酸氧化，蒸发至冒硫酸烟1~2min。若尚有未被破坏的碳化物，再滴加3~4mL浓硝酸氧化，蒸发至冒硫酸烟，如此反复进行，直至碳化物完全被破坏为止。

（3）钒的氧化。试液稍冷，加50mL水，加热溶解盐类（如试液中有石墨碳存在，需用中速滤纸过滤，以硫酸（5＋95）洗净后，弃去滤纸及沉淀，滤液蒸发浓缩至约50mL），冷却至室温。加2mL硫酸亚铁铵溶液40g/L，在不断摇动下，滴加高锰酸钾溶液3g/L至呈现稳定的紫红色，并过量2~3滴，放置1~2min。加10mL尿素溶液200g/L静置片刻。在振荡下逐滴加入亚硝酸钠溶液20g/L还原过量的高锰酸钾，并过量1~2滴。加5mL亚砷酸钠溶液 5g/L，再滴加 1~2 滴亚硝酸钠溶液 20g/L，静置 2~3min。

（4）滴定。于试液中滴加 3 滴苯代邻氨基苯甲酸溶液 2g/L，用硫酸亚铁铵标准滴定溶液缓慢滴定，接近终点时，逐滴滴定至溶液由玫瑰红色变为亮绿色为终点。

D　分析结果计算

按式（4-13）计算钒的质量分数：

$$w(V) = \frac{C_1(V + V_2) \times \dfrac{50.94}{1000}}{m} \times 100\% \qquad (4-13)$$

式中　$w(V)$——钒的质量分数，%；

C_1——硫酸亚铁铵标准滴定溶液的浓度，$(C([NH_4]_2Fe(SO_4)_2 \cdot 6H_2O))$，mol/L；

V——滴定所消耗硫酸亚铁铵标准滴定溶液的体积，mL；

V_2——苯代邻氨基苯甲酸溶液的校正值，mL；

50.94——钒的摩尔质量，g/mol；

m——试样量，g。

E　条件及注意事项

条件及注意事项包括：

（1）溶解试样冒硫酸烟后，如还有碳化物未被破坏，再滴加数滴浓硝酸，并继续加热至冒硫酸烟 1~2min，注意，冒烟时间不能过长，否则钒生成难溶硫酸盐析出，使结果偏低。

（2）钒的氧化是在室温下用高锰酸钾选择性地氧化钒而不氧化铬，这是一个简便易行的方法。加入高锰酸钾氧化时，溶液一定要冷至室温（34℃）。放置后，稳定红色不褪去，并用蒸馏水洗净瓶内壁上溅附的高锰酸钾溶液，以消除干扰。

（3）滴定快到终点时，应多摇荡，使其充分作用。要缓慢滴定，以免过量。

（4）苯基代邻氨基苯甲酸是氧化还原指示剂，它的标准还原电势（+1.08V），比五价钒被还原为四价钒的标准还原电势（+1.20V）低，所以此指示剂可被五价钒氧化而成氧化型存在，显示樱桃红色。加入亚铁溶液滴定时，还原电势高的五价钒先被还原，当五价钒被滴定后，还原电势低的指示剂才被亚铁还原，由红色变为绿色。

4.7.2.3　钽试剂—三氯甲烷萃取光度法

钽试剂—三氯甲烷萃取光度法适用于钢铁及合金中 0.0050%~0.50%（m/m）钒含量的测定。

A　方法原理

试样用酸溶解后，在硫酸—磷酸介质中，于室温用高锰酸钾将钒氧化至五价，加钽试剂（N-苯甲酰-N-苯基羟胺）—三氯甲烷溶液。钽试剂与五价钒生成一种可被三氯甲烷萃取的紫红色螯合物，在波长 530nm 处测量其吸光度，可测得钒的含量。

反应必须在酸性介质中进行，且保证钒呈五价状态。萃取的介质可以是硫酸—磷酸混酸、硫酸—磷酸—盐酸混酸、盐酸—高氯酸混酸等，以硫酸—磷酸—盐酸混酸的介质为最好。

显色液中含有 1mg 以上的钼和钛干扰测定；当萃取液中盐酸浓度提高至 6mol/L 时，

可使钼的允许量提高到2.5mg。用硫酸—过氧化氢溶液洗涤有机相后，可使钛的允许量提高至5mg。

B　主要试剂

主要试剂有：

（1）铜溶液（10g/L）。称取1g电解铜用10mL浓硝酸溶解，加入5mL浓硫酸加热蒸发至冒烟，稍冷，用水溶解并稀释至100mL，混匀。

（2）N-苯甲酰-N-苯基羟胺（钽试剂）—三氯甲烷溶液。称取0.10g钽试剂溶于100mL三氯甲烷中，贮于棕色瓶中或使用时现配。

（3）硫酸—过氧化氢洗液。将10mL硫酸（1+1）加入50mL水中，再加5mL过氧化氢，用水稀释至100mL，混匀。用时现配。

（4）钒标准溶液。称取0.1785g基准五氧化二钒（预先经110℃烘干1h后，置于干燥器中，冷却至室温）置于烧杯中，加入25mL氢氧化钠溶液（50g/L），加热溶解。用硫酸（1+1）中和至酸性并过量20mL，加热蒸发至冒烟，稍冷，用水溶解盐类，冷却至室温。移入1000mL容量瓶中，用水稀释至刻度，摇匀。此溶液1mL含100μg钒。移取50.00mL钒标准溶液（100μg/mL），置于500mL容量瓶中，用水稀释至刻度，摇匀。此溶液1mL含10μg钒。

C　分析步骤

（1）试样量。按表4-4规定称取试样量，精确至0.1mg。

表4-4　试样称样量表（二）

钒含量（m/m）/%	试样量/g
0.0050～0.10	约0.50
0.10～0.50(不含0.10)	约0.10

（2）测定。具体为：

1）试样溶解。将称取试样置于烧杯中，加15mL盐酸（1+1），加热，分次滴加5mL浓硝酸，加热至试样全部溶解（如试样不溶解，再适当补加浓盐酸或浓硝酸）。稍冷，加8mL浓硫酸，8mL浓磷酸，继续加热蒸发至冒烟。此时如有碳化物未被破坏，再滴加浓硝酸蒸发至冒烟，反复进行至碳化物全部破坏为止。稍冷，加50mL水，加热溶解盐类，冷却至室温，移入100mL容量瓶中，用水稀释至刻度，混匀。有沉淀时需干过滤。

2）钒的氧化。移取10.00mL试液置于60mL分液漏斗中，加入1mL铜溶液10g/L，在摇动下滴加高锰酸钾溶液3g/L至呈稳定红色，并保持2～3min。加2mL尿素溶液400g/L，在不断摇动下，滴加亚硝酸钠溶液5g/L（含铬1mg以上试样，滴加亚硝酸钠溶液5g/L前先加5滴亚砷酸钠溶液5g/L）还原过量高锰酸钾至粉红色完全消失为止。

3）显色、萃取。加10.00mL钽试剂—三氯甲烷溶液，加15mL盐酸（1+1），立即振荡1min，静置分层。

4）测量吸光度。将下层有机相溶液用滤纸或脱脂棉干过滤于1cm（或适当的）吸收皿中，以三氯甲烷为参比，于分光光度计波长530nm处，测量其吸光度。测得的吸光度减去随同试料空白溶液的吸光度，从工作曲线上查出显色液中相应的钒量。

5）工作曲线的绘制。称取不含钒与试料相同量的纯铁一份，按试样溶解，定容于100mL 容量瓶中。移取 10.00mL 溶液 6 份，各置于 60mL 分液漏斗中，分别加 0mL，1.00mL，2.00mL，3.00mL，4.00mL，5.00mL 钒标准溶液（10μg/mL），以下按分析步骤中自"加入 1mL 铜溶液（10g/L）开始至测量吸光度"进行。减去"0"溶液的吸光度后，以钒量为横坐标，吸光度为纵坐标绘制工作曲线。

D　分析结果计算

由式（4 - 14）计算钒的质量分数

$$w(V) = \frac{m_1 V}{m_0 V_1} \times 100\% \qquad\qquad (4 - 14)$$

式中　$w(V)$——钒的质量分数，%；

$\quad V_1$——分取试液体积，mL；

$\quad V$——试液总体积，mL；

$\quad m_1$——从工作曲线上查得的钒量，g；

$\quad m_0$——试样量，g。

【思考与练习】

4 - 1　填空题

(1) 钢铁中的五大元素是指＿＿＿＿＿＿，其中有益元素是＿＿＿＿＿＿，有害元素是＿＿＿＿＿＿。

(2) 磷钼蓝分光光度法测定钢铁中磷元素，适宜的酸度是＿＿＿＿＿＿，加入酒石酸钾钠的作用是＿＿＿＿＿＿，加入 NaF 的作用是＿＿＿＿＿＿，加入 $SnCl_2$ 的作用是＿＿＿＿＿＿。

4 - 2　称取钢样 1.0000g，在 20℃、101.3kPa 时，测得二氧化碳的体积为 5.00mL，求该试样中碳的质量。

4 - 3　称取钢样 0.7500g，在 17℃、99.99kPa 时，量气管读数为 2.14%，试求试样中碳的质量分数。

4 - 4　称样 0.5000g 含锰 0.40% 的标准钢样，标定亚砷酸钠—亚硝酸钠标准溶液的浓度。滴定时消耗亚砷酸钠—亚硝酸钠标准溶液 5.00mL，试计算亚砷酸钠—亚硝酸钠标准溶液对锰的滴定度。

【项目实训】

实训题目：

锑磷钼蓝光度法测定磷量

教学目的：

(1) 掌握钢中磷的测定方法。

(2) 掌握分光度计的使用方法。

实验原理：

磷在硫酸介质中与锑、钼酸铵生成的配合物，用抗坏血酸还原为锑磷钼蓝，在分光光度计上，于波长 700nm 处，用 3cm 比色皿测量其吸光度。

本方法适用于铁粉、碳钢、合金钢、高合金钢中含磷量为 0.01% ~ 0.06% 测定。

仪器与设备:

(1) 分光光度计。

(2) 实验室常用仪器。

试剂:

(1) 高氯酸 (ρ = 1.67g/mL)。

(2) 盐酸 (ρ = 1.19g/mL)。

(3) 硝酸—盐酸混合酸。一份硝酸 (ρ = 1.42g/mL) 和两份盐酸 (ρ = 1.19g/mL) 混合。

(4) 硫酸 (1 + 5)。

(5) 氢溴酸—盐酸混合酸。一份氢溴酸 (ρ = 1.49g/mL) 和两份盐酸 (ρ = 1.19g/mL) 混合。

(6) 抗坏血酸溶液 (3%)。用时现配。

(7) 钼酸铵溶液 (2%)。

(8) 酒石酸锑钾溶液 (0.27%,1mL 含 1mg 锑)。

(9) 亚硝酸钠溶液 (10%)。

(10) 淀粉溶液 (1%)。1g 可溶性淀粉 (若淀粉中含磷量高,先用盐酸 (5 + 1) 充分搅拌洗涤,待下沉后倾出酸液,用水洗至中性),用少量水润湿后,在搅拌下倒入 100mL 沸水,搅匀,煮沸片刻。用前加热至溶液呈透明后,冷却至室温使用。

(11) 铁溶液。称取 0.4g 纯铁 (含磷 0.001% 以下),用 10mL 盐酸溶解后,滴加硝酸 (ρ = 1.42g/mL) 氧化,加 3mL 高氯酸 (ρ = 1.67g/mL) 蒸发至冒高氯酸烟并继续蒸发至呈盐状,冷却,用 20mL 硫酸 (1 + 5) 溶解盐类,冷却至室温,移入 100mL 容量瓶中,用水稀释至刻度,混匀。

(12) 磷标准溶液。称取 0.4393g 基准磷酸二氢钾 (KH_2PO_4),预先经 105℃ 烘干至恒量,用适量水溶解,加 5mL 硫酸 (1 + 5) 移入 1000mL 容量瓶中,用水稀释至刻度,混匀,此溶液含磷 100μg/mL。移取 20.00mL 磷标准溶液 (含磷 100μg/mL),置于 1000mL 容量瓶中,加 5mL 硫酸 (1 + 5),用水稀释至刻度,摇匀,此溶液含磷 2μg/mL。

实验步骤:

(1) 试样处理。具体为:

1) 称取 0.2g 试样 (精确至 0.0001g),置于 150mL 烧杯中,加 10mL 硝酸—盐酸混合酸,加热溶解,加 8mL 高氯酸 (ρ = 1.67g/mL) (需要挥除铬的试样多加 2 ~ 3mL 高氯酸) 蒸发至刚冒高氯酸烟,稍冷,加 10mL 氢溴酸—盐酸混合酸挥除砷,加热至刚冒高氯酸烟,再加 5mL 氢溴酸—盐酸混合酸再挥除砷一次,继续蒸发至冒高氯酸烟 (如所取试样中含铬超过 5mg,则将铬氧化至六价后,分次滴加盐酸挥铬) 至烧杯内部透明并回流 3 ~ 4min (如试样中含锰超过 2%,则多加 3 ~ 4mL 高氯酸,回流时间保持 15 ~ 20min),继续蒸发至湿盐状。

2) 冷却。加 10mL 硫酸 (1 + 5) 溶解盐类,滴加亚硝酸钠溶液将铬还原至低价并过量 1 ~ 2 滴,煮沸驱除氮氧化物,冷却至室温,移入 100mL 容量瓶中,用水稀释至刻度,混匀。移取 10.00mL 试液两份,分别置于 25mL 容量瓶中。

3）加 2.0mL 硫酸（1+5）、0.3mL 酒石酸锑钾（0.27%）溶液、2mL 淀粉溶液、2mL 抗坏血酸（3%）溶液（每加一种试剂均需摇匀，也可将所需用的硫酸、酒石酸锑钾及淀粉溶液按比例在显色时混合后一次加入）。一份加 5.0mL 钼酸铵（2%）溶液（从容量瓶口中间加入，粘附在瓶壁上的钼酸铵溶液需用水冲洗，否则瓶壁上的钼酸铵因酸度低，将被还原成蓝色，造成测定误差），摇匀，用水稀释至刻度，混匀。另一份不加钼酸铵溶液，用水稀释至刻度，混匀。

4）在 20～30℃放置 10min 后，移入 2～3cm 比色皿中，以不加钼酸铵（2%）溶液的一份为参比，在分光光度计上，于波长 700nm 处，测量其吸光度。减去随同试样空白的吸光度，从工作曲线上查出相应的磷量。

（2）工作曲线的绘制。移取 0.00mL、1.00mL、2.00mL、4.00mL、6.00mL、8.00mL 磷标准溶液（含磷 2μg/mL），分别置于 6 个 25mL 容量瓶中，加 5mL 铁溶液，以下同试样的测定。在 20～30℃放置 10min 后，移入 2～3cm 比色皿中，以水为参比，在分光光度计上，于波长 700nm 处，测量其吸光度，减去试剂空白的吸光度，以磷量为横坐标，吸光度为纵坐标。

（3）绘制工作曲线。

（4）结果计算。按式（4-15）计算磷的质量分数含量。

$$w(P) = \frac{m_1 V}{m_0 \times V_1} \times 100\% \qquad (4-15)$$

式中　m_0——试样量，g；

　　　V——试液总体积，mL；

　　　m_1——从工作曲线上查得磷量，g；

　　　V_1——分取试液体积，mL。

数据记录与处理表见表 4-5。

表 4-5　数据记录与处理

组　号	1	2	3	4	5	6	未知液
含 P 标液/mg·mL^{-1}	0.00	1.00	2.00	4.00	6.00	8.00	
吸光度							

项目5 矿石分析

矿石分析涉及开采出的原矿、选矿加工的矿石、精选矿石产品三部分矿石的主要成分分析、有害杂质分析和共生、伴生有用组分的分析。需要用到更多的化学分析方法和仪器分析方法，所以矿石分析所采用的分析方法非常广泛，限于篇幅，本章节介绍一些常见金属矿石主要成分分析的有关原理和方法。

任务5.1 铁矿石中铁的测定

【知识要点】

知识目标：

(1) 了解矿物、矿石、岩石相关概念；

(2) 掌握铁矿石试样分解方法；

(3) 掌握铁矿石中铁分析原理及操作方法。

能力目标：

(1) 会正确进行铁矿石分解；

(2) 能掌握铁矿石中铁含量分析方法。

5.1.1 任务描述与分析

铁是地球上分布最广的金属元素之一，在地壳中的平均含量为5%，在元素丰度表中位于氧、硅和铝之后，居第四位。自然界中已知的铁矿物有300多种，铁矿石是钢铁工业的基本原料，可冶炼成生铁、熟铁、铁合金、碳素钢、合金钢、特种钢等。用于高炉炼铁的铁矿石，要求其全铁TFe(全铁含量)≥50%，而开采出来的原矿石中铁的品位一般只有20%~40%，通过选矿富集，可将矿石的品位提高到50%~65%。铁矿石的常规分析是做简项分析，即测定全铁（TFe）、亚铁、可溶铁、硅、硫、磷。全分析还要测定：氧化铝、氧化钙、氧化镁、氧化锰、砷、钾、钠、钒、钛、铬、镍、钴、铋、银、钡、锶、锂、稀有分散元素、吸附水、化合水、灼烧减量及二氧化碳等。通过本章节学习，使学生重点掌握全铁含量的测定。

5.1.2 相关知识

5.1.2.1 铁矿石中铁分析方法简介

A 矿物、岩石、矿石的概念

地壳中存在的具有固定化学组成和一定物理化学性质的天然产物称为矿物。在自然界中，矿物大部分是固体（如铁矿石、煤等），也有的是液体（如石油、汞等）和气体（如天然气），它们绝大多数以化合物的形式存在，少数以单质（如金、石墨、硫磺等）形式存在。

构成地壳的矿物集合体叫做岩石。岩石是在各种不同的地质作用下，由一种或多种矿物组合而形成的矿物集合体。细沙和泥土是由分布在地壳表面的岩石，受到大自然的各种风化破坏作用变化而成。所以，地壳表面的细沙、泥土可看作变质的岩石。

能够被人类利用的矿物，叫做有用矿物。含有有用矿物并具有开采价值（如其中有用成分的量在现代技术经济条件下能够开采加以利用时）的岩石叫做矿石。在矿石中，除了有用矿物外，几乎总是含有目前工业上尚不能利用的一些矿物，这些矿物称为脉石。矿石的概念是发展的，随着工业技术的不断发展和国民经济日益增长的需要，过去由于有用成分含量低而被认为是脉石的矿物，现在则可以有效地作为矿石进行处理。

B 铁矿石相关知识

理论上，凡是含有铁元素或铁化合物的矿石都可以叫做铁矿石，但是，在工业上或者商业上来说，铁矿石不但是要含有铁的成分，而且必须有利用的价值才行。

世界主要铁矿石分布为：

澳大利亚 哈默斯利 320 亿吨，含量 57%，哈默斯利公司；

巴西 铁四角 300 亿吨，卡拉加斯 180 亿吨，淡水河谷公司；

印度比哈尔，奥里萨 67 亿吨，含量 60%；

其他有加拿大、美国、俄罗斯、乌克兰等。

自然界中铁都是以化合物的状态存在，尤其是以氧化铁的状态存在的量特别多。

几种比较重要的铁矿石有：

（1）磁铁矿。是一种氧化铁的矿石，主要成分为 Fe_3O_4，是 Fe_2O_3 和 FeO 的复合物，呈黑灰色，比重大约 5.15 左右，含 Fe 72.4%，O 27.6%，具有磁性。在选矿时可利用磁选法，处理非常方便，经过长期风化作用后即变成赤铁矿。

（2）赤铁矿。也是一种氧化铁的矿石，主要成分为 Fe_2O_3，呈暗红色，比重大约为 5.26，含 Fe 70%，O 30%，是最主要的铁矿石。由其本身结构状况的不同又可分成很多类别，如赤色赤铁矿、镜铁矿、云母铁矿、黏土质赤铁。

（3）镜铁矿。化学组成为 Fe_2O_3，具有樱红色条痕，金属光泽至半金属光泽，无磁性。呈红棕色。

（4）褐铁矿。这是含有氢氧化铁的矿石。它是针铁矿 $HFeO_2$ 和磷铁矿 $FeO(OH)$ 两种不同结构矿石的统称，也有人把它主要成分的化学式写成 $mFe_2O_3 \cdot nH_2O$，呈现土黄或棕色，含有 Fe 约 62%，比重约为 3.6 ~ 4.0，多半是附存在其他铁矿石之中。

（5）菱铁矿。是含有碳酸铁的矿石，主要成分为 $FeCO_3$，呈现青灰色，比重在 3.8 左右。这种矿石多半含有相当多数量的钙盐和镁盐。

（6）硫化铁矿。矿石含有 FeS_2，含 Fe 只有 46.6%，而 S 的含量达到 53.4%。呈现灰黄色，条痕为绿黑色，比重大约为 4.95 ~ 5.10。由于这种矿石常常含有许多其他较贵重的金属如铜、镍、锌、金、银等，所以常被用做他种金属冶炼工业的原料；又由于它含有大量的硫，所以常被用来提制硫磺。

C 铁矿石试样的分解

铁矿石属于较难分解的矿物，分解速度很慢。分析试样应通过 200 目筛，或试样粒度不大于 0.074mm。铁矿石一般能被盐酸在低温电炉上加热分解，如残渣为白色，表明试样分解完全。若残渣有黑色或其他颜色，是因含铁的硅酸盐难溶于盐酸，可加入氢氟酸或氟化铵再加热使试样分解完全。磁铁矿的分解速度很慢，可用硫—磷混合酸（1+2）在高温电炉上加热分解，但应注意加热时间不能过长，以防止生成焦磷酸盐。

部分铁矿石试样的酸分解较困难，宜采用碱熔法分解试样。常用的熔剂有碳酸钠、过氧化钠、氢氧化钠和过氧化钠—碳酸钠（1+2）混合熔剂等，在银坩埚、镍坩埚、高铝坩埚或石墨坩埚中进行。碱熔分解后，再用盐酸溶液浸取。

D　铁矿石中铁的分析方法

铁矿石中铁的含量较高，一般在20%~70%之间。其分析方法有氯化亚锡—氯化汞—重铬酸钾容量法，三氯化钛—重铬酸钾容量法和氯化亚锡—氯化汞—硫酸铈容量法。

第一种方法（又称汞盐重铬酸钾法）是测定铁矿石中铁的经典方法，具有简便、快捷、准确、稳定、容易掌握等优点，在实际工作中得到广泛应用，成为国家标准分析方法之一——《铁矿石化学分析方法氯化亚锡—氯化汞—重铬酸钾容量法测定全铁量》（GB/T 6730.4—1986）。其基本原理是：在热、浓盐酸介质中，用 $SnCl_2$ 还原试液中的 Fe^{3+} 为 Fe^{2+}，过量的 $SnCl_2$ 用 $HgCl_2$ 氧化除去，在硫—磷混合酸存在下，以二苯胺磺酸钠为指示剂，用 $K_2Cr_2O_7$ 标准滴定溶液滴定生成的所有 Fe^{2+} 至溶液呈现稳定的紫色为终点。以 $K_2Cr_2O_7$ 标准滴定溶液的消耗量来计算出试样中铁的含量。

第二种方法（又称无汞盐重铬酸钾法）是由于汞盐有剧毒，污染环境，危害人体健康，人们提出了改进方法，避免使用汞盐。该方法的应用较为普遍，也是国家标准分析方法之一——《铁矿石化学分析方法三氯化钛—重铬酸钾容量法测定全铁量》（GB/T 6730.5—1986）。其基本原理是：在盐酸介质中，用 $TiCl_3$ 溶液将试液中的 Fe^{3+} 还原为 Fe^{2+}。Fe^{3+} 被还原完全的终点，用钨酸钠（也可用甲基橙、中性红、次甲基蓝等）溶液来指示。当无色钨酸钠溶液变为蓝色（钨蓝）时，表示 Fe^{3+} 已还原完全。用 $K_2Cr_2O_7$ 溶液氧化过量的 $TiCl_3$ 至钨蓝刚消失，然后加入硫—磷混合酸，以二苯胺磺酸钠为指示剂，用 $K_2Cr_2O_7$ 标准滴定溶液滴定 Fe^{2+} 至溶液呈现稳定的紫色为终点。

第三种方法是在第一种方法的基础上，只将 $K_2Cr_2O_7$ 标准滴定溶液替换为硫酸铈标准滴定溶液作为氧化剂来滴定 Fe^{2+}。它适合于测定含砷、锑较高的试样。

5.1.2.2　氯化亚锡—氯化汞—重铬酸钾容量法测定全铁

本方法主要参考《铁矿石化学分析方法氯化亚锡—氯化汞—重铬酸钾容量法测定全铁量》，适用于铁矿石、铁精矿、烧结矿和球团矿中全铁量的测定。测定范围20%以上。

A　方法原理

经溶解的试样，在热盐酸介质中，用 $SnCl_2$ 作还原剂，将溶液中的 Fe^{3+} 还原成 Fe^{2+}（$E^0_{Fe^{3+}/Fe^{2+}} = +0.77V$，$E^0_{Sn^{4+}/Sn^{2+}} = 0.15V$），过量的 $SnCl_2$ 用 $HgCl_2$ 氧化除去（$E^0_{Hg^{2+}/Hg_2^{2+}} = 0.63V$）在硫—磷混合酸存在下，以二苯胺磺酸钠为指示剂，用 $K_2Cr_2O_7$ 标准滴定溶液滴定 Fe^{2+}，至溶液呈现稳定的紫色为终点（$E^0_{Cr_2O_7^{2-}/2Cr^{3+}} = 1.36V$，$E^0_{In} = 0.85V$）。

反应式如下：

$$2Fe^{3+} + Sn^{2+} + 6Cl^- === 2Fe^{2+} + SnCl_6^{2-}$$

$$Sn^{2+} + 2HgCl_2 + 4Cl^- === SnCl_6^{2-} + Hg_2Cl_2 \downarrow$$

$$6Fe^{2+} + Cr_2O_7^{2-} + 14H^+ \Longrightarrow 6Fe^{3+} + 2Cr^{3+} + 7H_2O$$

B　主要试剂

主要试剂有:

(1) 氯化亚锡溶液 (6%)。称取 6g 氯化亚锡溶于 20mL 热浓盐酸中, 用水稀释至100mL, 混匀。

(2) 硫酸亚铁铵溶液 $C((NH_4)_2Fe(SO_4)_2 \cdot 6H_2O) \approx 0.05mol/L$。称取 19.7g 硫酸亚铁铵溶于硫酸 (5 + 95) 中, 移入 1000mL 容量瓶中, 用硫酸 (5 + 95) 稀释至刻度, 混匀。

(3) 重铬酸钾标准滴定溶液 $C(K_2Cr_2O_7) = 0.008333mol/L$。称取 2.4515g 预先在 150℃烘干 1h 的重铬酸钾 (基准试剂) 溶于水, 移入 1000mL 容量瓶中, 用水稀释至刻度, 混匀。

C　分析步骤

分析步骤为:

(1) 试样量。称取 0.2000g 试样。

(2) 空白试验。随同试样做空白试验, 所用试剂须取自同一试剂瓶。

(3) 校正试验。随同试样分析同类型 (指分析步骤相一致) 的标准试样。

(4) 测定。具体为:

1) 试样的分解及分离干扰。将试样置于 400mL 烧杯中, 用少量水润湿, 加入硫—磷混合酸 (1 + 2) 15mL, 于电炉上加热溶解, 经常摇动使试样不粘杯底, 直至溶解完全。冷却至室温, 加热水 30mL, 加浓盐酸 10mL, 加热至 70℃左右。

2) 还原、滴定。趁热用少量水冲洗杯壁, 立即在搅拌下滴加氯化亚锡溶液 (6%) 至黄色消失, 并过量 1~2 滴, 流水冷却至室温, 加入 5mL 氯化汞饱和溶液, 混匀, 静置 3min, 加 150~200mL 水, 加 30mL 硫—磷混酸 (15 + 15 + 70)、5 滴二苯胺磺酸钠溶液 (0.2%), 立即以重铬酸钾标准滴定溶液滴定至稳定紫色。

3) 空白试验。空白试液滴定时, 在加硫—磷混酸 (15 + 15 + 70) 之前, 加入 6.00mL 硫酸亚铁铵溶液 (0.05mol/L), 滴定后记下消耗重铬酸钾标准滴定溶液的毫升数 (A), 再向溶液中加入 6.00mL 硫酸亚铁铵溶液 (0.05mol/L), 再以重铬酸钾标准滴定溶液滴定至稳定紫色, 记下滴定的毫升数 (B), 则 $V_0 = A - B$ 即为空白值。

D　分析结果计算

以质量分数表示全铁的含量:

$$w(TFe) = \frac{(V - V_0) \times 0.0027925}{m} \times 100\% \times K \tag{5-1}$$

式中　$w(TFe)$——全铁的质量分数, %;

$\quad\quad\quad$ V——试样消耗重铬酸钾标准滴定溶液的体积, mL;

$\quad\quad\quad$ V_0——空白试验消耗重铬酸钾标准滴定溶液的体积, mL;

$\quad\quad\quad$ m——试样量, g;

$\quad\quad$ 0.0027925——1mL 0.008333mol/L 重铬酸钾标准滴定溶液相当的铁量, g;

$\quad\quad\quad$ K——由公式 $K = \dfrac{100}{100 - A}$ 所得的换算系数 (如使用预干燥试样, 则 $K = 1$), A

是按照《铁矿石化学分析方法重量法测定分析试样中吸湿水量》(GB/T 6730.3—86) 测定得到的吸湿水质量百分数。

5.1.2.3　氯化亚锡—氯化钛—重铬酸钾容量法测定全铁

A　实验原理

矿样用酸溶解后，在热的浓 HCl 溶液中用 $SnCl_2$ 先将大部分 Fe^{3+} 还原为 Fe^{2+}，再用 Na_2WO_4 作指示剂，用 $TiCl_3$ 还原剩余的 Fe^{3+}，然后在 $H_2SO_4 - H_3PO_4$ 混酸介质中，以二苯胺磺酸钠为指示剂，用 $K_2Cr_2O_7$ 标准溶液滴定。溶液滴定至紫色为终点。反应方程为：

$$2FeCl_4^- + SnCl_4^{2-} + 2Cl^- = 2FeCl_4^{2-} + SnCl_6^-$$
$$Fe^{3+} + Ti^{3+} + H_2O = Fe^{2+} + TiO^{2+} + 2H^+$$
$$Cr_2O_7^{2-} + 6Fe^{2+} + 14H^+ = 2Cr^{3+} + 6Fe^{3+} + 7H_2O$$

B　仪器与试剂

酸式滴定管、锥形瓶、容量瓶、烧杯、搅棒、滴管、电炉、表面皿、分析天平 $K_2Cr_2O_7$(分析纯)、浓 HCl、$SnCl_2$ 60g/L、$TiCl_3$ 15g/L、Na_2WO_4 250g/L、$H_2SO_4 - H_3PO_4$ 混酸、二苯胺磺酸钠、铁矿石试样。

C　实验步骤

实验步骤为：

(1) 浓度为 0.1000mol/L 的 $c_{\frac{1}{6}K_2Cr_2O_7}$ 标准溶液的配制。准确称取 1.2258g 左右的 $K_2Cr_2O_7$ 于 100mL 的小烧杯中，加少量水溶液后，转移至 250mL 的容量瓶中定容，计算重铬酸钾的准确浓度 $c_{\frac{1}{6}K_2Cr_2O_7}$。

(2) 分析步骤。矿样用 HCl 溶解后，在热的浓 HCl 溶液中用 $SnCl_2$ 先将大部分 Fe^{3+} 还原为 Fe^{2+}，再以 Na_2WO_4 作指示剂，用 $TiCl_3$ 还原剩余的 Fe^{3+}，当 Fe^{3+} 被定量还原为 Fe^{2+} 之后，稍过量的 $TiCl_3$ 可将溶液中无色的 Na_2WO_4(Ⅵ) 还原为蓝色的钨蓝（Ⅴ），表示 Fe^{3+} 已全部还原为 Fe^{2+}。加入少量水摇匀，水中的溶解氧可将钨蓝再氧化为无色 Na_2WO_4，或加入稀的 $K_2Cr_2O_7$ 溶液氧化钨蓝至蓝色刚好消失，除去钨蓝。然后在 $H_2SO_4 - H_3PO_4$ 混酸介质中，以二苯胺磺酸钠为指示剂，用 $K_2Cr_2O_7$ 标准溶液滴定。

任务 5.2　钛矿石中钛的测定

【知识要点】

知识目标：

(1) 了解钛的用途；

(2) 掌握钛矿石试样分解方法；

(3) 掌握钛矿石中钛分析原理及操作方法。

能力目标：

(1) 会正确进行钛矿石分解；

(2) 能掌握钛矿石中钛含量分析方法。

5.2.1 任务描述与分析

钛是白色金属，熔点 1675℃，沸点 3260℃，密度 4.5g/cm³，钛矿原料主要用于制造钛白及海绵钛。钛合金强度高、熔点高，密度小，无毒、无磁性、耐腐蚀。钛及钛合金被誉为"第三金属"工业上利用的钛矿物主要有：钛铁矿、金红石、钛磁铁矿或钒钛磁铁矿等。通过本章节的学习，使学生掌握钛矿石中钛的分析原理及实验方法。

5.2.2 相关知识

5.2.2.1 钛分析方法简介

A 钛矿石试样的分解

钛矿石是一类较难分解的矿石，难溶于盐酸、硫酸、硝酸及其混合酸中，分析试样的细度需通过 200 目筛，或试样粒度不大于 0.074mm。

（1）碱熔分解。试样的分解主要采用碱熔方法。碱熔试剂为：过氧化钠和过氧化钠—氢氧化钠。过氧化钠是一种强氧化性的碱性熔剂，对钛矿石有很强的分解能力。用过氧化钠分解钛矿石按温度不同可分为熔融和半熔两种。熔融温度为 650℃~700℃。常用的坩埚有银、铁、镍、高铝坩埚或锆坩埚，严禁使用铂坩埚。用过氧化钠—氢氧化钠分解铬铁矿。由于在过氧化钠中加入一定量熔点较低的氢氧化钠（(318.4 ± 0.2)℃），使过氧化钠的熔点降低而仍能保持其氧化性和分解矿物的能力，可减少对坩埚的腐蚀。这是一个分解铬铁矿十分有效的方法。过氧化钠与氢氧化钠的比例最好为 5:2 或 2:11，过氧化钠用量一般为试样的 8~10 倍。常用的坩埚有铂、银、高铝、铁或镍坩埚等。熔融温度为 (520 ± 10)℃，熔矿时间一般为 25~30min。

（2）酸溶分解。在简项分析单独测定钛、铁、钒、锰、铬等元素时，在部分钛矿石只用浓硫酸可分解。

B 钛矿石中钛的分析方法概述

钛矿石中的二氧化钛含量变化范围非常大，从 1% 到近 100%。所以不可能仅用一种分析方法测定所有的钛矿石。在选择测定方法时，首先要大概了解钛矿石中含二氧化钛及主要杂质情况，再选择适合的分析方法。

测定钛矿石中二氧化钛的实用方法有重量法、容量法和光度法三类。重量法是在硫酸介质中，用铜铁试剂沉淀钛与大部分干扰元素分离，然后在 EDTA 存在下，用氢氧化铵定量测定四价钛，并经过滤、洗涤，灼烧成二氧化钛，称重。此法适用于测定含二氧化钛 1% 以上的钛矿石，但元素锡干扰测定。容量法都是基于钛（Ⅲ）和钛（Ⅳ）的氧化—还原性质（在盐酸、硫酸介质中程 $E^0_{Ti^{4+}/Ti^{3+}} = 0.1V$），有锌（或铝）片还原—硫酸铁铵容量法和锌（或铝）片还原—重铬酸钾容量法。随后将予以详细介绍。

光度法有过氧化氢光度法、二安替比林甲烷光度法、钛铁试剂光度法、变色酸光度法等。后两种光度法的灵敏度较高，适用于含二氧化钛 0.5% 以下的试样测定。二安替比林甲烷光度法适用于 0.01%~3% 二氧化钛的测定。而过氧化氢光度法可适合于二氧化钛 0.1%~10% 的试样测定，较为特别，被我国地质矿产部确定为标准分析方法之一。其基本原理是：在硫酸介质中，TiO^{2+} 与 H_2O_2 形成黄色 $[TiO(H_2O_2)]^{2+}$ 配离子。黄色配合物的颜色深度与钛的含量成正比，借此在波长 400nm 处测其吸光度。

5.2.2.2　铝片还原—硫酸铁铵容量法测定二氧化钛含量

A　方法原理

试样用过氧化钠熔融，水浸取后盐酸酸化，在盐酸和硫酸介质中，隔绝空气，用金属铝将钛（Ⅳ）还原至钛（Ⅲ），以硫氰酸盐为指示剂，用硫酸铁铵标准滴定溶液滴定至稳定的浅红色为滴定终点。其反应式如下：

$$3TiO^{2+} + Al + 6H^+ \!=\!=\!= 3Ti^{3+} + Al^{3+} + 3H_2O$$

$$Ti^{3+} + Fe^{3+} + H_2O \!=\!=\!= TiO^{2+} + Fe^{2+} + 2H^+$$

$$Fe^{3+} + 3SCN^- \!=\!=\!= Fe(SCN)_3 (红色)$$

用铝片还原钛（Ⅳ）至钛（Ⅲ）时，酸度以 1～6mol/L 左右为宜。酸度太高还原剂铝片与酸的反应速度太快，钛（Ⅳ）的还原不完全。所以当反应剧烈时，置容器于冷水槽中以降低反应速度；酸度太低，TiO^{2+} 发生水解，产生偏钛酸沉淀影响还原。

酸性环境中生成的 Ti^{3+} 极不稳定，易被空气氧化，因此到还原反应的后期，加上盛有饱和碳酸氢钠溶液的盖氏漏斗保护装置，使反应在 CO_2 保护气氛下进行。

滴定时酸度控制在 2.5～5mol/L 为宜。酸度过高，Ti^{3+} 易被空气氧化，使测定结果偏低；酸度过低，Ti^{3+} 发生水解影响测定。滴定反应温度一般控制在 15～40℃，温度太低，反应速度缓慢，不利于滴定；温度太高，Ti^{3+} 易被空气氧化，使测定结果偏低。

钒、锡、钼、钨、铜、砷等元素干扰测定。这些元素和钛（Ⅳ）一起被金属铝还原到低价态并在其后被高铁滴定，导致结果偏高。可用碱熔水浸取办法，分离钒、锡、钼、钨和砷。因为它们生成的钒酸钠、锡酸钠、钼酸钠等溶于水，可过滤分离。铜的干扰可用氨水分离。若这些元素的含量较低时，如在 0.5mg 以下，不妨碍高含量二氧化钛的测定，或影响甚微，可不予以考虑。

B　主要试剂

主要试剂为硫酸铁铵标准滴定溶液（约 0.05mol/L），即称取 24g 硫酸铁 $NH_4Fe(SO_4)_2 \cdot 12H_2O$ 置于 1000mL 烧杯中，加入 500mL 水和 50mL 浓硫酸，加热溶解，取下滴加 0.1% 高锰酸钾溶液至呈微红色，加热煮沸，使过量的高锰酸钾分解完全，冷却至室温移入 1000mL 容量瓶，用水稀释至刻度，摇匀。

（1）标定。称取 0.1500g 光谱纯二氧化钛和 0.15g 优级纯三氧化二铁于刚玉坩埚中，以下按分析步骤进行，平行标定 3 份，取平均值。如果标定消耗的硫酸铁铵标准滴定溶液的体积极差大于 0.10mL 则应重新标定。随同做试剂空白试验。

（2）浓度计算。硫酸铁铵标准滴定溶液浓度按式（5-2）计算。

$$C = \frac{m_1 \times 10^{-3}}{79.88 \times (V - V_0)} \qquad\qquad (5-2)$$

式中　C——硫酸铁铵标准滴定溶液的物质的量浓度，mol/L；

　　　m_1——称取纯二氧化钛的质量，g；

　　　79.88——二氧化钛的摩尔质量，g/mol；

　　　V——标定时消耗硫酸铁铵标准滴定溶液体积，mL；

V_0——试剂空白所消耗硫酸铁铵标准滴定溶液体积，mL。

C　试样

试样需通过 74μm 实验筛，并于 105～110℃ 干燥至恒重，贮存于干燥器内，冷却至室温。

D　分析步骤

(1) 试样的分解。称取 0.30g 试样，精确至 0.0001g。置于刚玉坩埚中，加入 4～5g 过氧化钠，在高温电炉上或马弗炉入口处烘烤 5～10min，盖上（铁或镍）坩埚盖，放入马弗炉，于 700℃ 熔融 10min，取出冷却。

(2) 还原。具体为：

1) 将坩埚及坩埚盖置于 300mL 烧杯中，加入 50～60mL 热水，盖上表面皿，待反应完全后，取下表面皿，将坩埚盖洗出，加入 40mL 浓盐酸于烧杯中，待沉淀溶解完全后，洗出坩埚，将溶液转入 500mL 锥形瓶中，缓缓加入 20mL 浓硫酸，用水稀释至 200mL，加 2～2.5g 铝片，待反应至溶液呈深灰色时，加入 20mL 硫酸铵饱和溶液，继续反应（应经常摇动，如反应较慢，可适当加热）。待反应结束（此时溶液应呈二价钛离子的紫色），再补加约 0.2～0.3g 铝片，用盛有适当碳酸氢钠饱和溶液的盖氏漏斗塞住锥形瓶，在电炉上加热至铝片全部溶解，并使溶液冒大气泡 1～2min，取下锥形瓶，流水冷却至室温。

2) 当试样中 V_2O_5 含量不小于 0.2% 时，按下法处理：将坩埚及坩埚盖置于 300mL 烧杯中，加入 80～100mL 热水，盖上表面皿，待反应完全后，取下表面皿，将坩埚盖洗出。将浸取液在电炉上煮沸至无小气泡，取下冷却。用中速滤纸过滤，用 1% 氢氧化钠溶液洗涤烧杯及沉淀 2～3 次，弃去滤液。将大部分沉淀用水冲至原烧杯中（用水的体积控制在 30mL 以内），加入 30mL 浓盐酸，将保留的坩埚放入溶液中，低温加热至沉淀完全溶解，洗出坩埚，趁热将溶液倒在原滤纸上，以溶解残留沉淀，滤液用 500mL 锥形瓶承接，再用热的 5% 盐酸洗涤烧杯及滤纸至无铁离子，缓缓加入 20mL 浓硫酸，用水稀释至 200mL，加入 2～2.5g 铝片，以下操作按 1) 的相应步骤进行。

(3) 滴定。取下盖氏漏斗，迅速加入 10mL 硫氰酸铵溶液（30%），立即用硫酸铁铵标准滴定溶液滴至稳定的浅红色为滴定终点。

E　分析结果计算

按式 (5-3) 计算二氧化钛的含量，以质量分数表示。

$$w(\mathrm{TiO_2}) = \frac{C(V - V_0)}{1000m} \times 79.88 \times 100\% \qquad (5-3)$$

式中　$w(\mathrm{TiO_2})$——二氧化钛的质量分数，%；

　　　　C——硫酸铁铵标准滴定溶液的物质的量浓度，mol/L；

　　　　V——滴定试样溶液消耗硫酸铁铵标准滴定溶液体积，mL；

　　　　V_0——空白试验消耗硫酸铁铵标准滴定溶液体积，mL；

　　　　m——试样量，g；

　　　　79.88——二氧化钛摩尔质量，g/mol。

F　允许差

平行分析结果的差值应不大于表 5-1 中所列允许差。

表 5 - 1　允 许 差

二氧化钛含量/%	允许差/%
≥40.00	0.50

任务 5.3　铜矿石中铜的测定

【知识要点】

知识目标：

(1) 了解铜的用途；

(2) 掌握铜矿石试样分解方法；

(3) 掌握铜矿石中铜分析原理及操作方法。

能力目标：

(1) 会正确进行铜矿石分解；

(2) 能掌握铜矿石中铜含量分析方法。

5.3.1　任务描述与分析

铜是人类最早发现和使用的金属之一，纯金属铜呈紫红色，密度为 8.89g/cm³，熔点 1083.4℃。铜及其合金由于导电率和导热率好，抗腐蚀能力强，易加工，抗拉强度和疲劳强度好而被广泛应用，在金属材料消费中仅次于钢铁和铝，成为国计民生和国防工程乃至高新技术领域中不可缺少的基础材料和战略物资。铜在地壳中的含量为 0.007%，分布很广。铜是一种典型的亲硫元素，在自然界中主要形成硫化物矿，只有在强氧化条件下形成氧化物矿，在还原条件下可形成自然铜。目前，在地壳上已发现铜矿物和含铜矿物约计 250 多种，主要是硫化物矿、自然铜以及硫酸盐矿、碳酸盐矿、硅酸盐矿等。其中，能够适合目前选冶条件可作为工业矿物原料的有 16 种。目前，我国选冶铜矿物原料主要是黄铜矿、辉铜矿、斑铜矿、孔雀石等。按选冶技术条件，将铜矿石划分为硫化铜矿石含氧化铜小于 10%，氧化铜矿石含氧化铜大于 30% 和混合铜矿石含氧化铜 10% ~30% 三个自然类型。通过本章节的学习使学生掌握铜含量分析原理及操作方法。

5.3.2　相关知识

5.3.2.1　铜分析方法简介

A　铜矿石试样的分解

铜矿石是比较容易分解的矿石。分析试样的细度应通过 170 目以上筛，或试样粒度不大于 0.082mm。

硫化铜矿石试样易溶于硝酸或王水中，通常先用盐酸煮沸 3~5min 使大量的硫化物分解，生成 H_2S 逸出，然后加入硝酸加热分解。有时在加入硝酸分解硫化矿之前，加入少量溴水或高氯酸，使试样中余下的硫化物氧化成硫酸盐，避免直接用硝酸溶解，使硫化物析出单质硫包裹试样，变得难溶。

氧化铜矿石及含硅酸盐矿物，如赤铜矿、硅孔雀石等，不易被硝酸和王水完全分解。在简项分析中，可用盐酸、硝酸分解试样到一定程度后，加入 1~2g 氟化铵（钾），继续加热蒸发至近干，再加硫酸（1+1），蒸发至冒三氧化硫白烟，使试样分解完全。

也可用更简捷的酸分解方法，即先用盐酸煮沸 3~5min，然后加入硝—硫混合（7+3），加热直至冒三氧化硫白烟。绝大部分铜矿石及精矿试样可分解完全，若少数难溶试样在刚冒三氧化硫白烟时还余有少量黑色残渣，再滴加少量氟化氢铵溶液或高氯酸继续加热可溶解完全。

除上述分解方法外，也可采用氯化铵—硝酸铵（1:1）或氯化铵—硝酸铵—硫酸铵（1:1:1）的混合物作熔剂来熔融分解试样，然后以稀硫酸浸取。

B　铜矿石中铜分析方法概述

铜矿石中铜的含量范围一般在 0.5%~40%，变化幅度较大。测定铜的分析方法发展较为完善。可选用的分析方法很多，有重量法、滴定法、吸光光度法、电化学分析法、原子吸收分光光度法等。

原子吸收分光光度法主要用于铜的原矿分析，具有操作简单、干扰因素少、适应性宽、灵敏、准确、快速等优点。对同一份试样在一定介质中，可连续测定多个元素。

电化学分析法，主要的应用是极谱法。如乙二胺—亚硫酸钠—明胶底液极谱法铜与乙二胺形成稳定的多元环结构配合物，用极谱法测定铜的还原波，波形清晰，可测定含铜 0.01%~10% 的铜矿石试样。除了极谱法外，离子选择电极法、电位滴定法、溶出分析法等电化学法都有实际应用。

吸光光度法测定铜的方法有十多种，其中以双环己酮草酰二腙光度法应用较广泛。其主要原理是：已溶液的试样在 pH 值为 8.4~9.8 的氨性介质中，有柠檬酸铵存在时铜（Ⅱ）与双环己酮草酰二腙生成稳定的蓝色配合物，于 610nm 波长处，测其吸光度。此法适用于含铜 0.002%~5% 试样的测定。

滴定法有碘量法和配合滴定法。配合滴定法，现应用较少。而碘量法则是测定常量铜的经典分析方法。它测定铜的范围较宽，对铜精矿的测定最为适用。

重量法测定铜因操作太烦琐，目前已很少应用，不再赘述。

5.3.2.2　碘量法测定铜精矿中铜含量

碘量法测定铜精矿中铜含量法主要参考《铜精矿化学分析方法》（GB/T 3884.1—2000），适用于铜精矿山中铜含量的测定。测定范围为 13.00%~50.00%。

A　方法原理

试样经过盐酸、硝酸分解后，用乙酸铵溶液调节溶液的 pH 值为 3.0~4.0，用氢化氢铵掩蔽铁，二价铜离子可氧化加入的碘化钾试剂，生成难溶的碘化亚铜白色沉淀并析出相应的单质碘。以淀粉为指示剂，用硫代硫酸钠标准滴定溶液滴定至蓝色消失为终点。其反应式为：

$$2Cu^{2+} + 4I^- \Longrightarrow 2CuI \downarrow + I_2$$

$$I_2 + 2S_2O_3^{2-} \Longrightarrow 2I^- + S_4O_6^{2-}$$

通过硫代硫酸钠标准滴定溶液的消耗量，可计算出试样中铜的含量。

$S_2O_3^{2-}$ 与 I_2 的定量反应最适合的酸度范围是 pH 值为 3.5~4，即弱酸性环境。在碱性溶液中，I_2 本身发生歧化反应，并且 I_2 能把 $S_2O_3^{2-}$ 氧化为 SO_4^{2-}；在酸性较强的介质中，$S_2O_3^{2-}$ 不稳定，会分解为 SO_2 和单质硫。因此，要严格控制滴定反应的酸度。

实际操作中，调节酸度的指示剂是 Fe^{3+}。在溶液中 Fe^{3+} 产生 $Fe(OH)_3$ 棕红色沉淀的酸度是 pH = 3。通过滴加 pH 值约为 5 的乙酸铵溶液调节酸度，到产生红色沉淀不再加深，并过量 3～5mL，可使溶液的酸度达到 pH 值为 3.0～4.0 的要求。所以在标定硫代硫酸钠标准滴定溶液时，要加入三氯化铁溶液。

Fe^{3+} 也能将碘化钾氧化产生 I_2 干扰测定。为此，加入饱和氟化氢铵溶液，使 Fe^{3+} 生成稳定的 FeF_6^{3-} 配合物离子，而掩蔽消除其干扰。

反应中生成的单质 I_2 在水溶液中的溶解度很小，易升华损失，导致结果偏低。通过加入过量的碘化钾，保证 I^- 与 I_2 结合为 I_3^-，使单质 I_2 的溶解度增大，降低其挥发。实际分析中。一般加入 2g 左右的碘化钾即可。

Cu^{2+} 氧化 I^- 产生的 CuI 白色沉淀往往吸附有少量单质 I_2，将导致测定结果偏低。实际应用中，通过在接近滴定终点时（即用硫代硫酸钠标准滴定溶液滴定到试液的碘—淀粉蓝色很浅时）加入硫氰酸钾，发生如下反应：

$$CuI \downarrow + SCN^- =\!=\!= CuSCN \downarrow + I^-$$

此反应使 CuI 沉淀转化为更难溶解的 CuSCN↓，在转化过程中将吸附的少量 I_2 释放出来，解决测定结果可能偏低的问题。

NO_2 对测定有干扰，可在分解试样时，加热至冒三氧化硫白烟将其驱除，或用尿素使其分解。

五价钒在测定条件下氧化 I^-，严重干扰测定。对含钒试样，本方法不适用。

B　主要试剂

主要试剂有：

（1）铜片（≥99.99%）。将铜片放入微沸的冰乙酸（1＋3）中，微沸 1min，取出后用水和无水乙醇分别冲洗两次以上，在 100℃ 烘箱中烘 4min，冷却，置于磨口瓶中备用。

（2）乙酸铵溶液（300g/L）。称取 90g 乙酸铵，置于 400mL 烧杯中，加入 150mL 水和 100mL 冰乙酸，溶解后用水稀释至 300mL，混匀，此溶液 pH 值为 5。

（3）硫氰酸钾溶液（100g/L）。称取 10g 硫氰酸钾于 400mL 烧杯中，加入 100mL 水溶解后（pH＜7），加入 2g 碘化钾溶解后，加入 2mL 淀粉溶液，滴加碘溶液（0.04mol/L）至恰好呈蓝色，再用硫代硫酸钠标准滴定溶液滴定至蓝色刚好消失。

（4）标准溶液的配制（0.04000mol/L）。称取 1.2710g 铜片，置于 300mL 烧杯中，加入 40mL 硝酸（1＋1），盖上表面皿，加热使其完全溶解，取下，用水吹洗表面皿及杯壁，冷至室温。将溶液移入 500mL 容量瓶中，用水稀释至刻度，混匀。

（5）硫代硫酸钠标准滴定溶液（$C(Na_2S_2O_3 \cdot 5H_2O) = 0.04mol/L$）。具体称取方式为：

1）配制。称取 100g 硫代硫酸钠（$Na_2S_2O_3 \cdot 5H_2O$）置于 1000mL 烧杯中，加入 500mL 无水碳酸钠（4g/L）溶液，溶解后移入 10L 棕色试剂瓶中。用煮沸并冷却的蒸馏水稀释至约 10L，加入 10mL 三氯甲烷，静置两周，使用时过滤，补加 1mL 三氯甲烷，混匀，静置 2h。

2）标定。移取 25.00mL 铜标准溶液于 500mL 锥形瓶中，加 2mL 浓硝酸，低温加热蒸至溶液体积约 1mL。用约 30mL 水吹洗杯壁，冷至室温，加入 1mL 三氯化铁溶液（100g/

L)，以下按分析步骤的"滴定"步骤进行。

按式（5-4）计算硫代硫酸钠标准滴定溶液的实际浓度。

$$C = \frac{m_{Cu}}{63.55(V' - V_0')} \times \frac{25.00}{500.0} \times 1000 \qquad (5-4)$$

式中　C——硫代硫酸钠标准滴定溶液的实际浓度，mol/L；

　　m_{Cu}——铜片质量，g；

　63.55——铜的摩尔质量，g/mol；

　　V'——标定时，消耗硫代硫酸钠标准滴定溶液的体积，mL；

　　V_0'——标定时，空白试验消耗硫代硫酸钠标准滴定溶液的体积，mL。

平行标定三份，其极差值不大于 8×10^{-5} mol/L 时，到其平均值，否则重新标定。

C　分析步骤

（1）试样量。按表 5-2 称取试样，准确至 0.0001g。

表 5-2　试样称样量

铜含量/%	试样量/g
13.00~25.00	0.40
25.00~50.00	0.20

独立地进行两次测定，取其平均值。

（2）测定。具体为：

1）试样的处理。将试样置于 500mL 锥形瓶中，用少量水湿润，加入 10mL 盐酸置于电热板上低温加热 3~5min，取下稍冷，加入 5mL 浓硝酸和 5mL 溴，盖上表面皿，低温加热，待试样完全分解后，取下稍冷，用少量水洗去表面皿，继续加热蒸发至近干，冷却。

2）滴定

用 30mL 水冲洗表面皿及杯壁，盖上表面皿，置于电热板上煮沸，使可溶性盐类完全溶解，取下冷至室温。滴加乙酸铵溶液（300g/L）至红色不再加深并过量 3~5mL，然后滴加氟化氢铵饱和溶液至红色消失并过量 1mL，混匀。加入 2~3g 碘化钾轻缓摇动溶解，立即用硫代硫酸钠标准滴定溶液滴定至浅黄色，加入 1mL 淀粉溶液（5g/L），继续滴定至淡蓝色，加入 5mL 硫氰酸钾溶液（100g/mL），激烈摇振至蓝色加深，再滴定至刚好消失为终点。

D　分析结果计算

按式（5-5）计算铜的含量，以质量分数表示。

$$w(Cu) = \frac{C(V - V_0)}{1000m} \times 63.55 \times 100\% \qquad (5-5)$$

式中　$w(Cu)$——铜的质量分数，%；

　　　C——硫代硫酸钠标准滴定溶液的实际浓度，mol/L；

　　　V——测定时，滴定试样溶液所消耗硫代硫酸钠标准滴定溶液的体积，mL；

　　　V_0——测定时，滴定空白试验溶液所消耗硫代硫酸钠标准滴定溶液的体积，mL；

　　　m——试样的质量，g。

E　允许差

两个独立分析结果的差值应不大于表 5 – 3 所列允许差。

表 5 – 3　允许差

铜含量/%	允许差/%	铜含量/%	允许差/%
13.00 ~ 17.00	0.20	31.00 ~ 36.00	0.28
17.00 ~ 21.00	0.22	36.00 ~ 41.00	0.30
21.00 ~ 26.00	0.24	41.00 ~ 50.00	0.32
26.00 ~ 31.00	0.26		

任务 5.4　铅矿石中铅的测定

【知识要点】

知识目标：

(1) 了解铅的用途；

(2) 掌握铅矿石试样分解方法；

(3) 掌握铅矿石中铅分析原理及操作方法。

能力目标：

(1) 会正确进行铅矿石分解；

(2) 能掌握铅矿石中铅含量分析方法。

5.4.1　任务描述与分析

铅是人类从铅锌矿石中较早提炼出来的金属之一。它是最软的有色金属，但比重大，呈蓝灰色，硬度 1.5，比重 11.34g/cm^3，熔点 327.4℃（较低），沸点 1750℃，抗腐蚀性好，延展性好，易与其他金属（如：锌、锡、砷等）制成合金，能吸收放射线。铅主要用于制造蓄电池、电缆护套、保险丝、防腐材料、耐磨合金、焊脊辐射线防护材料、印刷活字版合金等。铅元素在地壳中的含量约为 0.0016%，多以硫化物、碳酸盐等矿物形态存在，其中硫化物占 90% 以上。铅矿的一般工业要求为：硫化矿的边界品位为 0.3% ~ 0.5%，工业品位为 0.7% ~ 1.0%；氧化矿的边界品位为 0.5% ~ 0.7%，工业品位为 1.0% ~ 1.5%。经过选矿以后的铅精矿品位达 40% 以上，高的可接近 80%。通过本章节的学习，使学生掌握铅含量的分析测定方法。

5.4.2　相关知识

5.4.2.1　铅分析方法简介

A　铅矿石试样的分解

大部分铅矿石试样易被酸分解。方铅矿及白铅矿试样可直接用盐酸和硝酸联合分解。先用盐酸加热分解，使大量硫以硫化氢，碳酸根以二氧化碳气体逸出，再用硝酸加热使试样分解完全。

为了分离铅，试样用盐酸—硝酸分解后，再用硫酸蒸发到冒三氧化硫白烟，赶尽盐酸和硝酸，使铅生成难溶的硫酸铅沉淀，过滤与大部分干扰元素分离。这样有利于以后测定铅。

铅矾及含硅量较高的铅矿石试样较难用酸分解完全，应先用酸分解后，滤出残渣，再用碱熔融分解。

B　铅矿石中铅的分析方法概述

铅矿石中铅的含量范围为 0.7% ~ 80%，变化幅度非常大，可选用的分析方法有很多。对于原矿石品位一般在 10% 以下，选择原子吸收分光光度法和示波极谱法的仪器分析方法，测定具有简便、快速、准确及干扰少等优点，特别适合于对于含钡较高的铅矿石的测定。

铅具有较好的电化学分析特性，在许多支持电解质中进行极谱分析，均能呈现良好的极谱波。如盐酸—氯化钠底液极谱法，即试样经盐酸—硝酸溶解后，用盐酸反复蒸干赶尽硝酸，再加入盐酸—氯化钠底液，测定铅的极谱波，与铅标准溶液的极谱波比较测得铅含量。该法可测定含铅 0.1% ~ 10% 的试样。此外，还有乙酸钠底液极谱法、盐酸—柠檬酸氢二铵底液极谱法等。

对于铅精矿，品位在 40% 以上，应用最广泛的是 EDTA 容量法和铬酸铅容量法。铬酸铅容量法的基本原理是：用稀硫酸使已溶解试样中的铅沉淀为硫酸铅，过滤与大多数干扰元素分离，用乙酸溶液溶解硫酸铅，再加入重铬酸钾溶液，使铅生成溶解度更小的铬酸铅沉淀，再次过滤分离干扰元素，然后用盐酸—氯化钠混合溶液溶解铬酸铅，以碘量法测定铬的量，间接计算出铅的含量。这是测定铅的经典方法之一，当试样不含钡时，能得到准确的结果。

5.4.2.2　EDTA 容量法测定铅精矿中铅含量

EDTA 容量法主要参考《铅精矿化学分析方法》（GB/T 8152.1—1987），适用于铅精矿铅量的测定。测定范围为 35% ~ 80%。

A　方法原理

试样用氯酸钾饱和的硝酸分解（或盐酸、硝—硫混酸分解），在硫酸介质中铅形成硫酸铅沉淀，过滤，与共存元素分离。硫酸铅用乙酸—乙酸钠缓冲溶液溶解。以二甲酚橙为指示剂，于 pH 值为 5 ~ 6 用 Na_2-EDTA 标准滴定溶液滴定。由消耗的 Na_2-EDTA 标准滴定溶液体积计算铅量。其反应式为：

$$Pb^{2+} + H_2SO_4 =\!=\!= PbSO_4 \downarrow + 2H^+$$

$$PbSO_4 + 2Ac^- =\!=\!= Pb(Ac)_2 + SO_4^{2-}$$

$$Pb(Ac)_2 + H_2Y^{2-} =\!=\!= PbY^{2-} + 2H^+ + 2Ac^-$$

硫酸铅在水中的溶解度较大，20℃ 时为 4.6mg/100mL，在稀硫酸中由于同离子效应，溶解度大大降低，在 10% ~ 30%（V/V）的稀硫酸溶液中溶解度最小，20℃ 时为 0.12mg/100mL。硫酸浓度低于 10% 或大于 30%，都会使硫酸铅的溶解度增大，所以在 10% ~ 30%（V/V）的稀硫酸溶液中沉淀硫酸铅，与铜、锌、镍、铝、铁以及碱金属等分离。而钨、钽、铌、钡等与硫酸铅一起沉淀，干扰铅的测定。但在实际测定过程中往往因其含量很低而不予考虑。

溶液中的盐酸、硝酸能显著地增大硫酸铅的溶解度，应经过二次硫酸冒三氧化硫白烟驱除。但冒烟温度不宜太高，时间不宜过长，否则铁、铝、铋等元素易生成难溶硫酸盐，夹杂在硫酸铅沉淀中干扰测定。

应特别注意的是夹杂铁的干扰，因铁（Ⅲ）与二甲酚橙指示剂生成的配合物稳定，能封闭指示剂，故加少量抗坏血酸将铁（Ⅲ）还原并形成配合物而消除干扰。夹杂铝、铋的干扰，可加入少量氟化钾掩蔽铝，加入巯基乙酸掩蔽铋，消除干扰。

当试样含钡时，生成的硫酸钡沉淀的溶解度比硫酸铅要小一个数量级，所以将伴随铅一起沉淀。更糟的是铅与钡能结合成稳定的硫酸复盐沉淀（一部分铅原子进入硫酸钡的晶格中），使铅不能完全被乙酸—乙酸钠缓冲溶液溶解，严重干扰测定。

B　主要试剂

主要试剂有：

（1）缓冲溶液（pH = 5.5）。将 375g 无水乙酸钠溶于水中，加入 50mL 冰乙酸（或 140mL 36% 乙酸），用水稀释至 2500mL，混匀。

（2）乙二胺四乙酸二钠（Na$_2$ – EDTA）标准滴定溶液（C（Na$_2$ – EDTA）≈ 0.02mol/L）。具体称取方式为：

1）配制。称取 8g Na$_2$ – EDTA 于 300mL 烧杯中，加水微热溶解，冷却至室温。稀释至 1000mL，混匀。

2）标定。称取三份 0.2000g 金属铅（99.99%）分别置于 300mL 烧杯中，加入 20mL 硝酸（1 + 1），加热至完全溶解。取下稍冷，加入 10mL 浓硫酸，加热至大量三氧化硫白烟取下，冷却。以下按分析步骤（3）~（6）进行。

按式（5 – 6）计算 Na$_2$ – EDTA 标准滴定溶液对铅的滴定度。

$$T = \frac{m_1}{V_1 - V_0} \tag{5 – 6}$$

式中　T——Na$_2$ – EDTA 标准滴定溶液对铅的滴定度，g/mL；

　　　m_1——称取金属铅量，g；

　　　V_1——标定时所消耗 Na$_2$ – EDTA 标准滴定溶液的体积，mL；

　　　V_0——标定时空白试验消耗 Na$_2$ – EDTA 标准滴定溶液的体积，mL。

取三份标定结果的平均值，三份标定结果的极差应不大于 0.000010g/mL。

C　分析步骤

分析步骤为：

（1）称取 0.3000g 试样置于 300mL 烧杯中，用少量水润湿，加入 15mL 氯酸钾饱和的硝酸，盖上表面皿，置于电热板上加热溶解（若试样中硅量大于 20mg，加入 0.5g 氟化铵），待试样完全溶解，取下稍冷（或将试样置于 300mL 烧杯中，用少量水润湿，加入浓盐酸 10mL，低温蒸至 3~5mL。加入 10mL 硝—硫混合酸（1 + 1），继续加热溶解，蒸至近干时取下，稍冷）。

（2）加入 10mL 浓硫酸，继续加热至大量冒三氧化硫白烟约 2min，取下冷却。

（3）用水吹洗表面皿及杯壁，加水至 50mL，加热煮沸 10min，冷却至室温，放置 1h。

（4）用慢速定量滤纸过滤。用硫酸（2+98）洗涤烧杯两次，沉淀四次（如含锰量高，可用混合洗涤液（100mL(2+98) 的硫酸中加入 2mL 过氧化氢的混合溶液）洗 3~4 次），用水洗涤烧杯一次，沉淀两次，弃去滤液。

（5）将滤纸展开，连同沉淀一起移入原烧杯中，加入 30mL 缓冲溶液（pH=5.5），用水吹洗杯壁，盖上表面皿，加热微沸 10min，并搅拌使沉淀溶解，取下稍冷，加水至 150mL。

（6）加入 0.1g 抗坏血酸和 3~4 滴二甲酚橙指示剂（0.1%）（若待测试液中含铋量大于 1mg，加入 3~4mL 巯基乙酸（1+99）后再滴定），用 Na_2-EDTA 标准滴定溶液滴定至溶液由紫红色变为亮黄色即为终点。

D 分析结果计算

按式（5-7）计算铅的含量，以质量分数表示。

$$w(Pb) = \frac{T \times (V_2 - V_0)}{m_2} \times 100\% \qquad (5-7)$$

式中 $w(Pb)$——铅的质量分数，%；

　　　T——Na_2-EDTA 标准滴定溶液对铅的滴定度，g/mL；

　　　V_2——滴定消耗的 Na_2-EDTA 标准滴定溶液的体积，mL；

　　　V_0——滴定时空白试验消耗 Na_2-EDTA 标准滴定溶液的体积，mL；

　　　m_2——试样量，g。

分析结果表示到小数点后第二位。

E 允许差

两个独立分析结果的差值应不大于表 5-4 所列允许差。

表 5-4 允 许 差

铅的含量/%	允许绝对误差/%	铅的含量/%	允许绝对误差/%
35.00~40.00	0.40	50.00~60.00	0.60
40.00~50.00	0.50	60.00~80.00	0.65

【思考与练习】

5-1 简述矿物、矿石的概念。

5-2 矿物的工业分类方法将金属矿物分为哪几大类别?

5-3 用氯化亚锡—氯化汞—重铬酸钾容量法测定铁矿石全铁，随同测定所做的空白试验时，为什么要加入一定量的硫酸亚铁铵溶液?

5-4 简述铝片还原—硫酸铁铵容量法测定钛矿石中钛的方法原理。

5-5 称取铅矿石试样 0.2746g 于 250mL 烧杯中，酸溶。加入硫酸使铅完全生成硫酸铅沉淀，过滤。沉淀用醋酸—醋酸钠缓冲溶液煮沸溶解，冷却。加入 0.1g 抗坏血酸，3 滴二甲酚橙指示剂，用滴定度为 0.0007060g/mL EDTA 标准滴定溶液滴定至溶液由紫红色变为亮黄色为终点，共消耗 EDTA 标准滴定溶液 21.78mL。请计算矿样中铅的含量。

【项目实训】

实训题目：

重铬酸钾法测定铁矿石中铁的含量（无汞法）

教学目的：

（1）巩固对重铬酸钾法有关原理的理解；

（2）掌握重铬酸钾法测定铁的方法。

实验原理：

试样用盐酸加热溶解，随后在热溶液中先用 $SnCl_2$ 还原大部分 Fe^{3+}，继以钨酸钠为指示剂，用 $TiCl_3$ 溶液定量还原剩余部分 Fe^{3+}，Fe^{3+} 定量还原为 Fe^{2+} 之后，稍微过量的 $TiCl_3$ 溶液将六价钨部分还原为五价钨（俗称钨蓝），使溶液呈蓝色。然后摇动溶液至蓝色消失（即钨蓝为溶解氧所氧化），或者滴加 $K_2Cr_2O_7$ 稀溶液使钨蓝刚好褪色。最后，以二苯胺磺酸钠为指示剂，在硫—磷混合酸介质中用 $K_2Cr_2O_7$ 标准溶液滴定至溶液呈现紫色，即为终点。

仪器与设备：

（1）滴定分析常用仪器。

（2）电炉。

试剂：

（1）浓 HCl 溶液。

（2）HCl 溶液（1+1）。

（3）$SnCl_2$ 溶液 10%（将 100g $SnCl_2 \cdot 2H_2O$ 溶解在 200mL 浓 HCl 中，用蒸馏水稀释至 1L）。

（4）$TiCl_3$ 溶液（取 $TiCl_3$ 10mL，用 5:95 盐酸溶液稀释至 100mL（临用时配制））。

（5）Na_2WO_4 溶液 25% 或 250g/L（取 25g Na_2WO_4 溶于 95mL 水中（如混浊，则过滤），加 5mL 磷酸混匀）。

（6）硫—磷混合酸，H_2SO_4、H_3PO_4、H_2O 的体积比为 2:3:5。

（7）二苯胺磺酸钠指示剂 0.2% 或 2g/L。

（8）$K_2Cr_2O_7$ 基准物质。

实验步骤：

（1）重铬酸钾标准溶液的配制。准确称取 1.2258g 左右基准物质 $K_2Cr_2O_7$ 于 100mL 小烧杯中，加蒸馏水溶解后定量移入 250mL 容量瓶中，并稀释至刻度，摇匀。根据 $K_2Cr_2O_7$ 的质量计算其准确浓度。

（2）铁矿石中铁的测定。矿样预先在 120℃ 烘箱中烘 1~2h，放入干燥器中冷却 30~40min 后准确称取 0.2g 矿样三份于 250mL 锥形瓶中，加几滴蒸馏水，摇动使矿样全部润湿并散开，再加入浓盐酸 10mL 或（1:1）HCl 溶液 20mL，盖上表面皿，加热使矿样溶解（残渣为白色或近于白色）。为了加速矿样的溶解，可趁热慢慢滴加 $SnCl_2$ 至溶液呈浅黄色（若溶液呈无色，则说明 $SnCl_2$ 已过量，遇此情况，应滴加氧化剂如 $KMnO_4$ 等，使之呈黄色为止）。然后，用洗瓶吹洗瓶壁及盖，并加入 10~15 滴 Na_2WO_4 溶液。滴加 $TiCl_3$，不断摇动下至溶液出现钨蓝，加入蒸馏水 60mL，在电炉上加热至蓝色消失，加入 10mL 硫—磷混合酸及 5 滴二苯胺磺酸钠指示剂，立即用 $K_2Cr_2O_7$ 标准溶液滴定，先绿色后紫色，即为终点。根据 $K_2Cr_2O_7$ 标准溶液的用量计算出试样中铁（以 Fe_2O_3 表示）和（以 Fe 表示）的质量分数。

（3）结果计算

$$w(Fe_2O_3) = \frac{C_{\frac{1}{6}K_2Cr_2O_7} V_{K_2Cr_2O_7} \times 79.845}{m \times 1000} \times 100\% \tag{5-8}$$

$$w(Fe) = \frac{C_{\frac{1}{6}K_2Cr_2O_7} V_{K_2Cr_2O_7} \times 55.85}{m \times 1000} \times 100\% \tag{5-9}$$

式中 $C_{\frac{1}{6}K_2Cr_2O_7}$——重铬酸钾基本单元的浓度；

$V_{K_2Cr_2O_7}$——重铬酸钾滴定消耗的体积；

m——试样的质量，g。

数据记录与处理表见表 5-5。

表 5-5 数据记录与处理

编　号		I	II	III
称取 $K_2Cr_2O_7$ 质量/g				
配制 $K_2Cr_2O_7$ 标液体积/mL				
$C_{\frac{1}{6}K_2Cr_2O_7}$ 标液浓度				
试样质量/g				
$K_2Cr_2O_7$ 滴定读数/mL	终　点			
	起　点			
EDTA 用量/mL				
$w(Fe)$，$w(Fe_2O_3)$/%				
$w(平均 Fe)$，$w(平均 Fe_2O_3)$/%				
相对极差				

项目6 煤质分析

煤质的分析检测项目包括：煤的工业分析、元素分析、发热量、可磨性、煤灰熔融性和煤灰成分等。工业上应用较多的煤质特性指标是煤的工业分析和元素分析。本章节主要介绍煤的工业分析和元素分析方法及操作步骤。

任务6.1 煤的基础知识

【知识要点】

知识目标：

(1) 了解煤分类及形成；

(2) 掌握煤组成及各组分性质；

(3) 掌握煤样制备方法。

能力目标：

(1) 能掌握煤的分类及成因；

(2) 会正确制备煤样。

6.1.1 任务描述与分析

煤既是动力燃料，又是化工和制焦炼铁的原料，素有"工业粮食"之称。我国煤炭资源丰富，煤种齐全，但分布很不均匀，主要表现在储量及煤种在地域上分布极不平衡；动力煤资源更相对集中于华北和西北两个地区。煤的洁净开采技术，煤利用前的预处理技术，煤利用的环境控制技术，先进的煤炭发电技术，提高煤利用效率技术，煤炭转化技术，废弃物处理和利用技术，煤层气的开发及利用，CO_2 固定和利用技术等，都必须有煤工业分析数据科学指导。通过本章节的学习，使学生掌握煤炭的基础知识，特别掌握煤的工业分析专业知识。

6.1.2 相关知识

6.1.2.1 煤的分类

随着社会的发展，科学的进步，煤的用途越来越广泛。人们对煤的性质、组成结构和应用等方面的认识也越来越深入，逐渐发现各种煤炭既有相同的地方，又有不同的特性。根据各种不同的需要，把各种不同的煤归纳和划分成性质相似的若干类别。这样，就形成煤分类的概念。针对不同的侧重点，煤的分类方法有：

(1) 煤的成因分类。对成煤的原始物料和堆积环境进行分类，称为煤的成因分类。

(2) 煤的科学分类。对煤的元素组成等基本性质进行分类，称为科学分类。

（3）煤的实用分类。对煤的实用分类又称煤的工业进行分类。按煤的工艺性质和用途分类，称为实用分类。中国煤分类和各主要工业国的煤炭分类均属于实用分类，以下详细介绍我国煤实用分类的情况。

根据煤的煤化度，将我国所有的煤分为褐煤、烟煤和无烟煤三大煤类。又根据煤化度和工业利用的特点，将褐煤分成两个小类，无烟煤分成 3 个小类。烟煤比较复杂，按挥发分分为 4 个档次，即 V_{daf} 为 10% ~ 20%，V_{daf} 为 20% ~ 28%，V_{daf} 为 28% ~ 37% 和 $V_{daf} > 37\%$，分别为低、中、中高和高四种挥发分烟煤。按黏结性可以分为 5 个或 6 个档次，即 $GR.L$（黏结指数）为 0 ~ 5，称不黏结或弱黏结煤；$GR.L > 5 ~ 20$，称弱黏结煤；$GR.L > 20 ~ 50$，称为中等偏弱黏结煤；$GR.L > 50 ~ 65$，称中等偏强黏结煤；$GR.L > 65$，称强黏结煤。在强黏结煤中，若 $V > 25mm$ 或 $b > 150\%$，（对于 $V_{daf} > 28\%$ 的肥煤，$b > 220\%$）的煤，则称为特强黏结煤（参见 GB 5751—1986）。

各类煤的基本特征如下：

（1）无烟煤（WY）。无烟煤固定碳含量高，挥发分产率低，密度大，硬度大，燃点高，燃烧时不冒烟。01 号无烟煤为年老无烟煤；02 号无烟煤为典型无烟煤；03 号无烟煤为年轻无烟煤。

（2）贫煤（PM）。贫煤是煤化度最高的一种烟煤，不黏结或微具黏结性。在层状炼焦炉中不结焦。燃烧时火焰短，耐烧。

（3）贫瘦煤（PS）。贫瘦煤是高变质、低挥发分、弱黏结性的一种烟煤。结焦较典型瘦煤差，单独炼焦时，生成的焦粉较多。

（4）瘦煤（SM）。瘦煤是低挥发分的中等黏结性的炼焦用煤。在炼焦时能产生一定量的胶质体。单独炼焦时，能得到块度大、裂纹少、抗碎性较好的焦炭，但焦炭的耐磨性较差。

（5）焦煤（JM）。焦煤是中等及低挥发分的中等黏结性及强黏结性的一种烟煤。加热时能产生热稳定性很高的胶质体。单独炼焦时能得到块度大、裂纹少、抗碎强度高的焦炭，其耐磨性也好。但单独炼焦时，产生的膨胀压力大，使推焦困难。

（6）肥煤（FM）。肥煤是低、中、高挥发分的强黏结性烟煤。加热时能产生大量的胶质体。单独炼焦时能生成熔融性好、强度较高的焦炭，其耐磨性有的也较焦煤焦炭为优。缺点是单独炼出的焦炭，横裂纹较多，焦根部分常有蜂焦。

（7）1/3 焦煤（1/3JM）。1/3 焦煤是新煤种，它是中高挥发分、强黏结性的一种烟煤，又是介于焦煤、肥煤、气煤三者之间的过渡煤。单独炼焦能生成熔融性较好、强度较高的焦炭。

（8）气肥煤（QF）。气肥煤是一种挥发分和胶质层都很高的强黏结性肥煤类，有的称为液肥煤。炼焦性能介于肥煤和气煤之间，单独炼焦时能产生大量的气体和液体化学产品。

（9）气煤（QM）。气煤是一种煤化度较浅的炼焦用煤。加热时能产生较高的挥发分和较多的焦油。胶质体的热稳定性低于肥煤，能够单独炼焦。但焦炭多呈细长条而易碎，有较多的纵裂纹，因而焦炭的抗碎强度和耐磨强度均较其他炼焦煤差。

（10）1/2 中黏煤（1/2ZN）。1/2 中黏煤是一种中等黏结性的中高挥发分烟煤。其中有一部分在单独炼焦时能形成一定强度的焦炭，可作为炼焦配煤的原料。黏结性较差的一部分煤在单独炼焦时，形成的焦炭强度差，粉焦率高。

（11）弱黏煤（RN）。弱黏煤是一种黏结性较弱的从低变质到中等变质程度的烟煤。加热时，产生较少的胶质体。单独炼焦时，有的能结成强度很差的小焦块，有的则只有少部分凝结成碎焦屑，粉焦率很高。

（12）不黏煤（BN）。不黏煤是一种在成煤初期已经受到相当氧化作用的低变质程度到中等变质程度的烟煤。加热时，基本上不产生胶质体。煤的水分大，有的还含有一定的次生腐殖酸，含氧量较多，有的高达 10% 以上。

（13）长焰煤（CY）。长焰煤是变质程度最低的一种烟煤，从无黏结性到弱黏结性的都有。其中最年轻的还含有一定数量的腐殖酸。贮存时易风化碎裂。煤化度较高的年老煤，加热时能产生一定量的胶质体。单独炼焦时也能结成细小的长条形焦炭，但强度极差，粉焦率很高。

（14）褐煤（HM）。褐煤分为透光率 $Pm < 30\%$ 的年轻褐煤和 Pm 为 30% ~ 50% 的年老褐煤两类。褐煤的特点为：含水分大，密度较小，无黏结性，并含有不同数量的腐殖酸，煤中氧含量高。常达 15% ~ 30%，化学反应性强，热稳定性差，块煤加热时破碎严重。存放空气中易风化变质、破碎成较小块甚至粉末状。发热量低，煤灰熔点也低，其灰中含有较多的 CaO，而有较少的 Al_2O_3。

6.1.2.2　煤的形成

煤是由植物残骸经过复杂的生物化学作用和物理化学作用转变而成的。这个转变过程叫做植物的成煤作用。一般认为，成煤过程分为两个阶段：泥炭化阶段和煤化阶段。前者主要是生物化学过程，后者是物理化学过程。在泥炭化阶段，植物残骸既分解又化合，最后形成泥炭或腐泥。泥炭和腐泥都含有大量的腐殖酸，其组成和植物的组成已经有很大的不同。煤化阶段包含两个连续的过程：

第一个过程，在地热和压力的作用下，泥炭层发生压实、失水、肢体老化、硬结等各种变化而成为褐煤。褐煤的密度比泥炭大，在组成上也发生了显著的变化，碳含量相对增加，腐殖酸含量减少，氧含量也减少。因为煤是一种有机岩，所以这个过程又叫做成岩作用。

第二个过程，是褐煤转变为烟煤和无烟煤的过程。在这个过程中煤的性质发生变化，所以这个过程又叫做变质作用。地壳继续下沉，褐煤的覆盖层也随之加厚。在地热和静压力的作用下，褐煤继续经受着物理化学变化而被压实、失水。其内部组成、结构和性质都进一步发生变化。这个过程就是褐煤变成烟煤的变质作用。煤比褐煤碳含量增高，氧含量减少，腐殖酸在烟煤中已经不存在了。烟煤继续着变质作用。由低变质程度向高变质程度变化。从而出现了低变质程度的长焰烟焰气煤，中等变质程度的肥煤、焦煤和高变质程度的瘦煤、贫煤。它们之间的碳含量也随着变质程度的加深而增大。

温度对于在成煤过程中的化学反应有决定性的作用。随着地层加深，地温升高煤的变质程度就逐渐加深。高温作用的时间越长，煤的变质程度越高，反之亦然。在温度和时间的同时作用下，煤的变质过程基本上是化学变化过程。在其变化过程中所进行的化学反应是多种多样的，包括脱水、脱羧、脱甲烷、脱氧和缩聚等。

压力也是煤形成过程中的一个重要因素。随着煤化过程中气体的析出和压力的增高，反应速度会越来越慢，但却能促成煤化过程中煤质物理结构的变化，能够减少低变质程度煤的孔隙率、水分和增加密度。

当地球处于不同地质年代，随着气候和地理环境的改变，生物也在不断地发展和演化。就植物而言，从无生命一直发展到被子植物。这些植物在相应的地质年代中造成了大量的煤。在整个地质年代中，全球范围内有三个大的成煤期：

（1）古生代的石炭纪和二叠纪。成煤植物主要是孢子植物。主要煤种为烟煤和无烟煤。

（2）中生代的侏罗纪和白垩纪。成煤植物主要是裸子植物。主要煤种为褐煤和烟煤。

（3）新生代的第三纪。成煤植物主要是被子植物。主要煤种为褐煤，其次为泥炭，也有部分年轻烟煤。

6.1.2.3　煤的组成及各组分的性质

煤是由有机质、矿物质和水组成。有机物质和部分矿物质是可燃的，水和大部分矿物质是不可燃的。

煤中的有机质主要由碳、氢、氧、氮、硫等元素组成，其中碳和氢占有机质 95% 以上，煤燃烧时，主要是有机质中的碳、氢与氧化合而放热，硫在燃烧时也放热，但燃烧产生酸性腐蚀性有害气体 SO_2。

矿物质主要是碱金属、碱土金属、铁、铝等的碳酸盐、硅酸盐、硫酸盐、磷酸盐及硫化物。除硫化物外，矿物质不能燃烧，但随着煤的燃烧变为灰分。它的存在使煤的可燃部分比例相应减少，影响煤的发热量。

煤中的水分，主要存在于煤的孔隙结构中。水分的存在会影响燃烧稳定性和热传导，水分本身不能燃烧放热，还要吸收热量汽化为水蒸气。

煤的各组分如图 6-1 所示。煤在隔绝空气的条件下，加热干馏，水及部分有机物裂解生成的气态产物挥发逸出，不挥发部分即为焦炭。焦炭的组成和煤相似，但挥发分的含量较低。

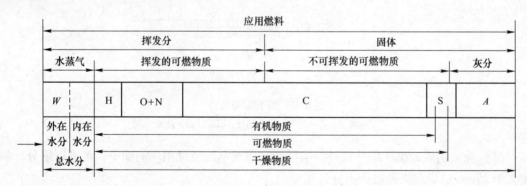

图 6-1　煤的组分

6.1.2.4　煤样的制备

煤样的制备主要内容有：

（1）收到煤样后，应按来样标签逐项核对，并应将煤种、品种、粒度、采样地点、包装情况、煤样质量、收样和制备时间等项详细登记在煤样记录本上，并进行编号。如是商品煤样，还应登记车号和发运吨数。

（2）煤样应按标准规定的制备程序如图6－2所示及时制备成空气干燥煤样，或先制成适当粒级的实验室煤样。如果水分过大，影响进一步破碎、缩分时，应事先在低于50℃温度下适当地进行干燥。

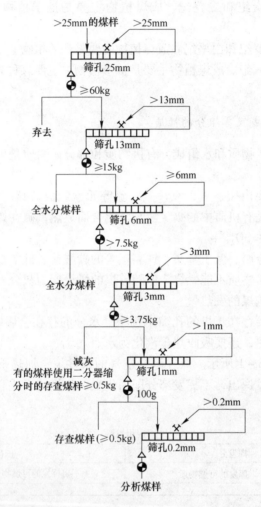

图6－2　煤样制备程序

✂—破碎；△—掺和；☢—缩分；▭▭▭▭▭—过筛

（3）除使用联合破碎缩分机外，煤样应破碎至全部通过相应的筛子，再进行缩分。粒度大于25mm的煤样未经破碎不允许缩分。

（4）煤样的制备既可一次完成，也可分几部分处理。若分几部分，则每部分都应按同一比例缩分出煤样，再将各部分煤样合起来作为一个煤样。

（5）每次破碎、缩分前后，机器和用具都要清扫干净。制样人员在制备煤样的过程中，应穿专用鞋，以免污染煤样。对不易清扫的密封式破碎机（如锤式破碎机）和联合破碎缩分机，只用于处理单一品种的大量煤样时，处理每个煤样之前，可用采取该煤样的煤通过机器予以"冲洗"，弃去"冲洗"煤后再处理煤样。处理完之后应反复开、停机器几次，以排净滞留煤样。

（6）煤样的缩分，除水分大，无法使用机械缩分者外，应尽可能使用二分器和缩分机械，以减少缩分误差。

（7）缩分后留样质量与粒度的对应关系如图 6-2 所示。

粒度小于 3mm 的煤样，缩分至 3.75kg 后，如使之全部通过 3mm 圆孔筛，则可用二分器直接缩分出不少于 100g 和不少于 500g 分别用于制备分析用煤样和作为存查煤样。

（8）缩分机必须经过检验方可使用。检验缩分机的煤样包括留样和弃样的进一步缩分，必须使用二分器。

（9）使用二分器缩分煤样，缩分前不需要混合。入料时，簸箕应向一侧倾斜，并要沿着二分器的整个长度往复摆动，以使煤样比较均匀地通过二分器。缩分后任取一边的煤样。

（10）堆锥四分法缩分煤样，是把已破碎、过筛的煤样用平板铁锹铲起堆成圆锥体，再交互地从煤样堆两边对角贴底逐锹铲起堆成另一个圆锥。每锹铲起的煤样，不应过多，并分两三次撒落在新锥顶端，使之均匀地落在新锥的四周。如此反复堆掺三次，再由煤样堆顶端，从中心向周围均匀地将煤样摊平（煤样较多时）或压平（煤样较少时）成厚度适当的扁平体。将十字分样板放在扁平体的正中，向下压至底部，煤样被分成四个相等的扇形体。将相对的两个扇形体弃去，留下的两个扇形体按图 6-2 所示程序规定的粒度和质量限度，制备成一般分析煤样或适当粒度的其他煤样。

煤样经过逐步破碎和缩分，粒度与质量逐渐变小，混合煤样用的铁锹，应相应地适当改小或相应地减少每次铲起的煤样数量。

（11）在粉碎成 0.2mm 的煤样之前，应用磁铁将煤样中铁屑吸去，再粉碎到全部通过孔径为 0.2mm 的筛子，并使之达到空气干燥状态，然后装入煤样瓶中（装入煤样的量应不超过煤样瓶容积的 3/4，以便使用时混合），送交化验室化验。空气干燥方法如下：将煤样放入盘中，摊成均匀的薄层，于温度不超过 50℃下干燥。如连续干燥 1h 后，煤样的质量变化不超过 0.1%，即达到空气干燥状态。空气干燥也可在煤样破碎到 0.2mm 之前进行。

（12）煤芯煤样可从小于 3mm 的煤样中缩分出 100g，然后按（11）规定制备成分析用煤样。

（13）全水分煤样的制备。具体为：

1）测定全水分的煤样既可由水分专用煤样制备，也可在制备一般分析煤样过程中分取。

2）除使用一次能缩分出足够数量的全水分煤样的缩分机外，煤样破碎到规定粒度后，稍加混合，摊平后立即用九点法缩取，装入煤样瓶中封严（装样量不得超过煤样瓶容积的 3/4），称出质量，贴好标签，速送化验室测定全水分煤样。全水分煤样的粒度和质量详见《煤中全水分的测定方法》（GB 211—1996）。全水分煤样的制备要迅速。

（14）存查煤样，除必须在容器上贴标签外，还应在容器内放入煤样标签，封好。标签格式可参照表 6-1。

表 6 – 1　标签

分析煤样编号		制样日期	
来样编号		送样日期	
煤矿名称		分析试验项目	
煤样种类		备　注	
送样单位			

九点法取全水分煤样布点为：

1）一般存查煤样的缩分如图 6 – 2 所示。如有特殊要求，可根据需要决定存查煤样酌粒度和质量。

2）商品煤存查煤样，从报出结果之日起一般应保存 2 个月，以备复查。

3）生产检查煤样的保存时间由有关煤质检查部门决定。

4）其他分析试验煤样，根据需要确定保存时间。

6.1.2.5　煤质分析中"基"的定义

由于煤中水分和灰分的含量易随外界条件的变化而发生变化，导致煤中其他成分的百分含量也随之变更。因此，用质量分数表示煤的工业分析结果时，必须同时标明质量分数的基准。煤所处的状态或者按需要而规定的成分组合，称为基准，简称基。"基"表示化验结果是以什么状态下的煤样为基础而得出的。显然，工业分析结果只有在相同的基准下才有可比性。煤质分析中的"基"有空气干燥基、干燥基、收到基、干燥无灰基、干燥无矿物质基等。其定义如下：

（1）空气干燥基。以与空气湿度达到平衡状态的煤为基准。表示符号为 ad，曾称为分析基。

（2）干燥基。以假想无水状态的煤为基准。表示符号为 d，曾称为干基。

（3）收到基。以收到状态的煤为基准。表示符号为 ar，曾称为应用基。

（4）干燥无灰基。以假想无水、无灰状态的煤为基准。表示符号为 daf，曾称为可燃基。

（5）干燥无矿物质基。以假想无水、无矿物质状态的煤为基准。表示符号为 dmmf，曾称为有机基。

（6）恒湿无灰基。以假想含最高内在水分，无灰状态的煤为基准。表示符号为 maf。

（7）恒湿无矿物质基。以假想含最高内在水分，无矿物质状态的煤为基准。表示符号为 mmmf。

任务 6.2　煤的工业分析

【知识要点】

知识目标：

（1）了解煤质的分析项目；

（2）掌握煤的工业分析项目测定方法；

（3）掌握煤的元素分析测定方法。

能力目标：

（1）能正确进行煤的工业项目分析；

（2）能正确进行煤的部分元素分析。

6.2.1　任务描述与分析

煤的工业特性指标的分析，简称煤的工业分析。煤的工业分析特性指标是煤的生产或使用部门评价煤质的基本依据。煤的工业分析也可称为煤的技术分析或实用分析，包括煤的水分（M）、灰分（A）、挥发分（V）和固定碳（FC）四个分析项目。根据分析结果，可以大致了解煤中有机质的含量及发热量的高低，从而初步判断煤的种类、加工利用效果及工业用途。煤的元素分析是指煤中碳、氢、氧、氮、硫五个项目分析的总称。元素分析结果是对煤进行科学分类的主要依据之一，在工业生产上是计算发热量、干馏产物的产率、热量平衡、物料平衡的依据。通过本章节的学习，使学生掌握煤质分析方法原理及操作。

6.2.2　相关知识

6.2.2.1　煤中水分的测定

A　水分对煤质的影响

煤中水分是一项重要的煤质指标，它在煤的基础理论研究和加工利用中都具有重要的作用。根据煤中水分随煤的变质程度加深而呈规律性变化：从泥炭、褐煤、烟煤到年轻无烟煤，水分逐渐减少，而从年轻无烟煤到年老无烟煤，水分又增加。煤的水分对其加工利用、贸易和储存运输都有很大影响。锅炉燃烧中，水分高会影响燃烧稳定性和热传导；在炼焦工业中，水分高会降低焦炭产率，而且由于水分大量蒸发带走热量而延长焦化周期；在煤炭贸易上，煤的水分是一个重要的计质和计量指标；在现代煤炭加工利用中，有时水分高反而是一件好事，如煤中水分可作为加氢液化和加氢气化的供氢体；在煤质分析中，煤的水分是进行不同基的煤质分析结果换算的基础数据。

B　煤中水分的分类

根据煤中水分的结合状态可分为游离水和化合水两大类。

（1）游离水。游离水是以物理吸附或吸着方式与煤结合的水分。分为外在水分和内在水分两种。

1）外在水分（M_f）。外在水分又称自由水分或表面水分。它是指附着于煤粒表面和存在于直径大于 10^{-5}cm 的毛细孔中的水分。此类水分是在开采、贮存及洗煤时带入的，覆盖在煤粒表面上，其蒸气压与纯水的蒸气压相同，在空气中（一般规定温度为 20℃，相对湿度为 65%）风干 1~2d 后即蒸发而失去，所以这类水分又称为风干水分。除去外在水分的煤叫风干煤。

2）内在水分（M_{inh}）。内在水分指吸附或凝聚在煤粒内部直径小于 10^{-5}cm 的毛细孔中的水分，是风干煤中含的水分。由于毛细孔的吸附作用，这部分水的蒸气压低于纯水的蒸气压，故较难蒸发除去，需要在高于水的正常沸点的温度下才能除尽，故称为烘干水分。除去内在水分的煤叫干燥煤。

当煤粒内部毛细孔吸附的水分在一定条件下达到饱和时，内在水分达到最高值，称为高内在水分（MHC）。它在煤化过程中的变化有一定的规律性。

煤的外在水分和内在水分的总和称为全水。用符号"M_t"表示。

（2）化合水。化合水又称结晶水，是以化合的方式同煤中的矿物质结合的水。比如存在于石膏（$CaSO_4 \cdot 2H_2O$）和高岭土（$Al_4(Si_4O_{10})(OH)_8$）或 $2Al_2O_3 \cdot 4SiO_2 \cdot 4H_2O$ 中的水。它们通常要在200℃以上才能分解逸出，在煤的工业分析中不考虑。

C　空气干燥煤样水分的测定

空气干燥煤样（粒度小于0.2mm）在规定条件下测得的水分，用符号"M_{ad}"表示。国标 GB/T 212—2001 规定了煤的两种水分测定方法。其中方法 A 适用于所有煤种，方法 B 仅适用于烟煤和无烟煤。

在仲裁分析中遇到有用空气干燥煤样水分进行校正以及基的换算时，应用方法 A 测定空气干燥煤样的水分。

（1）方法 A（通氮干燥法）。

1）方法提要。称取一定量的空气干燥煤样，置于 105～110℃干燥箱中，在干燥氮气流中干燥到质量恒定。然后根据煤样的质量损失计算出水分的质量分数。

2）试剂：氮气，纯度99.9%，含氧量小于0.01%；无水氯化钙，化学纯，粒状；变色硅胶，工业用品。

3）仪器、设备：小空间干燥箱，箱体严密，具有较小的自由空间，有气体进、出口，并带有自动控温装置，能保持温度在 105～110℃ 范围内；玻璃称量瓶，直径40mm，高25mm，并带有严密的磨口盖；干燥器，内装变色硅胶或粒状无水氯化钙；干燥塔，容量250mL，内装干燥剂；流量计，量程为 100～1000mL/min；分析天平，感量0.1mg。

4）分析步骤：

① 在预先干燥和已称量过的称量瓶内称取粒度小于 0.2mm 的空气干燥煤样（1±0.1）g，称准到0.0002g，平摊在称量瓶中。

② 打开称量瓶盖，放入预先通入干燥氮气并已加热到 105～110℃ 的干燥箱中，烟煤干燥1.5h，褐煤和无烟煤干燥2h。

③ 从干燥箱中取出称量瓶，立即盖上盖，放入干燥器中冷却到室温（约20min）后称量。

④ 进行检查性干燥，每次30min，直到连续两次干燥煤样质量的减少不超过 0.0010g 或质量有所增加为止。在后一种情况下，应采用质量增加前一次的质量作为计算依据。水分在2%以下时，不必进行检查性干燥。

（2）方法 B（空气干燥法）。

1）方法提要。称取一定量的空气干燥煤样，置于 105～110℃干燥箱内，于空气流中干燥到质量恒定。根据煤样的质量损失计算出水分的质量分数。

2）仪器、设备：鼓风干燥箱，带有自动控温装置和鼓风机，能保持温度在 105～110℃范围内；玻璃称量瓶、干燥器、分析天平，同方法 A。

3）分析步骤：

① 在预先干燥并已称量过的称量瓶内称取粒度小于0.2mm的空气干燥煤样（1±0.1)g，称准至0.002g，平摊在称量瓶中。

② 打开称量瓶盖，放入预先鼓风并已加热到105～110℃的干燥箱中，在一直鼓风条件下，烟煤干燥1h，无烟煤干燥1～15h。

③ 从干燥箱中取出称量瓶，立即盖上盖，放入干燥器中冷却到室温（约20min）称量。

④ 进行干燥性检查，同方法A。

（3）结果计算。空气干燥煤样的水分按式（6-1）计算。

$$M_{ad} = \frac{m_1}{m} \times 100\% \qquad\qquad (6-1)$$

式中　M_{ad}——空气干燥煤样的水分，%；

m_1——煤样干燥后失去的质量，g；

m——称取的空气干燥煤样质量，g。

（4）水分测定的精密度。

水分测定的精密度见表6-2。

表6-2　水分测定的精密度　　　　　　　　　　（%）

水分（M_{ad}）	重复性	水分（M_{ad}）	重复性
<5.00	0.20	>10.00	0.40
5.00～10.00	0.30		

D　煤中全水分的测定方法

煤中全水分的高低与煤的变质程度有关，通常它随煤的变质程度加深而降低的同时，还与煤的开采方式和环境条件有关。《煤中全水分的测定方法》（GB/T—1996）就是指测定煤中的游离水，下面介绍该方法。

GB/T 211—1996标准规定了测定煤中全水分的A、B、C、D四种方法的试剂、仪器设备、操作步骤、结果表达及精密度。

方法A适用于各种煤；方法B适用于烟煤和无烟煤；方法C适用于烟煤和褐煤；方法D适用于外在水分高的烟煤和无烟煤。

a　一般要求

一般要求包括：

（1）煤样。方法A、B和C采用粒度小于6mm的煤样，煤样量不少于500g；方法D采用粒度小于13mm的煤样，煤样量约2kg。

（2）煤样的制备。粒度小于13mm的煤样按照GB 474—1996的第3.9条进行制备。粒度小于6mm的煤样制备如下：

1）破碎设备。破碎过程中水分无明显损失的破碎机。

2）制备方法。用九点取样法从破碎到粒度小于13mm的煤样中取出约2kg，全部放入破碎机中，一次破碎到粒度小于6mm，用二分器迅速缩分出500g煤样，装入密封容器。

（3）在测定全水分之前，首先应检查煤样容器的密封情况，然后将其表面擦拭干净，用工业天平称准到总质量的0.1%，并与容器标签所注明的总质量进行核对。如果称出的总质量小于标签上所注明总质量（不超过 1%），并且能确定煤样在运送过程中没有损失时，应将减少的质量作为煤样在运送过程中的水分损失量，并计算出该量对煤样的质量分数（M_1），计入煤样全水分。

（4）称取煤样之前，应将密闭容器中的煤样充分混合至少 1min。

b 方法 A（通氮干燥法）

（1）方法提要。称取一定量粒度小于 6mm 的煤样，在干燥氮气流中，于 105 ~ 110℃下干燥到质量恒定，然后根据煤样的质量损失计算出水分的含量。

方法仪器设备和试验步骤参见前述"空气干燥煤样水分的测定"。

（2）结果计算。全水分测定结果按式（6 - 2）计算。

$$M_t = \frac{m_1}{m} \times 100\% \tag{6-2}$$

式中 M_t——煤样的全水分，%；

m_1——干燥后煤样减少的质量，g；

m——煤样质量，g。

报告值修约至小数点后一位。

如果在运送过程中煤样的水分有损失，则按式（6 - 3）求出补正后的全水分值。

$$M_t = M_1 + \frac{m_1}{m}(100 - M_1) \tag{6-3}$$

式中，M_1 是煤样运送过程中的水分损失量（%）。当 M_1 大于 1% 时，表明煤样在运送过程中可能受到意外损失，则不可补正。但测得的水分可作为实验室收到煤样的全水分。在报告结果时，应注明"未经补正水分损失"，并将煤样容器标签和密封情况一并报告。

c 方法 B（空气干燥法）

称取一定量粒度小于 6mm 的煤样，在空气流中，于 105 ~ 110℃下干燥到质量恒定，然后根据煤样的质量损失计算出水分的含量。

方法仪器设备和试验步骤参见"空气干燥煤样水分的测定"，结果计算同方法 A。

d 方法 C（微波干燥法）

（1）方法提要。称取一定量粒度小于 6mm 的煤样，置于微波炉内。煤中水分子在微波发生器的交变电场作用下，高速振动产生摩擦热，使水分迅速蒸发。根据煤样干燥后的质量损失计算全水分。

（2）仪器设备为微波干燥水分测定仪，凡符合以下条件的微波干燥水分仪都可使用：

1）微波辐射时间可控。

2）煤样放置区微波辐射均匀。

经试验证明测定结果与方法 A 的结果一致。

（3）测定步骤：

1）按微波干燥水分测定仪说明书进行准备和状态调节。

2）称取粒度小于 6mm 的煤样 10 ~ 12g（称准至 0.01g），置于预先干燥并称量过的称量瓶中，摊平。

3）打开称量瓶盖，放入测定仪的旋转盘的规定区内。

4）关上门，接通电源，仪器按预先设定的程序工作，直到工作程序结束。

5）打开门，取出称量瓶，盖上盖，立即放入干燥器中，冷却到室温，然后称量（称准至0.01g）。如果仪器有自动称量装置，则不必取出称量。

6）按方法A计算煤中全水分的质量分数，或从仪器显示器上直接读取全水分的含量。

e　方法D

（1）方法提要。一步法：称取一定量粒度小于13mm的煤样，在空气流中，于105～110℃下干燥到质量恒定，然后根据煤样的质量损失计算出水分的含量。两步法：将粒度小于13mm的煤样，在温度不高于50℃的环境下干燥，测定外在水分；再将煤样破碎至粒度小于6mm，在105～110℃下测定内在水分，然后计算出煤中全水分含量。

（2）仪器设备：浅盘，由镀锌铁板或铝板等耐热、耐腐蚀材料制成。其规格应能容纳500g煤样，且单位面积负荷不超过1g/cm²，盘的质量不大于500g。其余仪器设备同"空气干燥煤样水分的测定"中方法B。

（3）测定步骤：

1）一步法。用已知质量的干燥、清洁的浅盘称取煤样500g（称准至0.01g），并均匀地摊平，然后放入预先鼓风并加热到105～110℃的干燥箱中。在鼓风的条件下，烟煤干燥2h，无烟煤干燥3h。将浅盘取出，趁热称量，称准到0.5g。进行检查性干燥，每次30min，直到连续两次干燥煤样质量的减少不超过0.5g或质量有所增加为止。在后一种情况下，应采用质量增加前一次的质量作为计算依据。结果计算同方法A。

2）两步法。准确称量全部粒度小于13mm的煤样（称准至0.01%），平摊在浅盘中，于温度不高于50℃的环境下干燥到质量恒定（连续干燥1h质量变化不大于0.1%），称量（称准至0.01%）。将煤样破碎到粒度小于6mm，按方法B所述测定内在水分。按式（6-4）计算煤中全水分含量。

$$M_t = M_f + \frac{100 - M_f}{100} \times M_{inh} \qquad (6-4)$$

式中　M_t——煤样的全水分，%；

　　　M_f——煤样的外在水分，%；

　　　M_{inh}——煤样的内在水分，%。

f　精密度

两次重复测定结果的差值不得超过表6-3的规定。

表6-3　精密度　　　　　　　　　　　　　　　（%）

全水分	重复性	全水分	重复性
<10	0.4	≥10	0.5

6.2.2.2　灰分的测定

A　灰分对煤质的影响

煤中灰分是另一项在煤质特性和利用研究中起重要作用的指标。在煤质研究中由于灰分与其他特性，如含碳量、发热量、结渣性、活性及可磨性等有程度不同的依赖关系，因此可以通过它来研究上述特性。由于煤灰是煤中矿物质的衍生物，因此可以用它来计算煤中矿物质含量。此外，由于煤中灰分测定简单，而它在煤中的分布又不均匀，因此在煤炭采样和制样方法研究中，一般都用它来评定方法的准确度和精密度。在煤炭洗选工艺研究中，一般也以煤的灰分作为一项洗选效率指标。在煤的燃烧和气化中，根据煤灰含量以及它的诸如熔点、黏度、导电性和化学组成等特性来预测燃烧和气化中可能出现的腐蚀、沾污、结渣问题，并据此进行炉型选择和煤灰渣利用研究。

B　灰分分析方法

a　缓慢灰化法

（1）方法提要。称取一定量的空气干燥煤样，放入马弗炉中，以一定的速度加热到（815±10）℃灰化并灼烧至质量恒定。残留物的质量占煤样质量的百分数作为煤样的灰分。

（2）仪器、设备：

1）马弗炉。炉膛具有足够的恒温区，能保持温度为（815±10）℃，炉后壁的上部带有直径为 25～30mm 的通气孔。马弗炉的恒温区应在关闭炉门下测定，并至少每年测定一次，高温计（包括毫伏计和热电偶）至少每年校准一次。

2）灰皿。瓷质，长方形，底长 45mm，底宽 22mm，高 14mm，如图 6-3 所示。

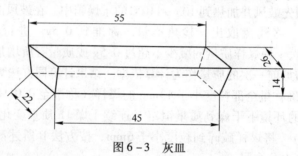

图 6-3　灰皿

3）干燥器。内装变色硅胶或粒状无水氯化钙。

4）分析天平。感量 0.1mg。

5）耐热瓷板或石棉板。

（3）分析步骤：

1）在预先灼烧至质量恒定的灰皿中，称取粒度小于 0.2mm 的空气干燥煤样（1±0.1）g，称准到 0.0002g，均匀地摊平在灰皿中，使其每平方厘米的质量不超过 0.15g。

2）将灰皿送入炉温不超过 100℃的马弗炉恒温区中，关上炉门并使炉门留有 15mm 左右的缝隙。在不少于 30min 的时间内将炉温缓慢升至 500℃，并在此温度下保持 30min。继续升温到（815±10）℃，并在此温度下灼烧 1h。

3）从炉中取出灰皿，放在耐热瓷板或石棉板上，在空气中冷却 5min 左右。移入干燥器中冷却至室温约 20min 后称量。

4）进行检查性灼烧，每次 20min，直到连续两次灼烧后的质量变化不超过 0.0010g 为止。以最后一次灼烧后的质量为计算依据。灰分低于 15.00% 时，不必进行检查性灼烧。

b　快速灰化法

标准中包括两种快速灰化法：方法 A 和方法 B。

（1）方法 A。将装有煤样的灰皿放在预先加热到（815±10）℃的灰分快速测定仪的传送带上，煤样自动送入仪器内完全灰化，然后送出。以残留物的质量占煤样质量分数作为煤样的灰分。其专用仪器为快速灰分测定仪，如图 6-4 所示。分析步骤为：

1）将快速灰分测定仪预先加热至（815±10）℃。

2）开动传送带并将其传送速度调节到17mm/min左右或其他合适的速度。

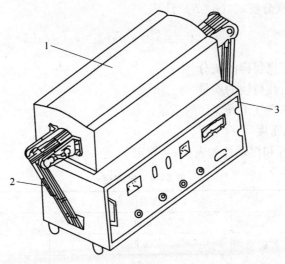

图 6-4　快速灰分测定仪
1—管式电炉；2—传送带；3—控制仪

对于新的灰分快速测定仪，应对不同煤种进行与缓慢灰化法的对比试验，根据对比试验结果及煤的灰化情况，调节传送带的传送速度。

3）在预先灼烧至质量恒定的灰皿中，称取粒度小于0.2mm的空气干燥煤样（0.5±0.01）g，称准到0.0002g，均匀地摊平在灰皿中，使其每平方厘米的质量不超过0.08g。

4）将盛有煤样的灰皿放在快速灰分测定仪的传送带上，灰皿即自动送入炉中。

5）当灰皿从炉内送出时，取下放在耐热瓷板或石棉板上，在空气中冷却5min左右，移入干燥器中冷却至室温约20min后称量。

（2）方法 B。将装有煤样的灰皿由炉外逐渐送入预先加热至（815±10）℃的马弗炉中灰化并灼烧至质量恒定，残留物的质量占煤样质量分数作为煤样的灰分。其仪器、设备同方法 A。分析步骤为：

1）在预先灼烧至质量恒定的灰皿中，称取粒度小于0.2mm的空气干燥煤样（1±0.1）g，称准到0.0002g，均匀地摊平在灰皿中，使其每平方厘米的质量不超过0.15g。将盛有煤样的灰皿预先分排放在耐热瓷板或石棉板上。

2）将马弗炉加热至850℃，打开炉门，将放有灰皿的耐热瓷板或石棉板缓慢地推入马弗炉中，先使第一排灰皿中的煤样灰化，待5～10min后煤样不再冒烟时，以每分钟不大于2cm的速度把其余各排灰皿顺序推入炉内炽热部分（若煤样着火发生爆燃，试验应作废）。

3）关上炉门，在（815±10）℃温度下灼烧40min。

4）从炉中取出灰皿，放在空气中冷却5min左右，移入干燥器中冷却至室温约20min后，称量。

5）进行检查性灼烧，每次20min，直到连续两次灼烧后的质量变化不超过0.0010g为止。以最后一次灼烧后的质量为计算依据。如遇检查性灼烧时结果不稳定，应改用缓慢灰化法重新测定。灰分低于 15.00% 时，不必进行检查性灼烧。

　　c　结果的计算

　　空气干燥煤样的灰分按式（6-5）计算。

$$A_{ad} = \frac{m_1}{m} \times 100\%$$　　　　　　　　　　（6-5）

式中　A_{ad}——空气干燥煤样的灰分，%；

　　　　m_1——灼烧后残留物的质量，g；

　　　　m——称取的空气干燥煤样的质量，g。

　　d　灰分测定的精密度

　　灰分测定的重复性和再现性如表 6-4 规定。

表 6-4　精密度　　　　　　　　　　　（%）

灰　分	重复性限 A_{ad}	再现性临界差 A_d
<15.00	0.20	0.30
15.00~30.00	0.30	0.50
>30.00	0.50	0.70

6.2.2.3　挥发分的测定

　　煤的挥发分产率与煤的变质程度有密切的关系。随着变质程度的提高，煤的挥发分逐渐降低。如煤化程度低的褐煤，挥发分产率为 37%~65%；变质阶段进入烟煤时，挥发分为 10%~55%；到达无烟煤阶段，挥发分就降到 10% 甚至 3% 以下。因此，根据煤的挥发分产率可以大致判断煤的煤化程度。在我国煤炭分类方案以及前苏联、美、英、法、波和国际煤炭分类方案中都以挥发分作为第一分类指标。根据挥发分产率和测定挥发分后的焦渣特征可以初步确定煤的加工利用途径。如高挥发分煤，干馏时化学副产品产率高，适于作低温干馏或加氢液化的原料，也可作气化原料，挥发分适中的烟煤，黏结性较好，适于炼焦。在配煤炼焦中，要用挥发分来确定配煤比，以将配煤的挥发分控制到适宜范围25%~31%。此外，根据挥发分可以估算炼焦时焦炭、煤气和焦油等产率。在动力用煤中，可根据挥发分来选择特定的燃烧设备或特定设备的煤源。在气化和液化工艺的条件选择上，挥发分也有重要的参考作用。在环境保护中，挥发分还作为一个制定烟雾法令的依据。此外，挥发分与其他煤质特性指标如发热量、碳和氢含量都有较好的相关关系。利用挥发分可以计算煤的发热量和碳、氢、氯含量及焦油产率。

　　国家标准（GB/T 212—2004）规定了挥发分的测定原理和测定步骤。

　　A　方法提要

　　称取一定量的空气干燥煤样，放在带盖的瓷坩埚中，在（900±10）℃下，隔绝空气加热 7min。以减少的质量占煤样质量的百分数，减去该煤样的水分含量作为煤样的挥发分。

　　称取一定量的空气干燥煤样，放在带盖的瓷坩埚中，形状和尺寸如图 6-5 所示，坩埚总质量为 15~20g。

　　B　仪器、设备

　　仪器、设备：

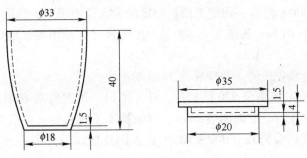

图 6 - 5 挥发分坩埚

（1）挥发分坩埚。带有配合严密盖的瓷坩埚，形状和尺寸如图 6 - 5 所示，坩埚总质量为 15 ~ 20g。

（2）马弗炉。带有高温计和调温装置，能保持温度在（900 ± 10）℃的恒温区。

当起始温度为 920℃时，放入室温下的坩埚架和若干坩埚，关闭炉门后，在 3 分钟内恢复到（900 ± 10）℃。炉后壁有一个排气孔和一个插热电偶的小孔，小孔位置应使热电偶插入炉内后其热接点在坩埚底和炉底之间，距炉底 20 ~ 33mm 处。

马弗炉的恒温区应在关闭炉门下测定，并至少每年测定一次。高温计（包括毫伏计和热电偶）至少每年校准一次。

（3）坩埚架。用镍铬丝或其他耐热金属丝制成。其规格尺寸以能使所有的坩埚都在马弗炉恒温区内，并且坩埚底部紧邻热电偶热接点上方。

（4）坩埚架夹。坩埚架和坩埚架夹如图 6 - 6 所示。

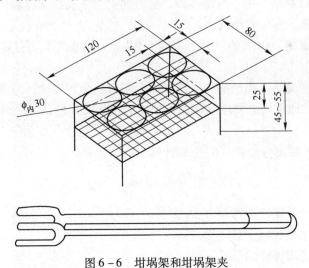

图 6 - 6 坩埚架和坩埚架夹

（5）干燥器。内装变色硅胶或粒状无水氯化钙。

（6）分析天平。感量 0.1mg。

（7）压饼机。螺旋式或杠杆式压饼机，能压制直径约 10mm 的煤饼。

（8）秒表。

C　分析步骤

分析步骤为：

（1）在预先于 900℃温度下灼烧至质量恒定的带盖瓷坩埚中，称取粒度小于 0.2mm 的空气干燥煤样（1±0.01）g，称准至 0.0002g，然后轻轻振动坩埚，使煤样摊平，盖上盖，放在坩埚架上。

褐煤和长焰煤应预先压饼，并切成约 3mm 的小块。

（2）将马弗炉预先加热至 920℃左右。打开炉门，迅速将放有坩埚的架子送入恒温区，立即关上炉门并计时，准确加热 7min。坩埚及架子放入后，要求炉温在 3min 内恢复至（900±10）℃，此后保持在（900±10）℃，否则此次试验作废。加热时间包括温度恢复时间在内。

（3）从炉中取出坩埚，放在空气中冷却 5min 左右，移入干燥器中冷却至室温约 20min 后称重。

D　焦渣特征分类

测定挥发分所得焦渣的特征，按下列规定加以区分：

（1）粉状。全部是粉末，没有相互黏着的颗粒。

（2）黏着。用手指轻碰即成粉末或基本上是粉末，其中较大的团块轻轻一碰即成粉末。

（3）弱黏结。用手指轻压即成小块。

（4）不熔融黏结。以手指用力压才裂成小块，焦渣上表面无光泽，下表面稍有银白色光泽。

（5）微膨胀熔融黏结。焦渣形成扁平的块，煤粒的界线不易分清，焦渣上表面有明显银白色金属光泽，下表面银白色光泽更明显。

（6）微膨胀熔融黏结。用手指压不碎，焦渣的上、下表面均有银白色金属光泽，但焦渣表面具有较小的膨胀泡（或小气泡）。

（7）膨胀熔融黏结。焦渣的上、下表面有银白色金属光泽，明显膨胀，但高度不超过 15mm。

（8）强膨胀熔融黏结。焦渣的上、下表面有银白色金属光泽，焦渣高度超过 15mm。

为了简便起见，通常用上列序号作为各种焦渣特征的代号。

E　结果的计算

空气干燥煤样的挥发分按式（6-6）计算。

$$V_{ad} = \frac{m_1}{m} \times 100\% - M_{ad} \qquad (6-6)$$

式中　V_{ad}——空气干燥煤样的挥发分，%；

　　　m_1——煤样加热后减少的质量，g；

　　　m——空气干燥煤样的质量，g；

　　　M_{ad}——空气干燥煤样的水分，%。

F　挥发分测定的精密度

挥发分测定的重复性和再现性如表 6-5 规定。

表 6-5　方法精密度

挥发分/%	V_{ad} 重复性限/%	再现性临界差 V_d/%
<20.00	0.30	0.50

挥发分/%	V_{ad}重复性限/%	再现性临界差 V_d/%
20.00 ~ 40.00	0.50	1.00
>40.00	0.80	1.50

6.2.2.4　固定碳的计算

固定碳是煤炭分类、燃烧和焦化中的一项重要指标，煤的固定碳随变质程度的加深而增加。在煤的燃烧中，利用固定碳来计算燃烧设备的效率；在炼焦工业中，根据它来预计焦炭的产率。

空气干燥基固定碳按式（6 - 7）计算。

$$FC_{ad} = 100 - (M_{ad} + A_{ad} + V_{ad}) \tag{6-7}$$

式中　FC_{ad}——空气干燥基固定碳,%；

M_{ad}——空气干燥煤样的水分,%；

A_{ad}——空气干燥煤样的灰分,%；

V_{ad}——空气干燥煤样的挥发分,%。

6.2.2.5　煤样各种基准间的换算

空气干燥基按下列公式换算成其他基：

（1）各种状态的煤中各组分的关系如图 6 - 7 所示。

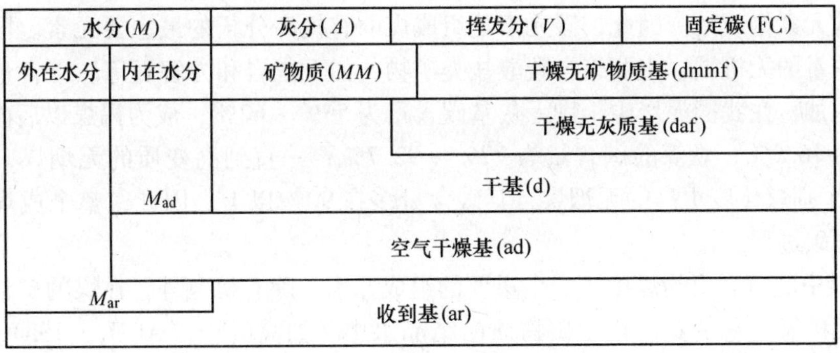

水分(M)		灰分(A)	挥发分(V)	固定碳(FC)
外在水分	内在水分	矿物质(MM)	干燥无矿物质基(dmmf)	
			干燥无灰质基(daf)	
	M_{ad}		干基(d)	
	空气干燥基(ad)			
M_{ar}		收到基(ar)		

图 6 - 7　不同基准关系

（2）计算公式。不同基准间转换关系见表 6 - 6。

$$X_{未知基} = X_{已知基} × 换算系数$$

表 6 - 6　燃烧组成不同基的换算系数

要求基 已知基	空气干燥基（ad）	收到基（ar）	干基（d）	干燥无灰基（daf）	干燥无矿物质基（dmmf）
空气干燥基（ad）	1	$\dfrac{100 - M_{ar}}{100 - M_{ad}}$	$\dfrac{100}{100 - M_{ad}}$	$\dfrac{100}{100 - (M_{ad} + A_{ad})}$	$\dfrac{100}{100 - (M_{ad} + MM_{ad})}$

要求基 已知基	空气干燥基（ad）	收到基（ar）	干基（d）	干燥无灰基（daf）	干燥无矿物质基（dmmf）
收到基 （ar）	$\dfrac{100-M_{ad}}{100-M_{ar}}$	1	$\dfrac{100}{100-M_{ar}}$	$\dfrac{100}{100-(M_{ar}+A_{ar})}$	$\dfrac{100}{100-(M_{ar}+MM_{ar})}$
干基 （d）	$\dfrac{100-M_{ad}}{100}$	$\dfrac{100-M_{ar}}{100}$	1	$\dfrac{100}{100-A_{d}}$	$\dfrac{100}{100-MM_{d}}$
干燥无灰基 （daf）	$\dfrac{100-(M_{ad}+A_{ad})}{100}$	$\dfrac{100-(M_{ar}+A_{ar})}{100}$	$\dfrac{100-A_{d}}{100}$	1	$\dfrac{100-A_{d}}{100-MM_{d}}$
干燥无矿物质基 （dmmf）	$\dfrac{100-(M_{ad}+MM_{ad})}{100}$	$\dfrac{100-(M_{ar}+MM_{ar})}{100}$	$\dfrac{100-MM_{d}}{100}$	$\dfrac{100-MM_{d}}{100-A_{d}}$	1

6.2.2.6　煤的元素组成及煤中全硫的测定

A　煤的元素组成

煤的组成以有机质为主体，构成有机高分子的主要是碳、氢、氧、氮等元素。煤中存在的元素有数十种之多，但通常所指的煤的元素组成主要是五种元素，即碳、氢、氧、氮和硫。在煤中含量很少，种类繁多的其他元素，一般不作为煤的元素组成，而只当作煤中伴生元素或微量元素。

（1）煤中的碳。一般认为，煤是由带脂肪侧链的大芳环和稠环所组成的。这些稠环的骨架是由碳元素构成的。因此，碳元素是组成煤的有机高分子的最主要元素。同时，煤中还存在着少量的无机碳，主要来自碳酸盐类矿物，如石灰岩和方解石等。碳含量随煤化度的升高而增加。在我国泥炭中干燥无灰基碳含量为 55% ~62%；成为褐煤以后碳含量就增加到 60% ~76.5%；烟煤的碳含量为 77% ~92.7%；一直到高变质的无烟煤，碳含量为88.98%，个别煤化度更高的无烟煤，其碳含量多在 90% 以上。因此，整个成煤过程，也可以说是增碳过程。

（2）煤中的氢。氢是煤中第二个重要的组成元素。除有机氢外，在煤的矿物质中也含有少量的无机氢。它主要存在于矿物质的结晶水中，如高岭土（$Al_2O_3 \cdot 2SiO_2 \cdot 2H_2O$）、石膏（$CaSO_4 \cdot 2H_2O$）等都含有结晶水。在煤的整个变质过程中，随着煤化度的加深，氢含量逐渐减少，煤化度低的煤，氢含量大；煤化度高的煤，氢含量小。总的规律是氢含量随碳含量的增加而降低。尤其在无烟煤阶段就尤为明显。当碳含量由 92% 增至 98% 时，氢含量则由 2.1% 降到 1% 以下。通常是碳含量在 80% ~86% 之间时，氢含量最高。在烟煤的气煤、气肥煤段，氢含量能高达 6.5%。在碳含量为 65% ~80% 的褐煤和长焰煤段，氢含量多数小于 6%。但变化趋势仍是随着碳含量的增大而氢含量减少。

（3）煤中的氧。氧是煤中第三个重要的组成元素。它以有机和无机两种状态存在。有机氧，存在于含氧官能团，如羧基（—COOH），羟基（—OH）等；无机氧主要存在于煤中水分、硅酸盐、碳酸盐、硫酸盐和氧化物中等。煤中有机氧随煤化度的加深而减少，甚至趋于消失。褐煤在干燥无灰基碳含量小于 70% 时，其氧含量可高达 20% 以上。烟煤碳含量在85%附近时，氧含量几乎都小于10%。当无烟煤碳含量在92%以上时，其氧含量都降至5%以下。

（4）煤中的氮。煤中的氮含量比较少，一般为0.5%～3.0%。氮是煤中唯一的完全以有机状态存在的元素。煤中有机氮化物被认为是比较稳定的杂环和复杂的非环结构的化合物。植物中的植物碱、叶绿素和其他组织的环状结构中都含有氮，而且相当稳定，在煤化过程中不发生变化，成为煤中保留的氮化物。煤中氮含量随煤的变质程度的加深而减少。它与氢含量的关系是，随氢含量的增高而增大。

（5）煤中的硫。煤中的硫分是有害杂质，它能使钢铁热脆、设备腐蚀、燃烧时生成的二氧化硫（SO_2）污染大气，危害动、植物生长及人类健康。所以，硫分含量是评价煤质的重要指标之一。煤中含硫量的多少，似与煤化度的深浅没有明显的关系，无论是变质程度高的煤或变质程度低的煤，都存在着或多或少的硫。

煤中硫分的多少与成煤时的古地理环境有密切的关系。在内陆环境或滨海三角洲平原环境下形成的和在海陆相交替沉积的煤层或浅海相沉积的煤层，煤中的硫量就比较高，且大部分为有机硫。

根据煤中硫的赋存形态，一般分为有机硫和无机硫两大类。各种形态的硫的总和称为全硫分。所谓有机硫，是指与煤的有机结构相结合的硫。有机硫主要来自成煤植物中的蛋白质和微生物的蛋白质。煤中无机硫主要来自矿物质中各种含硫化合物，一般又分为硫化物硫和硫酸盐硫两种，有时也有微量的单质硫。硫化物硫要以黄铁矿为主，其次为白铁矿、磁铁矿、闪锌矿、方铅矿等。硫酸盐硫主要以石膏为主，也有少量的绿矾等。硫含量的高低是评价煤或焦炭质量的重要指标，本节仅介绍煤中全硫的测定方法。

B 煤中全硫的测定方法

下面叙述测定煤中全硫的艾士卡法、库仑法和高温燃烧中和法的方法提要、试剂材料、仪器设备、试验步骤、结果计算及精密度等。

在仲裁分析时，应采用艾士卡法。

本方法主要参考GB/T 214—1996，适用于褐煤、烟煤和无烟煤。

a 艾士卡法

（1）方法提要。将煤样与艾士卡试剂混合灼烧，煤中硫生成硫酸盐，然后使硫酸根离子生成硫酸钡沉淀，根据硫酸钡的质量计算煤中全硫的含量。

（2）试剂和材料：

1）艾士卡试剂（以下简称艾氏剂）。以两份质量的化学纯轻质氧化镁与1份质量的化学纯无水碳酸钠混匀并研细至粒度小于0.2mm后，保存在密闭容器中。

2）盐酸溶液。（1+1）水溶液。

3）氯化钡溶液。100g/L。

4）甲基橙溶液。20g/L。

5）硝酸银溶液。10g/L，加入几滴硝酸，贮于深色瓶中。

6）瓷坩埚。容量30mL和10～20mL两种。

（3）仪器设备：

1）分析天平。感量0.0001g。

2）马弗炉。附测温和控温仪表，能升温至900℃，温度可调并可通风。

（4）测定步骤：

1）于 30mL 坩埚内称取粒度小于 0.2mm 的空气干燥煤样 1g（称准至 0.0002g）和艾氏剂 2g（称准至 0.1g），仔细混合均匀，再用 1g（称准至 0.1g）艾氏剂覆盖。

2）将装有煤样的坩埚移入通风良好的马弗炉中，在 1~2h 内从室温逐渐加热到 800~850℃，并在该温度下保持 1~2h。

3）将坩埚从炉中取出，冷却至室温。用玻璃棒将坩埚中的灼烧物仔细搅松捣碎（如发现有未烧尽的煤粒，应在 800~850℃下继续灼烧 0.5h），然后转移到 400mL 烧杯中。用热水冲洗坩埚内壁，将洗液收入烧杯，再加入 100~150mL 刚煮沸的水，充分搅拌。如果此时尚有黑色煤粒漂浮在液面上，则本次测定作废。

4）用中速定性滤纸以倾泻法过滤，用热水冲洗 3 次，然后将残渣移入滤纸中，用热水仔细清洗至少 10 次，洗液总体积为 250~300mL。

5）向滤液中滴入 2~3 滴甲基橙指示剂，加盐酸溶液中和后再过量 2mL，使溶液呈微酸性，将溶液加热到沸腾，在不断搅拌下滴加氯化钡溶液 10mL，在近沸状况下保持约 2h，最后溶液体积为 200mL 左右。

6）溶液冷却或静置过夜后用致密无灰定量滤纸过滤，并用热水洗至无氯离子为止（用硝酸银检验）。

7）将带沉淀的滤纸移入已知质量的瓷坩埚中，先在低温下灰化滤纸，然后在温度为 800~850℃的马弗炉内灼烧 20~40min，取出坩埚，在空气中稍加冷却后放入干燥器中冷却到室温（约 25~30min），称量。

8）每配制一批艾氏剂或更换其他任一试剂时，应进行两个以上空白试验（除不加煤样外），全部操作按本方法"（4）测定步骤"进行，于 0.0010g，取算术平均值作为空白值。

（5）结果计算。测定结果按式（6-8）计算。

$$S_{t,ad} = \frac{(m_1 - m_2) \times 0.1374}{m} \times 100\%　　　　　　（6-8）$$

式中　$S_{t,ad}$——空气干燥煤样中全硫含量,%;

m_1——硫酸钡质量, g;

m_2——空白试验的硫酸钡质量, g:

0.1374——由硫酸钡换算为硫的系数;

m——煤样质量, g。

b　库仑滴定法

（1）方法提要。煤样在催化剂作用下，于空气流中燃烧分解，煤中硫生成二氧化硫并被碘化钾溶液吸收，以电解碘化钾溶液所产生的碘进行滴定，根据电解所消耗的电量计算煤中全硫的含量。

（2）试剂和材料：

1）三氧化钨。

2）变色硅胶。工业品。

3）氢氧化钠。化学纯。

4）电解液。碘化钾、溴化钾各 5g，冰乙酸 10mL 溶于 250~300mL 水中。

5）燃烧舟。长 70 ~ 77mm，素瓷或刚玉制品，耐温 1200℃ 以上。

（3）仪器设备为库仑测硫仪，由下列各部分构成：

1）管式高温炉。能加热到 1200℃ 以上并有 90mm 以上长的高温带 （1150 + 5）℃，附有铂铑—铂热电偶测温及控温装置，炉内装有耐温 1300℃ 以上的异径燃烧管。

2）电解池和电磁搅拌器。电解池高 120 ~ 180mm，容量不少于 400mL，内有面积约 150mm^2 铂电解电极对和面积约 15mm^2 的铂指示电极对。指示电极响应时间应小于 1s，电磁搅拌器转速约 500r/min，且连续可调。

3）库仑积分器。电解电流 0 ~ 350mA 范围内积分线性误差应小于 ±0.1%。配有 4 ~ 6 位数字显示器和打印机。

4）送样程序控制器。可按指定的程序前进、后退。

5）空气供应及净化装置。由电磁泵和净化管组成。供气量约 1500mL/min，抽气量约 1000mL/min，净化管内装氢氧化钠及变色硅胶。

（4）测定步骤：

1）测定准备。即将管式高温炉升温至 1150℃，用另一组铂铑—铂热电偶高温计测定燃烧管中高温带的位置、长度及 500℃ 的位置；调节送样程序控制器，使煤样预分解及高温分解的位置分别处于 500℃ 和 1150℃；在燃烧管出口处充填洗净、干燥的玻璃纤维棉，在距出口端约 80 ~ 100mm 处，充填厚度约 3mm 的硅酸铝棉；将程序控制器、管式高温炉、库仑积分器、电解池、电磁搅拌器和空气供应及净化装置组装在一起，燃烧管、活塞及电解池之间连接时应口对口紧接并用硅橡胶管封住；开动抽气泵和供气泵，将抽气流量调节到 1000mL/min，然后关闭电解池与燃烧管间的活塞，如抽气量降到 500mL/min 以下，证明仪器各部件及各接口气密性良好，否则需检查各部件及其接口。

2）测定具体步骤。即将管式高温炉升温并控制在 （1150 ± 5）℃；开动供气泵和抽气泵并将抽气流量调节到 1000mL/min。在抽气下，将 250 ~ 300mL 电解液加入电解池内，开动电磁搅拌器；在瓷舟中放入少量非测定用的煤样，按下一步骤所述进行测定（终点电位调整试验），如试验结束后库仑积分器的显示值为 0，应再次测定直至显示值不为 0；于瓷舟中称取粒度小于 0.2mm 的空气干燥煤样 0.05g（称准至 0.0002g），在煤样上盖一薄层三氧化钨。将瓷舟置于送样的石英托盘上，开户送样程序控制器，煤样即自动送进炉内，库仑滴定随即开始。试验结束后，库仑积分器显示出硫的毫克数或百分含量并由打印机打出。

（5）结果计算。当库仑积分器最终显示数为硫的毫克数时，全硫含量按式 （6 - 9） 计算。

$$S_{t.ad} = \frac{m_1}{m} \times 100\% \qquad (6-9)$$

式中　　$S_{t.ad}$——空气干燥煤样中全硫含量，%；

　　　　m_1——库仑积分器显示值，mg；

　　　　m——煤样质量，mg。

6.2.2.7　煤的发热量的测定

A　发热量的表示方法

发热量测定是煤质分析的一个重要项目。发热量是供热用煤的一个主要质量指标。一个燃煤的工艺过程的热平衡、耗煤量、热效率等的计算，都是以所用的煤的发热量为依据的。在煤质研究中，因为发热量（无水无灰基）随煤的变质程度呈较规律的变化，所以根据发热量可以粗略推测与变质程度有关的一些煤质特征黏结性、结焦性等。有些煤炭分类法中，可用发热量（恒湿无灰基）作为划分煤类型的指标。

迄今为止，煤的发热量的测定方法是：在一个密闭的容器（通称氧弹）中，在有过剩的氧气存在的条件下，点燃适量的煤样并使其完全燃烧，用水吸收煤样燃烧放出的热量，测定水温的升高值，计算得到煤的发热量。

煤的发热量是指单位质量的煤完全燃烧时所产生的热量，以符号 Q 表示，也称为热值，发热量测定结果以兆焦每千克（MJ/kg）或焦耳每克（J/g）表示。1 焦耳（J）=1 牛顿（N）×1 米（m）=1 牛·米（N·m）。发热量可以直接测定，也可以由工业分析的结果粗略计算。发热量的表示方法有以下几种：

（1）弹筒发热量。单位质量的试样在充有过量氧气的氧弹内燃烧，其燃烧产物组成为 25℃下的过量氧气、氮气、二氧化碳、硝酸和硫酸、液态水以及固态灰时放出的热量称为弹筒发热量。弹筒发热量是指用热量计实测的发热量，煤样在过量氧的氧弹中完全燃烧，煤中的碳燃烧生成二氧化碳；氢燃烧生成水汽，冷却后又凝结成水；煤中硫在高压氧气中燃烧生成三氧化硫，少量氮氧化物，它们溶于水分别生成硫酸及硝酸。由于上述各化学反应均为放热反应，因而弹筒发热量要高于煤在锅炉中实际燃烧时所产生的热量。煤在氧弹中完全燃烧，其燃烧产物除上述成分外，还有固态灰及余下的氧气及氮气。

（2）恒容高位发热量。单位质量的试样在充有过量氧气的氧弹内燃烧，其燃烧产物组成为 25℃下的过量氧气、氮气、二氧化碳、二氧化硫、液态水以及固态灰时放出的热量。恒容高位发热量即由弹筒发热量减去硝酸生成热和硫酸校正热后得到的发热量。在上述条件下，煤的燃烧产物是：煤中碳燃烧生成二氧化碳；氢燃烧后生成水汽，冷却又成水；煤中硫燃烧生成二氧化硫；余下同态灰、氧气与氮。它与弹筒发热量相比，燃烧产物中未生成硫酸与硝酸。故高位发热量可视为煤样在氧弹中，于充足空气条件下完全燃烧所产生的热量。

（3）恒容低位发热量。单位质量的试样在恒容条件下，在过量氧气中燃烧，其燃烧产物组成为 25℃下的过量氧气、氮气、二氧化碳、二氧化硫、气态水以及固态灰时放出的热量。恒容低位发热量即由高位发热量减去水（煤中原有的水和煤中氢燃烧生成的水）的汽化热后得到的发热量。

（4）恒压低位发热量。单位质量的试样在恒压条件下，在过量氧气中燃烧，其燃烧产物组成为氧气、氮气、二氧化碳、二氧化硫、气态水以及固态灰时放出的热量。

恒容低位发热量和恒压低位发热量统称为低位发热量；低位发热量又称净热值或有效热值。它的含义是，单位质量的煤在锅炉中完全燃烧时所产生的热量。

将高位发热量减去水（煤中原有的水和煤中氢燃烧生成的水）的汽化热，即为低位发热量。由于煤在锅炉中燃烧，煤中原有的水分及氢燃烧生成的水呈蒸汽状态随锅炉烟气排出，而在氧弹中，水汽则凝结成水，故将高位发热量减去水的汽化热，即得到低位发热量。

标准（GB/T 213—2003）中规定了煤的高位发热量的测定方法和低位发热量的计算方法，适用于泥炭、褐煤、烟煤、无烟煤、焦炭和碳质页岩的发热量测定。测定方法以经典的氧弹式热量计法为主。在此，简要介绍该标准中的氧弹式热量计法和发热量的计算法。

B 发热量的测定方法——氧弹式量热计法

a 原理

煤的发热量在氧弹热量计中进行测定。一定量的分析试样在氧弹热量计中，在充有过量氧气的氧弹内燃烧。氧弹热量计的热容量，通过在相近条件下燃烧一定量的基准量热物苯甲酸来确定。根据试样燃烧前后量热系统产生的温升，并对点火热等附加热进行校正后即可求得试样的弹筒发热量。

从测热原理可知，国标规定是针对氧弹热量计测定发热量而言的；测定煤的发热量前先应用标准量热物苯甲酸来标定热量计的热容量；实测煤的发热量是通过精确测定内桶的温升，通过热容量计算而得；由于燃烧条件的不同，热量又分为弹筒、高位及低位发热量。

b 测定步骤

氧弹式量热计法采用的量热计有恒温式和绝热式两种。测定步骤简介如下：

称取分析煤样 $0.9 \sim 1.1g$（称准至 $0.0002g$）放在氧弹中，从氧气钢瓶中往氧弹中充氧气，直至压力到 $2.8 \sim 3.0MPa$，取一段已知质量的点火丝，把两端分别接在两个电极柱上，利用电流加热点火丝使煤样着火。煤样在过量的氧气中完全燃烧，产物有 CO_2、H_2O 和灰以及燃烧后被水吸收形成的产物 H_2SO_4 和 HNO_3 等。燃烧产生的热量被内套筒的水所吸收。根据水温的上升，并进行一系列的温度校正后，可计算出单位质量的煤燃烧时所产生的热量，即弹筒发热量 $Q_{b.ad}$。

恒温式和绝热式量热计的基本结构相似，其区别在于热交换的控制方式不同，前者在外筒内装入大量的水，使外筒水温基本保持不变，以减少热交换；后者是让外筒水温追随内筒水温而变化，故在测定过程中内外筒之间可以认为没有热交换。

恒温式量热计如图 6-8 所示。

由于弹筒发热量是在恒定体积下测定的，所以它是恒容发热量。

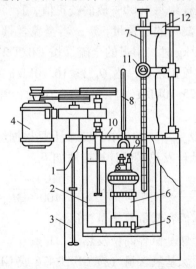

图 6-8 恒温式量热计

1—外壳（夹层内装水）；2—量热容器（即内筒）；3—搅拌器；4—搅拌马达；5—支柱；6—氧弹；
7—贝克曼温度计；8—普通温度计；9—电极；10—胶木盖；11—放大镜；12—定时电动振动器

c　结果计算

（1）弹筒发热量 $Q_{b.ad}$ 的计算。

恒温式量热计：

$$Q_{b.ad} = \frac{EH[(t_n + h_n) - (t_0 + h_0) + c] - (q_1 + q_2)}{m} \qquad (6-10)$$

式中　$Q_{b.ad}$——分析试样的弹筒发热量，J/g；

　　　　E——热量计的热容量，J/K；

　　　　H——贝克曼温度计的平均分度值；

　　　　q_1——点火热，J；

　　　　q_2——添加物如包纸等产生的总热量，J；

　　　　m——试样质量，g；

　　　　t_0——测定点火时内筒温度，K；

　　　　t_n——测定终点时内筒温度，K；

　　　　h_0——t_0 的毛细孔径修正值，使用数字显示温度计时，$h_0 = 0$；

　　　　h_n——t_n 的毛细孔径修正值，使用数字显示温度计时，$h_n = 0$；

　　　　c——冷却校正值，K。

绝热式量热计：

$$Q_{b.ad} = \frac{EH[(t_n + h_n) - (t_0 + h_0)] - (q_1 + q_2)}{m} \qquad (6-11)$$

（2）恒容高位发热量（$Q_{gr.v.ad}$）的计算。

$$Q_{gr.v.ad} = Q_{b.ad} - (94.1 S_{b.ad} + \alpha Q_{b.ad})$$

式中　$Q_{gr.v.ad}$——分析试样的高位发热量，J/g；

　　　　$Q_{b.ad}$——分析试样的弹筒发热量，J/g；

　　　　94.1——空气干燥煤样中每 1.00% 硫的校正值，J；

　　　　$S_{b.ad}$——由弹筒洗液测得的硫含量，%，当全硫含量低于 4.00% 时，或发热量大于 14.60MJ/kg 时，用煤的全硫（按 GB/T 214 测定）代替 $S_{b.ad}$；

　　　　α——硝酸生成热校正系数，当 $Q_{b.ad} \leqslant 16.70$kJ/g 时，$\alpha = 0.001$；当 16.70kJ/g $< Q_{b.ad} \leqslant 25.10$kJ/g 时，$\alpha = 0.0012$；当 $Q_{b.ad} > 25.10$kJ/g 时，$\alpha = 0.0016$。

（3）恒容低位发热量（$Q_{net.v.ad}$）的计算。工业上是根据煤的收到基低位发热量进行计算和设计。煤的收到基恒容低位发热量的计算方法如下：

$$Q_{net.v.ad} = (Q_{gr.v.ad} - 206H_{ad}) \times \frac{100 - M_t}{100 - M_{ad}} - 23M_t \qquad (6-12)$$

式中　$Q_{net.v.ad}$——煤的收到基恒容低位发热量，J/g；

　　　　$Q_{gr.v.ad}$——煤的空气干燥基恒容高位发热量，J/g；

　　　　H_{ad}——煤的空气干燥基氢含量（按 GB/T 476 或 GB/T 15460 测定），%；

　　　　M_t——煤的收到基全水分（按 GB/T 211—1996 测定），%；

　　　　M_{ad}——煤的空气干燥基水分（按 GB/T 212 测定），%。

（4）恒压低位发热量（$Q_{net.p.ar}$）。由弹筒发热量算出的高位发热量和低位发热量都属恒容状态，在实际工业燃烧中则是恒压状态。严格地讲，工业计算中应使用恒压低位发热量。恒压低位发热量可按式（6-13）计算。

$$Q_{net.p.ar} = \left[Q_{gr.v.ad} - 212H_{ad} - 0.8(O_{ad} + N_{ad}) \right] \times \frac{100 - M_t}{100 - M_{ad}} - 24.4M_t \quad (6-13)$$

式中　$Q_{net.p.ar}$——煤的收到基恒压低位发热量，J/g；

　　　　O_{ad}——煤的空气干燥基氧含量（按 GB/T 476 测定），%；

　　　　N_{ad}——煤的空气干燥基氮含量（按 GB/T 476 测定），%；

　　其余符号意义同前。

C　发热量的计算方法

煤的发热量除直接测定外，还可以利用煤的工业分析和元素分析数据进行计算。现举例介绍计算各种煤的发热量的经验公式，这些经验公式计算结果与实测值之间的偏差一般小于418J/g，相对误差约1.5%。

（1）烟煤的 $Q_{net.v.ad}$ 的经验计算公式为：

$$Q_{net.v.ad} = \left[100K - (K+6)(W_{ad} + A_{ad}) - 3V_{ad} - 40M_{ad} \right] \times 4.1868 \quad (6-14)$$

式中，K 为常数，在 72.5～85.5 之间，根据煤样的 V_{daf} 和焦渣特性查表可得。另外，只有当 $V_{daf} < 35\%$ 和 $M_{ad} > 3\%$ 时才减去 $40M_{ad}$。

（2）褐煤的 $Q_{net.v.ad}$ 的经验计算公式为：

$$Q_{net.v.ad} = \left[100K_1 - (K_1 + 6)(M_{ad} + A_{ad}) - V_{daf} \right] \times 4.1868 \quad (6-15)$$

式中，K_1 为常数，在 61～69 之间，与煤中的氧含量有关，查表可得。

【思考与练习】

6-1　煤主要是由哪些组分构成的，各组分所起的作用如何？

6-2　空气干燥煤样和全水分煤样如何制备？

6-3　在制样过程中应注意哪些问题？

6-4　煤的分析有哪些分析方法，煤的工业分析有哪些分析项目？

6-5　煤中的水分通常分为哪几类，其测定条件如何，测定时应注意哪些问题？

6-6　什么是灰分、挥发分，它们的测定条件如何？

6-7　什么是艾士卡试剂，在煤中硫的测定中其组分的作用是什么？

6-8　艾士卡法、库仑滴定法和高温燃烧中和法测定煤中全硫的原理是什么，各方法的测定误差主要来源于哪些方面，方法中如何减少这些误差？

6-9　什么是弹筒发热量，其测定的基本原理是什么？

6-10　称取煤试样1.000g，测定分析试样水分时失去质量0.0600g，求煤试样的分析水分。如已知此煤试样的外在水分是10%，求全水分。

6-11　称取分析基煤试样1.0000g，测定挥发分时失去质量0.1420g，测定灰分时残渣的质量0.1125g，如已知分析水分为4%，求煤试样中的挥发分、灰分和固定碳的质量分数。

6-12　称取分析基煤试样1.0000g，灼烧后残余物质量为0.1000g，已知外在水分为2.45%，分析煤试样水分为1.5%，求应用基和干燥基的灰分质量分数。

6-13　称取分析基煤试样1.000g，测定挥发分时失去质量0.2842g，如已知此分析煤试样中的分析水分为 2.50%，灰分为 9.00%，收到基水分为 5.40%，求以空气干燥基、干燥基、干燥无灰基、收到基表示的挥发分和固定碳的质量分数。

6 – 14　已知 A_{ad} 为 27.55%，M_{ad} 为 1.42%，M_t 为 9.3%，求 A。

【项目实训】

实训题目：
全自动工业分析仪的安装和使用
教学目的：
掌握全自动工业分析仪的安装和使用方法。
实验原理：
仪器由计算机控制，通过数据采集卡对仪器主机进行自动控制与数据的实时采集，如图 6 – 9 所示。

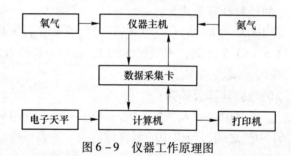

图 6 – 9　仪器工作原理图

MAC – 2000 型全自动工业分析系统可快速、自动、连续测定工业煤中的水分、挥发分、灰分和固定碳及利用工业分析结果自动计算高、低位发热量，并以不同基显示、打印分析结果。每个煤样的分析时间约为 20min。在计算机的控制下，系统将自动称样、连续进样、显示、分析和打印结果，数据存储以备查询。

煤样在 110℃、氮气氛中加热至恒重测定水分 M_{ad}；在 900℃、氮气氛中加热 7min 测定挥发分 V_{ad}；在 815℃、氧气氛中加热至恒重测定灰分 A_{ad}。测定条件与国标方法（GB 212—91）相同。系统应用了国内成熟的发热量经验计算公式，对大多数中国煤种有较广泛的适用性。

本系统还兼有测定飞灰可燃物的功能，测定方法执行电力行业标准。该仪器中采用的监督方法与仲裁方法均被设置，用户可根据需要选用。每次飞灰可燃物的测定时间约 5min。本系统具有数据存储与数据处理功能，可根据用户需要方便地按时间、参数项进行选择查询并打印结果。

本系统还具有仪器校验功能，通过仪器调试可对仪器的硬件参数进行调整。通过数据校验可校准因环境与时间对硬件的影响而造成的系统误差。

实验设备：
MAC – 2000 型煤全工业分析仪
实验步骤：
本系统结构如图 6 – 10 所示。
打开主机电源后，主机受计算机控制，前面板指示灯功能说明如下：

HF—高温炉加热指示；LF—低温炉加热指示；↑↓—电机升降指示；N$_2$—通氮气指示；O$_2$—通氧气指示。

图 6 - 10　仪器设备图

程序安装完成后在桌面上双击 MAC - 2000 图标进入工作程序。

主菜单如图 6 - 11 所示。主菜单分为"工业分析"，"系统设置"，"数据处理"，"帮助"四个部分。

软件部分操作步骤包括工业分析和数据处理两大部分。

图 6 - 11　主菜单及工具栏

（1）工业分析（该菜单下有三个子菜单）。

1）工业分析测试。即点击该菜单，或点击工具栏上的"开始测试"进入工业分析称样窗口，如图 6 - 12 所示。测试选项栏说明为：内水分、灰分、挥发分、固定碳、飞灰可燃物、焦渣特征等六个选项，可进行适当的组合测试，可以单击复选框，选择需要进行的测试项（打勾项）。样品输入栏说明为：样品名称、样品编号，用来标识样品；焦渣指数、全水分，用来计算发热量；内水分，当进行挥发分测定，而不进行灰分测时，必须输入；碳酸盐，进行飞灰可燃物测定时，输入此项可使测定值更准。按钮说明为：重新称重，对上一步的操作再做一次；读入上次数据，当上次实验没有完全完成时，按此键可调入未完成的样品的数据；称重，实验前对样品进行称重；结束，完成称样过程，开始实验；取消，中断称重，退出实验。

称样具体过程说明如下：

① 进入称样画面后，系统检测主机开关是否打开，如果没开则给出提示。

② 选择测试选项，默认时选择水分、挥发分、固定碳、灰分进行测试。

③ 输入被测样品的样品编号等。

④ 用鼠标按称样按钮，进样盘下降到称样位，称取坩埚皮重记为 G_0。

⑤ 进样盘回复到高位后，取下坩埚，加入 0.3～0.5g 重的样品后，按称样按钮，称得

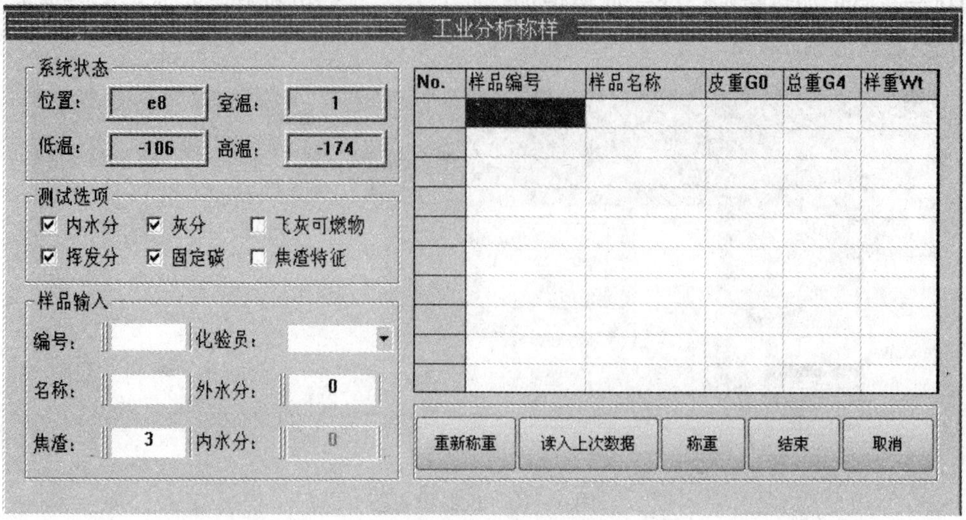

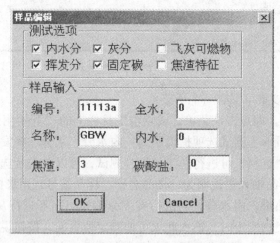

图 6 – 12　工业分析称样窗口

质量记为 G_4，则样重 $W_t = G_4 - G_0$，如果 W_t 不在规定范围内则重复该步骤。

⑥ 重复过程③～⑤进行下一个样品称重。

⑦ 如果发现前面的输入项有错误，可在显示表格栏中双击该项，弹出样品编辑对话框如图 6 – 13 所示，进行修改后，点击 OK 确认。

图 6 – 13　样品编辑对话框

⑧ 当需要结束所有称样时按"结束"按钮，结束称样进入样品测试状态。

样品测试如图 6 – 14 所示。

测试过程具体如下：

① 等待炉温。$T_1 = 105℃（低温）$，$T_2 = 700℃（高温）$。

② 升降电机下降将样品送入低温炉内，通氮气（800mL/min），进行内水分测定，至样品恒重，记当前重量为 G_3，则内水分

$$M_{ad} = \frac{G_4 - G_3}{G_4 - G_0}$$

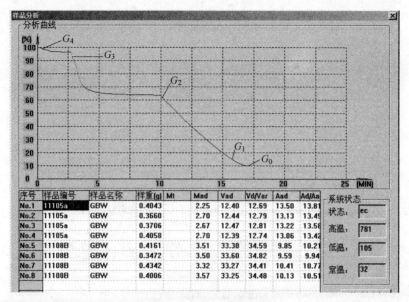

图 6 – 14 样品测试分析

G_0—坩埚重量；G_1—灰分 A_{ad} 测定后坩埚 + 样品总重量；G_2—挥发分 V_{ad} 测定后坩埚 +
样品总重量；G_3—水分 M_{ad} 测定后坩埚 + 样品总重量；G_4—坩埚 + 样品总重量

③ 等待炉温。$T_1 = 105℃$（低温），$T_2 = 900℃$（高温）。

④ 升降电机下降将样品送入高温炉内，通氮气（800mL/min），进行挥发分测定，等待 7min，记当前重量为 G_2，则挥发分

$$V_{ad} = \frac{G_3 - G_2}{G_4 - G_0}$$

⑤ 等待炉温。$T_1 = 105℃$（低温），$T_2 = 815℃$（高温）。

⑥ 通氧气 O_2（800mL/min），进行灰分测定，至样品恒重，记当前重量为 G_1，则灰分

$$A_{ad} = \frac{G_1 - G_0}{G_4 - G_0}$$

⑦ 根据工业分析测定的数据及焦渣指数，通过经验公式计算出高位发热量 $Q_{gr,ad}$。

⑧ 升降电机上升至高位，等待进行下一个样品的测试。

⑨ 重复①～⑧进行下一个样品的测试。

2）工业分析调试。即选择工业分析菜单下的工业分析调试，运行调试程序如图6 – 15 所示。

系统复位：计算机将所有输出口置为0；

天平通讯：读取天平读数；

进样盘转：炉子在正常高位时进样盘转动一格；

电机位置：升降电机运动到相应位置，如果进样盘位置不对则转一圈后再下降；

称样位：升降电机下降到称样位置，可进行坩埚对中调试；

氮氧气：可在通氧气、氮气、不通气间切换；

加热：可使对应炉子加热到设定温度；

退出：退出调试程序。

图 6 – 15　调试程序

3）退出系统。

（2）数据处理。选择数据处理中的数据查询，弹出查询数据对话框如图 6 – 16 所示。

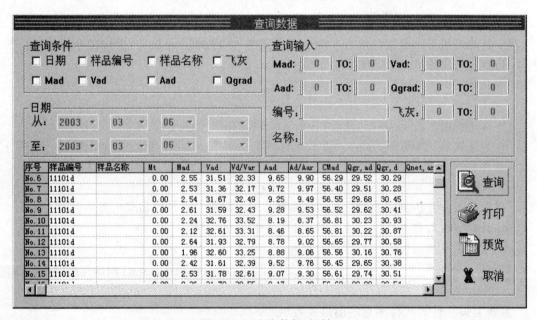

图 6 – 16　查询数据对话框

1）查询条件。包括：日期、样品编号、样品名称、M_{ad}、V_{ad}、A_{ad}、Q_{grad}、飞灰，可以选择一项也可以选择多项进行查询。

2）查询输入。当某项查询条件被选择后，该输入选项被激活，输入相应的查询范围或名称后，点击查询按钮，系统将会将满足条件的数据记录输出到表格中，并以不同基准来显示（V_d/V_{ar}　A_d/A_{ar} 项表示：如果 M_t 为零则表示干基，否则表示收到基）。如果想打印输出该数据则可以点击打印按钮。

3）查询预览。在打印数据之前，可对数据进行预览，查看打印机状态以及纸张的设定情况，如纸张被设成横向，需改为纵向，这样可以更好的打印出你需要的数据。

注意事项：

（1）仪器安装时，各部件电源接线正确且有良好接地。其中高温炉加热时功率较大，其电源线径应选用较大为宜。

（2）仪器安装时，请确保自动进样机构运行自如，并且确认天平称重面与炉体下面的底托在同一条线上，天平称重面不应高于炉体底托面。

（3）安装应用软件时，请按照屏幕提示操作。

（4）炉体在加热或散热过程中，请不要用手或其他物体接触高温炉壁，以防灼伤手或损坏其他物体。

（5）测试结束后，小心取出坩埚，将其放置在专用工作台面上，因为此时坩埚温度很高，所以不要将坩埚随意乱放，以免烫伤。

项目7　肥料分析

肥料是促进植物生长、提高农作物产量的重要物质之一。肥料种类很多，根据其来源、性质和特点的不同，一般可分为自然肥料和化学肥料两大类，每一类中又包括若干品种。人畜粪便、油饼、骨粉、草木灰、植物腐质等是自然肥料；而以矿物、空气、水和化工原料经化学和机械加工方法制造的是化学肥料。化学肥料中可再分为氮肥、磷肥、钾肥、复合肥、中量元素肥料和微量元素肥料等，最主要有氮肥、磷肥和钾肥三种。但不管肥料的品种多少，最基本的仍是氮、磷、钾和微量元素。本章主要讨论基础化肥——氮肥、磷肥和钾肥肥料的分析方法、原理和具体的实验操作。

任务7.1　水分的测定

【知识要点】

知识目标：

(1) 了解化肥产品的检验项目类型；

(2) 掌握烘干法测水原理；

(3) 掌握卡尔·费休法原理。

能力目标：

(1) 能用烘干法测水含量；

(2) 能用卡尔·费休法测水含量。

7.1.1　任务描述与分析

固体化肥中的水分，通常是指吸附水分，一般是用烘干法测定。但有些化肥含结晶水分，在烘去吸附水时也可能会失去部分结晶水，还有些化肥产品含其他易挥发组分，在受热时可能会分解挥发，这种类型的化肥产品可用碳化钙法或卡尔·费休法进行测定。通过本章节的学习使学生掌握水分含量的测定原理及方法。

7.1.2　相关知识

化肥产品的质量检验主要有以下几个项目：

(1) 有效成分含量的测定。例如，氮肥的有效成分为氮，其分析结果以氮元素的质量分数 $w(N)$ 表示；磷肥的有效成分为磷，其分析结果以五氧化二磷的质量分数 $w(P_2O_5)$ 表示；钾肥的有效成分为钾，而其分析测定结果用氧化钾的质量分数 $w(K_2O)$ 表示；微量元素化肥的有效成分为该元素，分析测定结果以该元素的质量分数表示；复混肥料则测定总氮、有效磷及氧化钾含量。

(2) 水分含量的测定。化肥产品中，主要以固态的为主。对于固态的化肥，水分的存在可能引起黏结成块，给施用时带来困难，甚至会因水分的存在而使肥效降低。因此，水分含量是化肥产品常需进行测定的项目。

（3）杂质含量的测定。化肥产品如硫酸铵、硝酸铵、过磷酸钙、重过磷酸钙中含有少量的强酸，习惯称之为游离酸。游离的硝酸、磷酸也是化肥营养成分的一种形态。但若浓度太高会灼伤农作物，腐蚀产品的包装等，而且游离的硫酸还会使土壤板结。因此，化肥中游离酸的含量是产品质量控制的指标之一。

水分的测定有以下几种方法。

7.1.2.1 烘干法

按有关技术标准规定，氯化铵、结晶状硝酸铵、硫酸铵、过磷酸钙、钙镁磷肥氯化钾等产品的水分含量用烘干法测定，一般是在 $100 \sim 105$℃时干燥至恒重。但钙镁磷肥产品的水分含量测定是在较高的温度下（$128 \sim 132$℃），用快速烘干法（干燥 20min）进行测定的，而过磷酸钙和氯化钾的水分测定对温度也有特殊的要求。部分化肥含水量测定的控制条件见表 7 - 1。

表 7 - 1 部分化肥含水量测定控制条件

产品名称	试样质量/g	称量准确度/g	干燥温度/℃	干燥时间/min
氯化铵	5	0.0002	$100 \sim 105$	至恒重
结晶硝酸铵	5	0.0002	$100 \sim 105$	至恒重
硫酸铵	5	0.0002	$100 \sim 105$	至恒重
钙镁磷肥	10	0.002	$128 \sim 132$	20
过磷酸钙	10	0.01	$99 \sim 101$	180
氯化钾	10	0.001	$103 \sim 107$	至恒重

实验表明，在不改变烘干温度的条件下，用红外线干燥法代替普通的电热恒干燥法，可以缩短测定时间。红外线干燥法的操作条件应经对照试验给予确定。平行测定结果的允许差值不能超过表 7 - 2 的规定。

表 7 - 2 部分化肥含水量平行测定允许差值

产品名称	允许差值/%	产品名称	允许差值/%
氯化铵	0.05	氯化钾（含水量为 4% 以下）	0.20
结晶硝酸铵	0.03	氯化钾（含水量为 4% ~ 8%）	0.30
钙镁磷肥	0.03		

7.1.2.2 碳化钙法

碳酸氢铵的稳定性很差，特别是有吸附水时，常温下即有可能分解：

$$NH_4HCO_3 \rightleftharpoons NH_3 \uparrow + CO_2 \uparrow + H_2O$$

所以，测定碳酸氢铵产品的水分含量，不能用烘干法，而采用碳化钙（电石）法。

碳化钙法是依据试样中的水分与碳化钙作用时，生成定量的乙炔气体，即

$$2H_2O + CaC_2 \rightleftharpoons Ca(OH)_2 + C_2H_2 \uparrow$$

通过测量乙炔气体的体积，即可计算水分的含量。

碳化钙法水分测定装置如图 7 – 1 所示。

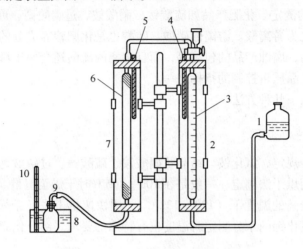

图 7 – 1　碳化钙法水分测定装置

1—水准瓶；2，7—水套管；3—具有三通旋塞的 100mL 量气管；4，5，10—温度计；
6—玻璃纤维过滤管；8—水浴缸；9—70mL 乙炔发生器

图 7 – 1 中，水准瓶 1 内装有经酸化后的氯化钠饱和溶液（以甲基橙为指示剂，用盐酸调节至呈明显的红色）；反应瓶 9 中装有粒度为 149 ~ 250μm 的碳化钙。为避免反应产生的气体通过过滤管 6 和量气管 3 时温度波动过大，将它们分别置于水套 7 和 2 中，其温度分别由温度计 5 和 4 测出。反应瓶 9 也置于水浴中，通过温度计 10 可测定过程的温度。其测定步骤如下：

称取一定量的化肥碳酸氢铵试样置入反应瓶中，立即塞好瓶塞。此时，试样中的水分立即与碳化钙反应，产生乙炔气体。乙炔气体经玻璃纤维过滤管，再经联结管进入量气管，待反应完成后，即可从量气管中读出乙炔的体积。同时记录测量时温度和大气压力等。根据下面的计算公式及表 7 – 3，可计算出试样中水分的质量分数。

表 7 – 3　不同温度下饱和食盐水的蒸汽压力表

温度/℃	蒸汽压力/kPa	温度/℃	蒸汽压力/kPa	温度/℃	蒸汽压力/kPa
5	0.653	17	1.467	29	3.026
6	0.707	18	1.560	30	3.200
7	0.760	19	1.653	31	3.360
8	0.813	20	1.760	32	3.520
9	0.867	21	1.880	33	3.666
10	0.920	22	2.000	34	3.813
11	0.987	23	2.120	35	4.200
12	1.053	24	2.253	36	4.306
13	1.133	25	2.387	37	4.373
14	1.213	26	2.533	38	4.520
15	1.293	27	2.693	39	4.666
16	1.373	28	2.853	40	4.813

$$w(\mathrm{H_2O}) = \frac{\dfrac{V_2 - V_1}{22.4 \times 1000} \times \dfrac{p - p_{\mathrm{w}}}{101.3 \times (273 + t)} \times 2 \times 18}{m} \times 100\% \qquad (7-1)$$

式中　$w(\mathrm{H_2O})$——试样中水分的质量分数,%;

　　　　V_1——反应前量气管的体积,mL;

　　　　V_2——反应后量气管的体积,mL;

　　　　22.4——标准状态时 1mol 乙炔的体积,L;

　　　　p——测定时的大气压力,kPa;

　　　　p_{w}——测定时饱和食盐水的蒸汽压力,kPa;

　　　　t——测定时的温度,℃;

　　　　2——乙炔换算为水的系数;

　　　　18——水的摩尔质量,g/mol;

　　　　m——试样的质量,g。

7.1.2.3　卡尔·费休法

尿素和硝酸铵在常温时是稳定的。但如果用烘干法测定这两种产品的水分含量,在烘干温度下,尿素产品中的游离氨和硝酸铵产品中的游离硝酸会随水分一起挥发,使测定结果偏高。而且,尿素在受热达到 85℃以上时,会分解出氨,这样使测定结果受影响。反应式如下:

$$2(\mathrm{NH_2})_2\mathrm{CO} = (\mathrm{NH_2CO})_2\mathrm{NH} + \mathrm{NH_3}\uparrow$$

但如果降低烘干温度,产品中的水分又难以完全逸出,测定结果不准确。所以,国家有关技术标准规定,尿素及硝酸铵产品中的水分含量应该用卡尔·费休法进行测定。该法的实质是利用碘和二氧化硫的吡啶溶液在有甲醇及水分存在下,发生氧化还原反应:$\mathrm{H_2O} + \mathrm{I_2} + \mathrm{SO_2} + 3\mathrm{C_5N_5N} + \mathrm{CH_3OH} = 2\mathrm{C_5H_5N \cdot HI} + \mathrm{C_5H_5NH \cdot SO_4CH_3}$,此时碘被还原为氢碘酸,再与吡啶反应生成氢碘酸吡啶盐;二氧化硫则被氧化为甲基硫酸,同样再与吡啶反应生成甲基硫酸氢吡啶盐。如果没有水存在,碘和二氧化硫的氧化还原反应不能发生。但是,当有水参加时,则不仅发生氧化还原反应,而且参加反应的碘、二氧化硫和水之间有定量关系。因此,可以用碘—二氧化硫标准溶液滴定,由碘—二氧化硫标准溶液的消耗量计算水分的含量。

$$w(\mathrm{H_2O}) = \frac{VT}{m} \times 100\% \qquad (7-2)$$

式中　$w(\mathrm{H_2O})$——试样中水分的质量分数,%;

　　　　V——消耗二氧化硫标准溶液的体积,mL;

　　　　T——标准溶液对水的滴定度,g/mL;

　　　　m——试样的质量,g。

其滴定的终点最好用"死停终点电位法"确定。

卡尔·费休法的滴定装置如图 7-2 所示。测定中所用到的碘—二氧化硫标准溶液(又称为费休试剂)的配制方法如下:将 500mL 无水甲醇和 269mL 无水吡啶置于干燥的棕色试剂瓶中,加入 84.7g 碘,密闭振荡至溶解完全,在精密度为 1g 的天平上称得质量后,置于冰水浴中，缓缓加入经过硫酸干燥及分离器除去酸沫的二氧化硫至质量增加了 64g 为止，再加入 167mL 无水甲醇，密闭后混合均匀，静置 24h 后，以纯水测定其对水的滴定度。由于该试剂的稳定性较差，所以应该在每次滴定前进行标定。

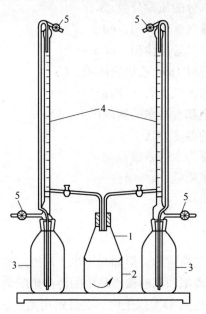

图 7-2　卡尔·费休法滴定装置

1—滴定容器；2—电磁搅拌器；3—贮液瓶；4—滴定管；5—干燥管

卡尔·费休法是属于非水滴定法的一种，所用的试剂均不得含有水分。而该试剂的吸水性很强，因此，在贮存和使用时均应注意密封，避免空气中的水蒸气侵入。

卡尔·费休法广泛用于测定受热易挥发或分解的有机化合物中的水分含量。还可以用于间接测定反应中消耗水或生成水的有机化合物的含量。但如果试样中含有能氧化或还原碘、二氧化硫的物质时，就会干扰测定，此时应选用别的方法测定含水量。如果试样中含有少量的酸和碱，那么测定不会受干扰。

甲醇、吡啶对人体有强烈的毒害性，使用时应注意通风。

任务 7.2　氮肥中氮含量的测定

【知识要点】

知识目标：

(1) 了解氮肥中氮的存在形态；

(2) 掌握氮肥种类和性质；

(3) 掌握各种氮含量分析测定原理。

能力目标：

(1) 能掌握常用的氮含量分析原理及方法；

(2) 能理解各种测氮含量方法的原理。

7.2.1 任务描述与分析

含氮的肥料称为氮肥。氮肥也可分自然氮肥和化学氮肥。自然氮肥有人畜尿粪、油饼、腐草等，但是因为肥料中还含有少量磷及钾，所以实际上是复合肥料。化学氮肥主要是指工业生产的含氮肥料，有：铵盐，如硫酸铵、硝酸铵、氯化铵、碳酸氢铵等；硝酸盐，如硝酸钠、硝酸钙等；尿素是有机化学氮肥。此外，如氨水、硝酸铵钙、硝硫酸铵、氰氨基化钙（石灰氮）等，也是常用的化学氮肥。氮在化合物中，通常以氨态（NH_4^+ 或 NH_3）、硝酸态（NO_3^-）、有机态（$—CONH_2$、$—CN_2$）3 种形式存在。由于 3 种状态的性质不同，所以分析方法也不同。氮肥中氮含量的测定有直接滴定法、甲醛法、蒸馏法等。通过本章节的学习，使学生掌握根据各种氮肥的不同化学性质及氮在氮肥中的不同形态，选用合理的测定方法。

7.2.2 相关知识

7.2.2.1 氨态氮的测定

A 方法综述

氨态氮（NH_4^+ 或 NH_3）的测定有 3 种方法。

（1）甲醛法。在中性溶液中，铵盐与甲醛作用生成六亚甲基四胺和相当于铵盐含量的酸。在指示剂存在下，用氢氧化钠标准滴定溶液滴定生成的酸，通过氢氧化钠标准滴定溶液消耗的量，求出氨态氮的含量，反应如下：

$$4NH_4^+ + 6HCOH \longrightarrow (CH_2)_6N_4 + 4H^+ + 6H_2O$$
$$H^+ + OH^- \longrightarrow H_2O$$

此方法适用于强酸性的铵盐肥料，如硫酸铵、氯化铵中氮含量的测定。

（2）蒸馏后滴定法。从碱性溶液中蒸馏出的氨，用过量硫酸标准溶液吸收，以甲基红或甲基红—亚甲基蓝乙醇溶液为指示剂，用氢氧化钠标准滴定溶液返滴定。由硫酸标准溶液的消耗量，求出氨态氮的含量：

$$NH_4^+ + OH^- \longrightarrow NH_3 \uparrow + H_2O$$
$$NH_3 \uparrow + H_2SO_4 \longrightarrow (NH_4)_2SO_4$$
$$2NaOH + H_2SO_4(剩余) \longrightarrow Na_2SO_4 + 2H_2O$$

此方法适用于含铵盐的肥料和不含有受热易分解的尿素或石灰氮之类的肥料。

（3）酸量法。试液与过量的硫酸标准滴定溶液作用，在指示剂存在下，用氢氧化钠标准滴定溶液返滴定，由硫酸标准滴定溶液的消耗量，求出氨态氮的含量，反应如下：

$$2NH_4HCO_3 + H_2SO_4 \longrightarrow (NH_4)_2SO_4 + 2CO_2 \uparrow + 2H_2O$$
$$2NaOH + H_2SO_4（剩余） \longrightarrow Na_2SO_4 + 2H_2O$$

此方法适用于碳酸氢铵、氨水中氮的测定。

B 农业用碳酸氢铵中氨态氮的测定——酸量法（GB 3559—92）

a 方法原理

碳酸氢铵在过量硫酸标准滴定溶液作用下，在指示剂存在下，用氢氧化钠标准滴定溶液返滴定过量硫酸。

b　试剂和仪器

试剂：

（1）硫酸标准滴定溶液。$C\left(\dfrac{1}{2}H_2SO_4\right) = 1\,mol/L$。

（2）氢氧化钠标准滴定溶液。$C(NaOH) = 1\,mol/L$。

（3）甲基红—亚甲基蓝混合指示液。

仪器为实验室常用仪器。

c　测定步骤

测定步骤为：

（1）测定。在已知质量的干燥的带盖称量瓶中，迅速称取约2g试样，精确至0.001g，然后立即用水将试样洗入已盛有40.0~50.0mL硫酸标准溶液的250mL锥形瓶中，摇匀使试样完全溶解，加热煮沸3~5min，以驱除二氧化碳。冷却后，加2~3滴混合指示液，用氢氧化钠标准滴定溶液滴定至溶液呈现灰绿色即为终点。

（2）空白试验。按上述手续进行空白试验。除不加试样外，需与试样测定采用完全相同的分析步骤、试剂和用量（氢氧化钠标准滴定溶液的用量除外）进行。

d　结果计算

氮含量 $w(N)$ 以质量分数表示，按式（7-3）计算。

$$w(N) = \frac{(V_1 - V_2) \times C \times 0.01401}{m} \times 100\% = \frac{(V_1 - V_2) \times C \times 1.401}{m} \tag{7-3}$$

式中　V_1——空白试验时用去氢氧化钠标准滴定溶液的体积，mL；

　　　V_2——测定试样时用去氢氧化钠标准滴定溶液的体积，mL；

　　　C——氢氧化钠标准滴定溶液的实际浓度，mol/L；

　　　m——试样质量，g；

0.01401——与1.00mL氢氧化钠标准滴定溶液（$C(NaOH) = 1.000\,mol/L$）相当的以克表示的氮的质量。

7.2.2.2 硝态氮的测定

A　方法综述

硝态氮（NO_3^-）的测定有3种方法。

（1）铁粉还原法。在酸性溶液中铁粉置换出的新生态氢使硝态氮还原为氨态氮，然后加入适量的水和过量的氢氧化钠，用蒸馏法测定。同时对试剂（特别是铁粉）做空白试验。反应如下：

$$Fe + H_2SO_4 \longrightarrow FeSO_4 + 2[H]$$

$$NO_3^- + 8[H] + 2H^+ \longrightarrow NH_4^+ + 3H_2O$$

此方法适用于含硝酸盐的肥料，但是对含有受热分解出游离氨的尿素、石灰氮或有机物之类肥料不适用。当铵盐、亚硝酸盐存在时，必须扣除它们的含量（铵盐可按氨态氮测定方法求出含量；亚硝酸盐可用磺胺—萘乙二胺光度法测定其含量）。

（2）德瓦达合金还原法。在碱性溶液中德瓦达合金（铜＋锌＋铝＝50＋5＋45）释放出新生态的氢，使硝态氮还原为氨态氮。然后用蒸馏法测定，求出硝态氮的含量。反应如下：

$$Cu + 2NaOH + 2H_2O \longrightarrow Na_2[Cu(OH)_4] + 2[H]$$
$$Al + NaOH + 3H_2O \longrightarrow Na[Al(OH)_4] + 3[H]$$
$$Zn + 2NaOH + 2H_2O \longrightarrow Na_2[Zn(OH)_4] + 2[H]$$
$$NO_3^- + 8[H] \longrightarrow NH_3 + OH^- + 2H_2O$$

此方法适用于含硝酸盐的肥料，但对含有受热易分解出游离氨的尿素、石灰氮或有机物之类肥料，不能采用此法。肥料中有铵盐、亚硝酸盐时，必须扣除它们的含量。

（3）氮试剂重量法。在酸性溶液中，硝态氮与氮试剂作用，生成复合物而沉淀，将沉淀过滤、干燥和称量，根据沉淀的质量，求出硝态氮的含量。

B 肥料中硝态氮含量的测定——氮试剂重量法（GB 3597—83）

a 方法原理

方法原理见硝态氮的测定方法所述。

b 试剂和仪器

试剂：

（1）冰醋酸。28.5%（体积分数）溶液，用水稀释 285mL 冰醋酸至 1000mL。

（2）硫酸溶液（1+3）。

（3）氮试剂（硝酸灵）。100g/L 溶液，溶解 10g 氮试剂于 95mL 水和 5mL 冰醋酸混合液中，干滤，贮于棕色瓶内。

必须用新配制的试剂，以免空白试验结果偏高。

仪器：

（1）单刻度容量瓶。容量为 500mL。

（2）单刻度移液管。容量范围为 5～50mL。

（3）玻璃过滤坩埚。孔径 4～16mm（或 4 号玻璃过滤坩埚）。

（4）干燥箱。能保持（110±2）℃的温度。

（5）烧瓶机械振动器。能旋转或往复的运动。

（6）冰浴。能保持 0～0.5℃的温度。

c 测定步骤

测定步骤为：

（1）试样的制备称取 2～5g 试样，称准至 0.001g，移入 500mL 容量瓶中。对可溶于水的产品。加入约 400mL 20℃的水于试样中，用烧瓶机械振荡器将瓶连续振荡 30min，用水稀释至刻度，混匀。对含有可能保留有硝酸盐的不溶水的产品。加入 50mL 水和 50mL 乙酸溶液至试样中，混合容量瓶中的内容物，静置至停止释出二氧化碳为止，加入约 300mL 20℃的水，用烧瓶机械振荡器将烧瓶连续振荡 30min，用水稀释至刻度，混匀。

（2）测定用中速滤纸干滤试液于清洁和干燥锥形瓶中，弃去初滤出的 50mL 滤液，用移液管吸取 VmL 滤液（含 11～23mg，最好是 17mg 的硝态氮），移于 250mL 烧杯中，用水稀释至 100mL。

加入 10～12 滴硫酸溶液，使溶液 pH = 1～1.5，迅速加热至沸点，但不允许溶液沸腾，立即从热源移开，检查有无硫酸钙沉淀，若有，可加几滴硫酸溶液溶解，一次加入 10～12mL 氮试剂溶液，置烧杯于冰浴中，搅拌内容物 2min，在冰浴中放置 2h，经常添加足够的冰块至冰浴中，以保证内容物的温度保持在 0～0.5℃。

应用抽滤法定量地收集沉淀于已恒重（称准至 0.001g）的玻璃过滤坩埚中，坩埚应预先在冰浴中冷却，用滤液将残留的微量沉淀从烧杯转移至坩埚中，最后用 0～0.5℃ 的 10～12mL 的水洗涤沉淀，将坩埚连同沉淀置于（110±2）℃ 的干燥箱中，干燥 1h。移于干燥器中冷却，称量，重复干燥、冷却和称量，直至连续两次称量差别不大于 0.001g 为止。

（3）空白试验。取 100mL 水，如用乙酸溶液溶解试样时，则应取与测定时吸取试样中所含相同量的乙酸溶液，用水稀释至 100mL，按照上述手续进行，所得沉淀的质量不应超过 1mg，假如超过，需用新试剂，重复空白试验，放置很久的试剂会使空白试验结果偏高。

d 结果计算

硝态氮含量以氮 $w(N)$ 质量分数表示，按式（7-4）计算。

$$w(N) = \frac{18.66 \times m_1}{m_0 \times V} \quad\quad\quad (7-4)$$

式中　V——测定时吸取试液的体积，mL；

　　m_0——试样的质量，g；

　　m_1——沉淀的质量，g；

18.66——换算系数。

e 方法讨论

（1）该法适于作为参照方法，并能用于所有的肥料。

（2）氮试剂需用新配制的试剂，以免空白试验结果偏高。

（3）加热溶液时不允许溶液沸腾。因为如果温度过高，尿素和脲醛的缩聚物在沸酸中会分解。

（4）在冰浴中放置 2h，并保证内容物的温度保持在 0～0.5℃。温度低于 0℃，将导致偏高的结果，而温度高于 0.5℃，则导致偏低的结果。

7.2.2.3 有机氮的测定

A 方法综述

有机态氮以 -CONH$_2$、-CN$_2$ 等形式存在，由于含氮官能团不同，有不同的测定方法。

（1）尿素酶法。在一定酸度溶液中，用尿素酶将尿素态氮转化为氨态氮，再用硫酸标准滴定溶液滴定。反应如下：

$$CO(NH_2)_2 + 2H_2O \xrightarrow{\text{尿素酶}} (NH_4)_2CO_3$$

$$(NH_4)_2CO_3 + H_2SO_4 == (NH_4)_2SO_4 + CO_2 + H_2O$$

$$2NaOH + H_2SO_4(\text{剩余}) == Na_2SO_4 + 2H_2O$$

此方法适用于尿素中氮的测定。

（2）蒸馏后滴定法。在硫酸铜存在下，在浓硫酸中加热使试样中酰胺态氮转化为氨态氮，蒸馏并吸收在过量的硫酸标准溶液中，以甲基红或甲基红—亚甲基蓝为指示剂，用氢氧化钠标准溶液滴定。

$$(NH_2)_2CO_3 + H_2SO_4(浓) + H_2O \Longrightarrow (NH_4)_2SO_4 + CO_2 \uparrow$$

$$(NH_4)_2SO_4 + 2NaOH \Longrightarrow Na_2SO_4 + 2NH_3 + 2H_2O$$

$$2NH_3 + H_2SO_4 \Longrightarrow (NH_4)_2SO_4$$

$$2NaOH + H_2SO_4(剩余) \Longrightarrow Na_2SO_4 + 2H_2O$$

该法适用于尿素中总氮含量的测定。

（3）硫代硫酸钠还原—蒸馏后滴定法。该法先将硝态氮以水杨酸固定，再用硫代硫酸钠还原成氨基化合物。然后，在硝酸铜等催化剂存在下，用浓硫酸进行硝化，使有机物分解，其中氮转化为硫酸铵。消化得到含有硫酸铵的酸性溶液，稀释后加过量碱蒸馏出氨，用硼酸溶液吸收，以硫酸标准溶液滴定，或用过量硫酸标准溶液吸收，以氢氧化钠标准溶液进行返滴定。

该法适用于含硝态氮和氨态氮中总氮含量的测定。

B　尿素中总氮含量的测定

a　方法原理

在催化剂硫酸铜存在下，尿素与过量的浓硫酸共同加热，使尿素中的酰胺态氮、缩二脲、游离氨等转化为硫酸铵，然后用蒸馏法或甲醛法测定总氮含量，反应式如下：

$$(NH_2)_2CO + H_2SO_4(浓) + H_2O \Longrightarrow (NH_4)_2SO_4 + CO_2 \uparrow$$

$$2(NH_2CO)_2NH + 3H_2SO_4 + 4H_2O \Longrightarrow 3(NH_4)_2SO_4 + 4CO_2 \uparrow$$

$$2NH_3 \cdot H_2O + H_2SO_4 \Longrightarrow (NH_4)_2SO_4 + 2H_2O$$

b　氨蒸馏装置

氨蒸馏装置，即圆底烧瓶容积为 1L；单球防溅球管容积约 50mL；接受器是容积为 500mL 的锥形瓶，瓶侧连接双连球；直形冷凝管的有效长度为 400mm。

c　测定步骤

测定步骤为：

（1）溶液制备。称量约 5g 试样，精确到 0.001g，移入 500mL 锥形瓶中。加入 25mL 水、50mL 硫酸、0.5g 硫酸铜，插上梨形玻璃漏斗，在通风橱内缓慢加热，使二氧化碳逸尽，然后逐步提高加热温度，直至冒白烟，再继续加热 20min，取下，待冷却后，小心加入 300mL 水，冷却。把锥形瓶中的溶液，定量地移入 500mL 容量瓶中。稀释至刻度，摇匀。

（2）蒸馏。从容量瓶中移取 50.0mL 溶液于蒸馏烧瓶中，加入约 300mL 水，加几滴混合指示液和少许沸石。移取 40.0mL 硫酸标准溶液于接受器中，加水，使接受器的双连球瓶颈浸没在溶液中，加 4~5 滴甲基红—亚甲基蓝混合指示液。连接好蒸馏装置，并保证仪器所有连接部分密封。通过滴液漏斗往蒸馏烧瓶中加入足够量的氢氧化钠溶液（450g/L），以中和溶液并过量 25mL（注意：滴液漏斗上至少存留几毫升溶液）。加热蒸馏，直到接受器中的收集量达到 250~300mL 时停止加热，拆下防溅球管，用水洗涤冷凝管，洗涤液收集在接受器中。

（3）滴定将接受器中的溶液混匀，加 4~5 滴甲基红—亚甲基蓝混合指示液，用氢氧化钠标准溶液返滴定过量的酸，直至指示液呈灰绿色为终点。同时进行空白试验。

试样中总氮含量以氮的质量分数表示，按式（7-5）计算。

$$w(N) = \frac{C(V_2 - V_1) \times M \times 10^{-3}}{m \times \dfrac{50}{500} \times [1 - w(H_2O)]} \times 100\% \tag{7-5}$$

式中　　V_1——测定时，消耗氢氧化钠标准溶液的体积，mL；

　　　　V_2——空白试验时，消耗氢氧化钠标准溶液的体积，mL；

　　　　C——氢氧化钠标准溶液的浓度，mol/L；

$w(H_2O)$——尿素试样中水分的质量分数；

　　　　M——氮的摩尔质量，14.01g/mol；

　　　　m——试样的质量，g。

任务 7.3　磷肥中五氧化二磷含量的测定

【知识要点】

知识目标：

(1) 了解磷肥种类和性质；

(2) 掌握有效磷的测定原理和方法。

能力目标：

(1) 能进行有效磷含量分析测定；

(2) 能掌握有效磷的提取方法。

7.3.1　任务描述与分析

含磷的肥料称为磷肥。磷肥包括自然磷肥和化学磷肥。自然磷肥有磷矿石及农家肥料中的骨粉、骨灰等。草木灰、人畜尿粪中也含有一定量磷，但是，因其同时含有氮、钾等的化合物，故称为复合农家肥。化学磷肥主要是以自然矿石为原料，经过化学加工处理的含磷肥料。化学加工生产磷肥，一般有两种途经。一种是用无机酸处理磷矿石制造磷肥，称酸法磷肥。如过磷酸钙（又名普钙）、重过磷酸钙（又名重钙）等。另一种是将磷矿石和其他配料（如蛇纹石、滑石、橄榄石、白云石）或不加配料，经过高温煅烧分解磷矿石制造的磷肥，称为热法磷肥，如镁磷肥。碱性炼钢炉渣也称为热法磷肥，又称钢渣磷肥或汤马斯磷肥。通过本章节的学习，使学生掌握化学磷肥的分析测定方法。

7.3.2　相关知识

7.3.2.1　有效磷的提取及测定方法

磷肥的组成比较复杂，往往是一种磷肥中同时含有几种不同性质的含磷化合物。磷肥的主要成分是磷酸的钙盐，有的还含有游离磷酸。虽然它们的性质不同，但是大致可以分为以下三类：

(1) 水溶性磷化合物。水溶性磷化合物是指可以溶解于水的含磷化合物，如磷酸、磷酸二氢钙（又称磷酸二钙）。过磷酸钙、重过磷酸钙中主要含水溶性磷化物，故称为水溶性磷肥。这部分成分可以用水作溶剂，将其中的水溶性磷提取出来。

用水作抽取剂时，在抽取操作中，水的用量与温度、抽取的时间与次数都将影响水溶性磷的抽取效果，因此，要严格抽取过程中的操作，严格按规定进行。

（2）柠檬酸溶性磷化合物。柠檬酸溶性磷化合物是指被植物根部分泌出的酸性物质溶解后吸收利用的含磷化合物。在磷肥的分析检验中，是指能被柠檬酸铵的氨溶液或 2% 柠檬酸溶液溶解的含磷化合物，如结晶磷酸氢钙（又名磷酸二钙）、磷酸四钙。钙镁磷肥和钢渣磷肥中主要含有柠檬酸溶性磷化合物，故称为柠檬酸溶性磷肥。过磷酸钙、重过磷酸钙中也常含有少量结晶磷酸二钙。这部分成分可以用柠檬酸溶性试剂作溶剂，将其中的柠檬酸溶性磷化合物提取出来。

（3）难溶性磷化合物。难溶性磷化合物是指难溶于水也难溶于有机弱酸的磷化合物，如磷酸三钙、磷酸铁、磷酸铝等。磷矿石几乎全部是难溶性磷化合物。化学磷肥中也常含有未转化的难溶性磷化合物。

在磷肥的分析中，水溶性磷化合物和柠檬酸溶性磷化合物中的磷称为"有效磷"。磷肥中所有含磷化合物中含磷量的总和则称为"全磷"。在生产实际中，常分别测定有效磷及全磷含量。测定的结果一律以五氧化二磷（P_2O_5）计。

制备测定有效磷的分析用试液是先用水处理提取其中的水溶性磷，然后用柠檬酸溶性试剂处理提取柠檬酸溶性磷化合物，合并两提取液进行测定。制备测定全磷的分析用试液通常用无机强酸（如盐酸和硝酸）处理。这样即可得到含可溶性磷化合物和难溶性磷化合物的提取液。

磷肥分析中磷含量的测定方法有磷钼酸喹啉重量法、磷钼酸铵容量法和钒钼酸铵分光光度法。磷钼酸喹啉重量法准确度高，是国家标准规定的仲裁分析法。磷钼酸铵容量法和钒钼酸铵分光光度法速度快，准确度也能满足要求，主要用于日常生产的控制分析。

7.3.2.2　磷钼酸喹啉重量法

A　方法原理

用水、碱性柠檬酸铵溶液提取过磷酸钙中的有效磷，提取液中正磷酸根离子在硝酸介质中与钼酸盐、喹啉作用生成黄色的磷钼酸喹啉沉淀，反应式为：

$$H_3PO_4 + 12MoO_4^{2-} + 3C_9H_7N + 24H^+ \rel\!\!=\!\!= (C_9H_7N)_3H_3(PO_4 \cdot 12MoO_3) \cdot H_2O\downarrow + 11H_2O$$

B　测定步骤

称取 2~2.5g 试样，精确至 0.001g，置于 75mL 蒸发皿中，用玻璃棒将试样研碎，加 25mL 水重新研磨，将上层清液倾注过滤于预先加入 5mL 硝酸溶液（1＋1）的 250mL 容量瓶中，继续用水研磨三次（每次用 25mL 水），然后将水不溶物转移到滤纸上，并用水洗涤水不溶物至容量瓶中溶液体积约为 200mL 左右为止，用水稀释至刻度，混匀后得到的溶液为 A。

将含水不溶物的滤纸转移到另一个 250mL 容量瓶中，加入 100mL 碱性柠檬酸铵溶液，盖上瓶塞，振荡到滤纸碎成纤维状态为止。将容量瓶置于（60±1）℃恒温水浴中保持 1h。开始时每隔 5min 振荡一次，振荡三次后再每隔 15min 振荡一次，取出量瓶，冷却至室温，用水稀释至刻度，混匀。用干燥的器皿和滤纸过滤，弃去最初几毫升滤液，所得滤液为溶液 B。

　　分别吸取 10~20mL 溶液 A 和溶液 B(含 P_2O_5 不大于 20mg) 放于 300mL 烧杯中，加入 10mL 硝酸溶液，用水稀释至 100mL，盖上表面皿，预热近沸，加入 35mL 喹钼柠酮试剂，微沸 1min 或置于 80℃左右水浴中保温至沉淀分层，冷却至室温，冷却过程中转动烧杯 3~4 次。

　　用预先在 (180±2)℃恒温干燥箱内干燥至恒重的 4 号玻璃砂芯漏斗抽滤，先将上层清液滤完，用倾泻法洗涤沉淀 1~2 次（每次约用水 25mL），然后将沉淀移入滤器中，再用水继续洗涤，所用水共约 125~150mL，将带有沉淀的滤器置于 (180±2)℃恒温干燥箱内，待温度达到 180℃后干燥 45min，移入干燥器中冷却至室温，称重。

　　按照上述相同的测定步骤，进行空白试验。

　　试样中的有效磷含量以五氧化二磷的质量分数表示，按式 (7-6) 计算。

$$w(P_2O_5) = \frac{(m_1 - m_2) \times 0.03207}{m \times \dfrac{V}{500}} \tag{7-6}$$

式中　m_1——磷钼酸喹啉沉淀质量，g；

　　　　m_2——空白试验所得磷钼酸喹啉沉淀质量，g；

　　　　m——试样质量，g；

　　　　V——吸取试液（溶液 A + 溶液 B）的总体积，mL；

　0.03207——磷钼酸喹啉质量换算为五氧化二磷质量的系数。

　　C　方法讨论

　　(1) 有效磷提取时必须先用水提取水溶性磷化合物，再用碱性柠檬酸铵溶液提取柠檬酸溶性磷化合物。

　　(2) 喹钼柠酮试剂由柠檬酸、钼酸钠、喹啉和丙酮组成，其中柠檬酸有三方面的作用。首先，柠檬酸能与钼酸盐生成电离度较小的配合物，以使电离生成的钼酸根离子浓度较小，仅能满足磷钼酸喹啉沉淀形成的需要，不至于使硅形成硅钼酸喹啉沉淀，以排除硅的干扰。但柠檬酸的用量也不宜过多，以免钼酸根离子浓度过低而造成磷钼酸喹啉沉淀不完全。其次，在柠檬酸溶液中，磷钼酸铵的溶解度比磷钼酸喹啉的溶解度大，进而排除铵盐的干扰。

　　(3) 柠檬酸还可阻止钼酸盐在加热至沸时水解而析出三氧化钼沉淀。丙酮的作用，一是为了进一步消除铵盐的干扰，二是改善沉淀的物理性能，使沉淀颗粒粗大、疏松，便于过滤和洗涤。

7.3.2.3　磷钼酸铵容量法

　　A　方法原理

　　用水、碱性柠檬酸铵溶液提取过磷酸钙中的有效磷，提取液中正磷酸根离子在酸性介质中与喹钼柠酮试剂生成黄色磷钼酸喹啉沉淀，过滤、洗涤所吸附的酸液后将沉淀溶于过量的碱标准溶液中，再用酸标准溶液返滴定。根据所用酸、碱溶液的体积计算出五氧化二磷含量。反应式如下：

$$H_3PO_4 + 12MoO_4^{2-} + 3C_9H_7N + 24H^+ \Longrightarrow (C_9H_7N)_3H_3(PO_4 \cdot 12MoO_3) \cdot H_2O \downarrow + 11H_2O$$

$$(C_9H_7N)_3H_3(PO_4 \cdot 12MoO_3) \cdot H_2O + 26NaOH =\!=\!=\!= Na_2HPO_4 + 12Na_2MoO_4 + 3C_9H_7N + 15H_2O$$

$$NaOH(剩余) + HCl =\!=\!=\!= NaCl + H_2O$$

B　测定步骤

称取 2~2.5g 试样，精确至 0.001g，置于 75mL 蒸发皿中，用玻璃棒将试样研碎，加 25mL 水重新研磨，将上层清液倾注过滤于预先加入 5mL 硝酸溶液（1+1）的 250mL 容量瓶中，继续用水研磨三次（每次用 25mL 水），然后将水不溶物转移到滤纸上，并用水洗涤水不溶物至容量瓶中溶液体积约为 200mL 左右为止，用水稀释至刻度，混匀后得到的溶液为 A。

将含水不溶物的滤纸转移到另一个 250mL 容量瓶中，加入 100mL 碱性柠檬酸铵溶液，盖上瓶塞，振荡到滤纸碎成纤维状态为止。将容量瓶置于（60±1）℃ 恒温水浴中保持 1h。开始时每隔 5min 振荡一次，振荡三次后再每隔 15min 振荡一次，取出量瓶，冷却至室温，用水稀释至刻度，混匀。用干燥的器皿和滤纸过滤，弃去最初几毫升滤液，所得滤液为溶液 B。

分别吸取 10~20mL 溶液 A 和溶液 B（含 P_2O_5 不大于 20mg）放于 300mL 烧杯中，加入 10mL 硝酸溶液，用水稀释至 100mL，盖上表面皿，预热近沸，加入 35mL 喹钼柠酮试剂，微沸 1min 或置于 80℃ 左右水浴中保温至沉淀分层，冷却至室温，冷却过程中转动烧杯 3~4 次。

用滤器过滤（滤器内可衬滤纸、脱脂棉等），先将上层清液滤完，然后用倾泻法洗涤沉淀 3~4 次，每次用水约 25mL。将沉淀移入滤器中，再用水洗净（检验方法：取滤液约 20mL，加一滴混合指示液和 2~3 滴浓度为 4g/L 的氢氧化钠溶液至滤液呈紫色为止）。将沉淀连同滤纸或脱脂棉移入原烧杯中，加入 0.5mol/L 氢氧化钠标准溶液，充分搅拌溶解，然后再过量 8~10mL，加入 100mL 无二氧化碳的水，搅匀溶液，加入 1mL 百里香酚蓝—酚酞混合指示液，用 0.25mol/L 盐酸标准溶液滴定至溶液从紫色经灰蓝色转变为黄色即为终点。

同时做空白试验。

C　结果计算

以五氧化二磷质量分数表示的有效磷含量按式（7-7）计算：

$$w(P_2O_5) = \frac{\frac{1}{52}[C_1(V_1 - V_3) - C_2(V_2 - V_4)]M(P_2O_5) \times 10^{-3}}{m \times \dfrac{V}{V_0}} \qquad (7-7)$$

式中　　V_0——试液溶液（溶液 A + 溶液 B）的总体积，mL；

V——吸取试液（溶液 A + 溶液 B）的总体积，mL；

V_1——消耗氢氧化钠标准溶液的体积，mL；

V_2——消耗盐酸标准溶液的体积，mL；

V_3——空白试验消耗氢氧化钠标准溶液的体积，mL；

V_4——空白试验消耗盐酸标准滴定溶液的体积，mL；

C_1——氢氧化钠标准溶液浓度，mol/L；

C_2——盐酸标准滴定溶液浓度，mol/L；

$M(P_2O_5)$ ——五氧化二磷的摩尔质量，g/mol；

　　　m——试样质量，g。

7.3.2.4　钒钼酸铵分光光度法

A　方法原理

用水、碱性柠檬酸铵溶液提取过磷酸钙中的有效磷，提取液中正磷酸根离子在酸性介质中与钼酸盐及偏钒酸盐反应，生成稳定的黄色配合物，于波长 420nm 处，用示差光度法测定其吸光度，计算五氧化二磷的含量。反应式如下：

$$2H_3PO_4 + 22(NH_4)_2MoO_4 + 2NH_4VO_3 + 46HNO_3 \Longrightarrow$$
$$P_2O_5 \cdot V_2O_5 \cdot 22MoO_3 + 46NH_4NO_3 + 26H_2O$$

B　测定步骤

测定步骤为：

（1）有效磷的提取。称取 2～2.5g 试样，精确至 0.001g，置于 75mL 蒸发皿中，用玻璃棒将试样研碎，加 25mL 水重新研磨，将清液倾注过滤于预先加入 10mL 硝酸溶液（1＋1）的 500mL 容量瓶中，继续用水研磨三次，每次用 25mL 水，然后将水不溶物转移到滤纸上，并用水洗涤水不溶物至容量瓶中溶液体积约为 200mL 左右为止，用水稀释至刻度，混匀。此为溶液 A。

将含水不溶物的滤纸转移到另一个 500mL 容量瓶中，加入 100mL 碱性柠檬酸铵溶液，盖上瓶塞，振荡到滤纸碎成纤维状态为止。将量瓶置于（60±1）℃恒温水浴中保温 1h。开始时每隔 5min 振荡一次，振荡三次后再每隔 15min 振荡一次，取出量瓶，冷却至室温，用水稀释至刻度，混匀。用干燥的器皿和滤纸过滤，弃去最初几毫升滤液，所得滤液为溶液 B。

（2）五氧化二磷标准溶液。称取在 105℃干燥 2h 的磷酸二氢钾 19.175g，用少量水溶解，并定量移入 1000mL 容量瓶中，加入 2～3mL 硝酸，用水稀释至刻度，混匀（此溶液 1mL 含有五氧化二磷 10mg）。再分别取 5.0mL、10.0mL、15.0mL、20.0mL、25.0mL、30.0mL、35.0mL 此溶液于 500mL 容量瓶中，用水稀释至刻度，混匀。配制成 10mL 溶液中分别含 1.0mg、2.0mg、3.0mg、4.0mg、5.0mg、6.0mg、7.0mg 五氧化二磷的标准溶液。

（3）有效磷的测定。吸取溶液 A 和溶液 B 各 5mL（含 P_2O_5 1.0～6.0mg）于 100mL 烧杯中，加入 1mL 碱性柠檬酸铵溶液、4mL 硝酸溶液（1＋1）和适量水，加热煮沸 5min，冷却，转移到 100mL 容量瓶中，用水稀释至 70mL 左右，准确加入 20.0mL 显色试剂，用水稀释至刻度，混匀，放置 30min 后，在波长 420nm 处，用下述方法测定。

准确吸取五氧化二磷标准溶液两份，其中一份 P_2O_5 含量低于试样溶液，另一份则高于试液溶液（两者浓度相差为 1mg P_2O_5），分别置于 100mL 容量瓶中，加 2mL 碱性柠檬酸铵溶液、4mL 硝酸溶液（1＋1），与试样溶液同样操作显色，配得标准溶液 1 和标准溶液 2。以标准溶液 1 为对照溶液（以该溶液的吸光度为零），测定标准溶液 2 和试样溶液的吸光度。用比例关系算出试样溶液中五氧化二磷的含量。

C　结果计算

以五氧化二磷的质量分数表示的有效磷含量按式（7-8）计算。

$$w(P_2O_5) = \frac{S_1 + (S_2 - S_1) \times \dfrac{A}{A_2}}{m \times \dfrac{10}{1000} \times 1000} \tag{7-8}$$

式中 S_1——标准溶液 1 中五氧化二磷含量，mg；

S_2——标准溶液 2 中五氧化二磷含量，mg；

A——试样溶液的吸光度；

A_2——标准溶液 2 的吸光度；

m——试样质量，g。

D 讨论

(1) 此法适用于含有磷酸盐的肥料，特别适合于含磷在 10% 以下（以 P_2O_5 计，在 25% 以下）的试样。但含铁较多的试样或因有机物等使溶液带有颜色时，不宜采用此法。

(2) 试液中硅（SiO_2）的含量大于磷（P_2O_5）的含量时，会产生干扰。

(3) 显色试剂。溶解 1.12g 偏钒酸铵于 150mL 约 50℃ 热水中，加入 150mL 硝酸（1 + 1），得到溶液 a；溶解 50.0g 钼酸铵于 300mL 约 50℃ 热水中，得溶液 b。然后边搅拌溶液 a，边缓慢加入溶液 b，再加水稀释至 1000mL，贮存在棕色瓶中。保存过程中如有沉淀生成则该溶液不能使用。

任务7.4 钾肥中氧化钾含量的测定

【知识要点】

知识目标：

(1) 了解钾肥种类和性质；

(2) 掌握四苯硼酸钠称量法测定原理和方法；

(3) 掌握四苯硼酸钠容量法测定原理和方法。

能力目标：

(1) 能用四苯硼酸钠称量法进行钾含量分析测定；

(2) 能用四苯硼酸钠容量法进行钾含量分析测定。

7.4.1 任务描述与分析

钾肥分为自然钾肥和化学钾肥两大类。自然钾肥有自然矿物，如光卤石、钾石盐、钾镁矾石等；有农家肥，如草木灰、豆饼、绿肥等。自然钾肥可以施用，也可以加工为较纯净的氯化钾或硫酸钾。化学钾肥主要有氯化钾、硫酸钾、硫酸钾镁、磷酸氢钾和硝酸钾等。钾肥中一般含水溶性钾盐，有少数钾肥中含有弱酸溶性的钾盐及少量难溶性钾盐。钾肥中水溶性钾盐和弱酸溶性钾盐所含钾之和称为有效钾。有效钾与难溶性钾盐所含钾之和称为总钾。钾肥的含钾量以 K_2O 表示。测定有效钾时，通常用热水溶解制备试样溶液。测定总钾含量时，一般用强酸溶解或碱熔法制备试样溶液。钾肥中钾的测定方法有四苯硼酸钠称量法、四苯硼酸钠容量法和火焰光度法。通过本章节的学习，使学生掌握称量法和容量法测钾原理和方法。

7.4.2　相关知识

7.4.2.1　四苯硼酸钠称量法测钾含量

A　方法原理

试样用稀酸溶解，加入甲醛溶液，使存在的铵离子转变成六亚甲基四胺；加入乙二胺四乙酸二钠（EDTA）消除干扰分析结果的其他阳离子。在微碱性介质中，用四苯硼酸钠沉淀钾，干燥沉淀并称量。

该法适用于氯化钾、硫酸钾和复合肥等进出口化肥中钾含量的测定。该法主要反应如下：

$$K^+ + NaB(C_6H_5)_4 \longrightarrow KB(C_6H_5)_4 \downarrow + Na^+$$

B　试剂和仪器

试剂主要包括：

（1）盐酸。密度 $1.19g/cm^3$。

（2）乙二胺四乙酸二钠（EDTA）溶液。100g/L，溶解 10g EDTA 于 100mL 水中。

（3）氢氧化铝。

（4）氢氧化钠溶液。200g/L，溶解 20g 不含钾的氢氧化钠于 100mL 水中。

（5）酚酞指示液。5g/L，溶解 0.5g 酚酞于 100mL 95% 的乙醇中。

（6）甲醛溶液。密度约 $1.1g/cm^3$。

（7）四苯硼酸钠（$NaB(C_6H_5)_4$）溶液。25g/L，称取 6.25g 四苯硼酸钠于 400mL 烧杯中，加入约 200mL 水，使其溶解，加入 5g 氢氧化铝，搅拌 10min，用慢速滤纸过滤，如滤液呈浑浊，必须反复过滤直至澄清，收集全部滤液于 250mL 容量瓶中，加入 1mL 氢氧化钠溶液，然后稀释至刻度，混匀备用，必要时，使用前重新过滤。

（8）四苯硼酸钠洗液。体积分数为 0.1%，取 40mL 四苯硼酸钠溶液，加水稀释 1L。

仪器为玻璃坩埚式过滤器，4 号过滤器，滤板孔径为 $7\sim16\mu m$。

C　测定步骤

（1）试验溶液的制备。具体包括：

1）复合肥等。称取约 5g 试样，精确至 0.0002g，置于 400mL 烧杯中，加入 150mL 水及 10mL 盐酸，煮沸 15min。冷却，移入 500mL 容量瓶中，用水稀释至刻度，混匀后干滤（若测定复合肥中水溶性钾，操作时不加盐酸，加热煮沸时间改为 30min）。

2）氯化钾、硫酸钾等。称取试样 2g，准确至 0.0002g，其他操作同复合肥。

（2）测定。准确吸取上述复合试液 20mL 或氯化钾、硫酸钾试液 10mL 于 100mL 烧杯中，加入 10mL EDTA 溶液，两滴酚酞指示液，搅匀，逐滴加入氢氧化钠溶液直至溶液的颜色变红为止，再过量 1mL。加入 5mL 甲醛溶液，搅匀（此时溶液的体积约 40mL 为宜）。

在剧烈搅拌下，逐滴加入比理论需要量（10mg K_2O 需 3mL 四苯硼酸钠溶液）多 4mL 的四苯硼酸钠溶液，静置 30min。

用预先在 120℃烘至恒重的 4 号玻璃坩埚抽滤沉淀，将沉淀用四苯硼酸钠洗液全部移入坩埚内，再用该洗液洗涤 5 次，每次用 5mL，最后用水洗涤两次，每次用 2mL。

将坩埚连同沉淀置于120℃烘箱内，干燥1h，取出，放入干燥器中冷却至室温，称重，直至恒重。

D 结果计算

以质量分数表示的氧化钾含量按式（7-9）计算。

$$w(K_2O) = \frac{(m_2 - m_1) \times 0.1314}{m} \times 100\% \qquad (7-9)$$

式中 m_1——空坩埚质量，g；

　　　m_2——坩埚和四苯硼酸钾沉淀的质量，g；

　　　m——所取试液中的试样质量，g；

　0.1314——四苯硼酸钾换算为氧化钾的换算系数。

E 方法讨论

（1）在微酸性溶液中，铵离子与四苯硼酸钠反应也能生成沉淀，故测定过程中应注意避免铵盐及氨的影响。如试样中有铵离子，可以在沉淀前加碱，并加热驱除氨，然后重新调节酸度进行测定。

（2）由于四苯硼酸钾易形成过饱和溶液。在四苯硼酸钠沉淀剂加入时速度应慢，同时要剧烈搅拌以促使它凝聚析出。考虑到沉淀的溶解度（$K_{sp} = 2.2 \times 10^{-8}$），洗涤沉淀时，应采用预先配制的四苯硼酸钾饱和溶液。

（3）沉淀剂四苯硼酸钠的加入量对测定结果有影响，应予以控制。

（4）四苯硼酸钠可用离子交换法回收，具体方法是用丙酮溶解四苯硼酸钾沉淀，将此溶液通过盛有钠型强酸性阳离子交换树脂的离子交换柱，然后将含有四苯硼酸钠的丙酮流出液蒸馏，收集丙酮，剩余物烘干即为四苯硼酸钠固体，必要时于丙酮中重结晶一次。

7.4.2.2 四苯硼酸钠容量法测钾含量

A 方法原理

试样用稀酸溶解，加甲醛溶液和乙二胺四乙酸二钠溶液，消除铵离子和其他阳离子的干扰，在微碱性溶液中，以定量的四苯硼酸钠溶液沉淀试样中钾，滤液中过量的四苯硼酸钠以达旦黄作指示剂，用季铵盐回滴至溶液自黄变成明显的粉红色，其化学反应为：

$$B(C_6H_5)_4^- + K^+ \Longrightarrow KB(C_6H_5)_4 \downarrow$$

$$Br[N(CH_3)_3 \cdot C_{16}H_{33}] + NaB(C_6H_5)_4 \Longrightarrow B(C_6H_5)_4 \cdot N(CH_3)_3C_{16}H_{33} \downarrow + NaBr$$

B 试剂和仪器

（1）盐酸。密度1.19g/cm³。

（2）乙二胺四乙酸二钠（EDTA）溶液。100g/L，溶解10g EDTA于100mL水中。

（3）氢氧化钠溶液。200g/L，溶解20g不含钾的氢氧化钠于100mL水中。

（4）甲醛溶液。密度约1.1g/cm³。

（5）四苯硼酸钠（STPB）溶液。12g/L，称取四苯硼酸钠12g于600mL烧杯中，加水约400mL，使其溶解，加入10g氢氧化铝，搅拌10min，用慢速滤纸过滤，如滤液呈浑浊，必须反复过滤直至澄清，收集全部滤液于250mL容量瓶中，加入1mL氢氧化钠溶液，然后稀释至刻度，混匀，静置48h，按下法进行标定。

准确吸取 25mL 氯化钾标准溶液，置于 100mL 容量瓶中，加入 5mL 盐酸、10mL EDTA 溶液、3mL 氢氧化钠溶液和 5mL 甲醛溶液，由滴定入 38mL（按理论需要量再多 8mL）四苯硼酸钠溶液，用水稀释至刻度，混匀，放置 5～10min 后，干过滤。

准确吸取 50mL 滤液于 125mL 锥形瓶中，加 8～10 滴达旦黄指示剂，用十六烷三甲基溴化铵（CTAB）溶液滴定溶液中过量的四苯硼酸钠至明显的粉红色为止。

按式（7-10）计算每毫升四苯硼酸钠标准溶液相当于氧化钾（K_2O）的质量（F）。

$$F = \frac{V_0 A}{V_1 - 2V_2 R} \tag{7-10}$$

式中　V_0——所取氯化钾标准溶液的体积，mL；

A——每毫升氯化钾标准溶液所含氧化钾的质量，g；

V_1——所用四苯硼酸钠标准溶液体积，mL；

2——沉淀时所用容量瓶的体积与所取滤液体积的比数；

V_2——滴定所耗十六烷三甲基溴化铵溶液的体积，mL；

R——每毫升十六烷三甲基溴化铵溶液相当于四苯硼酸钠溶液的体积。

（6）达旦黄指示剂。0.4g/L，溶解 40mg 达旦黄于 100mL 水中。

（7）十六烷三甲基溴化铵（CTAB）溶液。25g/L，称取 2.5g 十六烷三甲基溴化铵于小烧杯中，用 5mL 乙醇湿润，然后加水溶解，并稀释至 100mL，混匀，按下法测定其与四苯硼酸钠溶液的比值。

准确量取 4mL 四苯硼酸钠溶液于 125mL 锥形瓶中，加入 20mL 水和 1mL 氢氧化钠溶液，再加入 2.5mL 甲醛溶液及 8～10 滴达旦黄指示剂，由微量滴定管滴加十六烷三甲基溴化铵溶液，至溶液呈粉红色为止。按式（7-11）计算每毫升相当于四苯硼酸钠溶液的体积（R）。

$$R = \frac{V_1}{V_2} \tag{7-11}$$

式中　V_1——所取四苯硼酸钠标准溶液的体积，mL；

V_2——滴定所耗十六烷三甲基溴化铵溶液的体积，mL。

C　测定步骤

（1）试液的制备。具体包括：

1）复合肥等。称取试样 5g（准确至 0.0002g）置于 400mL 烧杯中，加入 200mL 水及 10mL，盐酸煮沸 15min。冷却，移入 500mL 容量瓶中，加水至标线，混匀后，干滤（若测定复合肥中水溶性钾，操作时不加盐酸，加热煮沸时间改为 30min）。

2）氯化钾、硫酸钾等。称取试样 1.5g（准确至 0.0002g），其他操作同复合肥。

（2）测定。准确吸取 25mL 上述滤液于 100mL 容量瓶中，加入 10mL EDTA 溶液、3mL 氢氧化钠溶液和 5mL 甲醛溶液，由滴定管加入较理论所需量多 8mL 的四苯硼酸钠溶液（10mL K_2O 需 6mL 四苯硼酸钠溶液），用水沿瓶壁稀释至标线，充分混匀，静置 5～10min，干滤。准确吸取 50mL 滤液，置于 125mL，锥形瓶内，加入 8～10 滴达旦黄指示剂，用十六烷三甲基溴化铵溶液回滴过量的四苯硼酸钠，至溶液呈粉红色为止。

D　结果计算

以质量分数表示的氧化钾含量 $w(K_2O)$ 按式（7-12）计算。

$$w(K_2O) = \frac{(V_1 - 2V_2R)F}{m} \times 100\% \qquad (7-12)$$

式中　V_1——所取四苯硼酸钠标准滴定溶液体积，mL；

　　　　V_2——滴定所耗十六烷三甲基溴化铵溶液的体积，mL；

　　　　2——沉淀时所用容量瓶的体积与所取滤液体积的比数；

　　　　R——每毫升十六烷三甲基溴化铵溶液相当于四苯硼酸钠溶液的体积，mL；

　　　　F——每毫升四苯硼酸钠标准滴定溶液相当于氧化钾的质量，g；

　　　　m——所取试液中的试样质量，g。

所得结果应表示至小数点后第二位小数。

E　方法讨论

（1）四苯硼酸钠水溶液的稳定性较差，易变质产生浑浊，也可能是水中有痕量钾所致。加入氢氧化铝，可以吸附溶液中的浑浊物质，经过滤得澄清溶液。加氢氧化钠使四苯硼酸钠溶液具有一定的碱度，也可增加其稳定性。配制好的溶液，经放置48h以上，所标定的浓度在一星期内变化不大。

（2）加甲醛使铵盐与它反应生成六亚甲基四胺，从而消除铵盐的干扰。溶液中即使不存在铵盐，加入甲醛后也可使终点明显。

（3）银、铷、铯等离子也产生沉淀反应，但一般钾肥中不含或极少含有这些离子，可不予考虑。钾肥中常见的杂质有钙、镁、铝、铁等硫酸盐和磷酸盐，虽与四苯硼酸钠不反应，但滴定是在碱性溶液中进行，可能会生成氢氧化物、磷酸盐或硫酸盐等沉淀，因吸附作用而影响滴定，故加 EDTA 掩蔽，以消除其影响。

（4）四苯硼酸钾的溶解度大于四苯硼酸季铵盐（CTAB，是一种季铵盐阳离子表面活性剂），故必须滤去，以免在用 CTAB 回滴时产生干扰。

（5）四苯硼酸钠水溶液稳定性较差，在配制时加入氢氧化钠，使溶液具有一定的碱度而增强其稳定性。一般需要48h老化时间，这样可以使一星期内的标定结果保持基本不变。

（6）试样溶液在滴定时，其 pH 必须控制在 12～13 之间。如呈酸性，则无终点出现。

（7）十六烷三甲基溴化铵是一种表面活性剂，用纯水配制溶液时泡沫很多且不易完全溶解，如把固体用乙醇先行湿润，然后加水溶解，则可得到澄清的溶液，乙醇的用量约为总液量的 5%，乙醇的存在对测定无影响。

【思考与练习】

7-1　什么是化肥，化肥的分析项目有哪些？

7-2　测定化肥含水量的方法有哪些？分别简述其测定原理。

7-3　测定氮肥含氮量的方法有哪些？分别简述其测定原理。

7-4　以甲醛法测定硫酸铵产品的氮含量时，为什么要预先中和试样及甲醛试剂的游离酸，而测定硝酸铵产品的氮含量时，为什么不需要中和试样中的游离酸？

7-5　什么是水溶性磷肥、弱酸溶性磷肥、难溶性磷肥、有效磷、全磷？

7-6　分别叙述磷钼酸喹啉重量法和磷钼酸铵容量法测定五氧化二磷的原理。

7 - 7　分别叙述四苯硼酸钾重量法和四苯硼酸钠容量法测定钾肥产品中氧化钾含量的原理。

7 - 8　以四苯硼酸钾重量法和四苯硼酸钠容量法测定氧化钾含量时，有哪些干扰元素，应如何消除？

7 - 9　分析一批氨水试样时，吸取 2.00mL 试样注入已盛有 25.00mL，0.5000mol/L 硫酸标准溶液的锥形瓶中，加入指示剂后，用同浓度的氢氧化钠标准溶液滴定，终点时耗去 10.86mL。已知该氨水的相对密度为 0.932g/mL，试问它的氨含量和氮含量分别是多少？

7 - 10　测定一批钙镁磷肥的有效磷含量时，以 100mL 20g/L 柠檬酸溶液处理 1.6372g 试样后，移取其干滤液 100mL 进行沉淀反应，最后得到 0.8030g 无水磷钼酸喹啉。求该产品的有效磷含量。

7 - 11　称取氯化钾化肥试样 24.132g 溶解于水，过滤后制成 500mL 溶液。从其中移取 25mL，再稀释至 500mL。吸取其中 15mL 与过量的四苯硼酸钠溶液反应，到 0.1451g 无水四苯硼酸钾。请求出该批产品的氧化钾含量是多少？

【项目实训】

实训题目：

钾肥中氧化钾含量的测定（重量法）

教学目的：

（1）掌握重量法测氧化钾方法；

（2）掌握实验试剂的配制方法。

实验原理：

在弱碱性溶液中，四苯硼酸钠溶液与试样溶液中的钾离子生成白色四苯硼酸钾沉淀，将沉淀过滤、干燥及称重。反应式如下：

$$KCl + Na[B(C_6H_5)_4] = K[B(C_6H_5)_4] \downarrow + NaCl$$

如试样中含有氰氨基化物或有机物时，可先加溴水和活性炭处理。为了防止阳离子干扰，可预先加入适量的 EDTA，使阳离子与乙二胺四乙酸二钠盐配位。

仪器设备：

（1）通常实验室用仪器。

（2）玻璃坩埚式滤器 4 号，30mL。

（3）干燥箱能维持（120±5）℃的温度。

试剂：

（1）四苯硼酸钠溶液，15g/L。

（2）EDTA 溶液，40g/L。

（3）氢氧化钠溶液，400g/L。

（4）溴水溶液，约 5%（质量分数）。

（5）四苯硼酸钠洗涤液，1.5g/L。

（6）酚酞（5g/L）乙醇溶液。溶解 0.5g 酚酞于 100mL 95%（质量分数）乙醇中。

（7）活性炭。应不吸附或不释放钾离子。

（8）试样溶液的制备。做两份试料的平行测定。

按《复混肥料实验室样品制备》GB/T 8571—2008 规定制备实验室样品。

称取含氧化钾约 400mg 的试样 2~5g（称量至 0.0002g），置于 250mL 锥形瓶中，加约 150mL 水，加热煮沸 30min，冷却，定量转移到 250mL 容量瓶中，用水稀释至刻度，摇匀，干过滤，弃去最初 50mL 滤液（原因：滤液在经过滤纸时，滤纸会吸收部分水分，所以初滤液的实际浓度要高于其原浓度）。

实验步骤：

（1）试液处理。具体为：

1）试样不含氰氨基化物或有机物。吸取上述滤液 25.0mL，置于 200mL 烧杯中，加 EDTA 溶液 20mL（含阳离子较多时可加 40mL），加 2~3 滴酚酞溶液，滴加氢氧化钠至红色出现时，再过量 1mL，在良好的通风橱内缓慢加热煮沸 15min，然后放置冷却或用流水冷却至室温，若红色消失，再用氢氧化钠溶液调至红色。

2）试样含有氰氨基化物或有机物。吸取上述滤液 25.0mL，置于 200~250mL 烧杯中，加溴水溶液 5mL，将该溶液煮沸直至所有溴水完全脱除为止（无溴颜色），若含有其他颜色，将溶液体积蒸发至小于 100mL，待溶液冷却后，加 0.5g 活性炭，充分搅拌使之吸附，然后过滤，并洗涤 3~5 次，每次用水约 5mL，收集全部滤液，加 EDTA（含阳离子较多时可加 40mL），以下步骤同上操作。

（2）沉淀及过滤。在不断搅拌下，于上述 1）或 2）中逐滴加入四苯硼酸钠溶液，加入量为每含 1mg 氧化钾加四苯硼酸钠溶液 0.5mL，并过量约 7mL，继续搅拌 1min，静置 15min 以上，用倾泻法将沉淀过滤于 120℃ 下预先恒重的 4 号玻璃坩埚式滤器内，用四苯硼酸钠洗涤沉淀 5~7 次，每次用量约 5mL，最后用水洗涤两次，每次用量 5mL。

（3）干燥。将盛有沉淀的坩埚置入（120±5）℃ 干燥箱中，干燥 1.5h，然后放在干燥器内冷却，称重。

（4）结果计算。钾含量以氧化钾（K_2O）的质量分数（%）表示，按式（7−13）计算。

$$w(K_2O) = \frac{(m_2 - m_1) \times 0.1314}{m \times 25/250} \times 100\% \qquad (7-13)$$

式中　m_1——空坩埚质量，g；

　　　m_2——坩埚和四苯硼酸钾沉淀质量，g；

　　　m——试样质量，g。

数据记录与处理见表 7−4。

表 7−4　数据记录与处理

项目 ＼ 次数	1	2	3
m_1/g			
m_2/g			
m/g			
$w(K_2O)/\%$			

项目 　　　　　　　　次数	1	2	3
$w(K_2O$ 平均$)/\%$			
相对极差			

注意事项：

（1）由于四苯硼酸钾容易形成过饱和溶液，在四苯硼酸钠溶液加入时速度应慢，同时要剧烈搅拌以促使它凝聚析出。考虑到沉淀的溶解度（$K_{sp} = 2.2 \times 10^{-8}$），洗涤沉淀时，应采用四苯硼酸钠饱和液。

（2）沉淀剂四苯硼酸钠溶液加入量对测定结果有影响，应予以控制。

（3）在微酸性溶液中，NH_4^+ 与四苯硼酸钠反应也能生成沉淀，故测定过程应注意避免铵盐及氨的影响。如试液中有 NH_4^+，可以在沉淀前加碱，并加热驱除氨，然后重新调整酸度进行测定。

项目8 气体分析

气体分析的目的在于了解气体的组成及含量，了解生产是否正常；根据燃料气的成分计算出燃料的发热量；根据烟道气的成分，了解燃料的组成，计算燃料的发热量；根据烟道气的成分，了解燃烧是否正常。另外，通过对车间环境空气质量的分析，对安全生产、保护环境和工人的身体健康都是很必要的。

【知识要点】

知识目标：
(1) 了解气体分析项目；
(2) 掌握气体化学吸收分析法原理；
(3) 掌握燃烧气体分析法原理。

能力目标：
(1) 能用吸收法进行气体分析；
(2) 能用燃烧法进行气体分析。

8.1 任务描述与分析

气体分析方法可分为化学分析法、物理分析法及物理化学分析法。化学分析法是根据气体的某一化学特性进行测定的，如吸收法、燃烧法；物理分析法是根据气体的物理特性如密度、导热系数、折射率、热值等来进行测定的；物理化学分析方法是根据气体的物理化学特性来进行测定的，如导电法、色谱法、红外光谱法等。通过本章节的学习，使学生掌握气体分析的化学吸收法和燃烧法测定原理及操作方法。

8.2 相关知识

8.2.1 气体化学吸收法

工业气体种类很多，根据它们在工业上的用途大致可分为气体燃料、化工原料气、气体产品、废气及车间环境空气等。气体燃料主要有天然气、焦炉煤气、石油气、水煤气等；化工原料气除天然气、焦炉煤气、石油气、水煤气外还有黄铁矿焙烧炉气（主要成分是二氧化硫，用于合成硫酸）、石灰焙烧窑气（主要成分是二氧化碳，用于制碱工业）以及 H_2、Cl_2、乙炔等；常见的气体产品主要氢气、氮气、氧气、乙炔气、氦气等；废气是指各种工业用炉的烟道气，主要成分为 N_2、O_2、CO、CO_2、水蒸气及少量的其他气体，以及在化工生产中排放出来的大量尾气。

8.2.1.1　吸收体积法

吸收体积法是利用气体的化学特性，使气体混合物和特定的吸收剂接触，吸收剂对混合气体中所测定的气体定量地发生化学吸收作用（而不与其他组分发生任何作用）。如果在吸收前、后的温度及压力保持一致，则吸收前、后的气体体积之差，即为待测气体的体积。例如 CO_2、O_2、N_2 的混合气体，当与氢氧化钾溶液接触时，CO_2 被吸收，而吸收产物为 K_2CO_3，其他组分不被吸收。

A　常见的气体吸收剂

用来吸收气体的化学试剂称为气体吸收剂。由于各种气体具有不同的化学特性，所选用的吸收剂也不相同。吸收剂可分为液态和固态两种，在大多数情况下，都以液态吸收剂为主。下面简单介绍几种常见的气体吸收剂。

（1）氢氧化钾溶液。CO_2 和 NO_2 气体的吸收剂，反应式如下：

$$CO_2 + 2KOH = K_2CO_3 + H_2O$$
$$2NO_2 + 2KOH = KNO_3 + KNO_2 + H_2O$$

一般使用33%的 KOH 溶液，1mL 此溶液能吸收40mL 的 CO_2，它适用于中等浓度及高浓度（2%～3%以上）的 CO_2 测定。另外，氢氧化钾溶液也能吸收 H_2S、SO_2 和 NO_2 等酸性气体，在测定时必须预先除去。

需要注意的是吸收 CO_2 时常用 KOH 而不用 NaOH，因为浓的 NaOH 溶液易起泡沫，且产生的 Na_2CO_3 容易堵塞管路。

（2）焦性没食子酸碱溶液。焦性没食子酸（1，2，3 – 三羟基苯）的碱溶液是 O_2 的吸收剂。焦性没食子酸与氢氧化钾作用生成焦性没食子酸钾，反应式如下：

$$C_6H_3(OH)_3 + 3KOH = C_6H_3(OK)_3 + 3H_2O$$

焦性没食子酸钾与 O_2 反应被氧化生成六氧基联苯钾，反应式如下：

$$2C_6H_3(OK)_3 + \frac{1}{2}O_2 = (KO)_3H_2C_6 - C_6H_2(OK)_3 + H_2O$$

用它来测定氧时，温度最好不要低于15℃。因为吸收剂是碱性溶液，酸性气体和氧化性气体对测定有干扰，在测定前应除去。

（3）亚铜盐溶液。亚铜盐的盐酸溶液或亚铜盐的氨溶液是 CO 的吸收剂。CO 与氯化亚铜作用生成不稳定的配合物 $Cu_2Cl_2 \cdot 2CO$。反应式如下：

$$Cu_2Cl_2 + 2CO = Cu_2Cl_2 \cdot 2CO$$

若在氨性溶液中，则进一步发生反应。

$$Cu_2Cl_2 \cdot 2CO + 4NH_3 + 2H_2O = Cu_2(COONH_4)_2 + 2NH_4Cl$$

因氨水的挥发性较大，用亚铜盐氨溶液吸收 CO 后的剩余气体中常混有氨气，影响气体的体积，故在测量剩余气体体积之前，应将剩余气体通过硫酸溶液以除去氨（即进行第二次吸收）。亚铜盐氨溶液也能吸收氧、乙炔、乙烯及酸性气体。故在测定 CO 之前均应加以除去。

（4）饱和溴水。不饱和烃的吸收剂，溴能和不饱和烃（乙烯、丙烯、丁烯、乙炔等）发生加成反应并生成液态的饱和溴化物。反应式如下：

$$CH_2 = CH_2 + Br_2 = CH_2Br - CH_2Br$$

$$CH \equiv CH + 2Br_2 \Longrightarrow CHBr_2—CHBr_2$$

在实验条件下，苯不能与溴反应，但能缓慢地溶解于溴水中，所以苯也可以一起被测定出来。

（5）硫酸汞、硫酸银的硫酸溶液。硫酸在有硫酸银（或硫酸汞）作为催化剂时，能与不饱和烃作用生成烃基磺酸、亚烃基磺酸、芳烃磺酸等。反应式如下：

$$CH_2 \equiv CH_2 + H_2SO_4 \Longrightarrow CH_3CH_2OSO_2OH$$
$$CH \equiv CH + 2H_2SO_4 \Longrightarrow CH_3CH(OSO_2OH)_2$$
$$C_6H_6 + H_2SO_4 \Longrightarrow C_6H_5SO_3H + H_2O$$

（6）硫酸—高锰酸钾溶液。二氧化氮的吸收剂，反应式如下：

$$2NO_2 + H_2SO_4 \Longrightarrow OH(ONO)SO_2 + HNO_3$$
$$10NO_2 + 2KMnO_4 + 3H_2SO_4 + 2H_2O \Longrightarrow 10HNO_3 + K_2SO_4 + 2MnSO_4$$

（7）碘溶液。SO_2 的常用吸收剂，由于碘能氧化还原性气体，因此分析前应将试样中的还原性气体如 H_2S 除去。

B　混合气体的吸收顺序

在混合气体中，每一种成分并没有一种专一的吸收剂。因此，在吸收过程中，必须根据实际情况，合理安排吸收顺序，才能消除气体组分间的相互干扰，得到准确的结果。

例如：煤气中的主要成分是 CO_2、O_2、CO、CH_4、H_2 等，根据所选用的吸收剂性质，在进行煤气分析时，应按如下吸收顺序进行：氢氧化钾溶液—焦性没食子酸的碱性溶液—氯化亚铜的氨性溶液。

由于氢氧化钾溶液只吸收组分中的 CO_2，因此应排在第一。焦性没食子酸的碱性溶液只吸收 O_2，但因为是碱性溶液，也能吸收 CO_2 气体。因此，应排在氢氧化钾吸收液之后。氯化亚铜的氨性溶液不但能吸收 CO，同时还能吸收 CO_2、O_2 等。因此，只能把这些干扰组分除去之后才能使用。而 CH_4 和 H_2 须用燃烧法测定，剩余气体为 N_2。

C　常见的气体分析仪

常见的气体吸收仪有奥氏（QF）气体分析仪和苏式（ВТИ）气体分析仪两种。

a　奥氏气体分析仪

奥氏气体分析仪如图 8-1 所示，为改良奥氏 QF-190 型气体分析仪，它主要由一支量气管、四个吸收瓶和一个爆炸瓶组成。它可进行 CO_2、O_2、CH_4、H_2、N_2 混合气体的分析测定。其特点是构造简单，轻便、易操作，分析速度快，但精度不高，不能适应更复杂的混合气体分析。

（1）量气管。该仪器使用的是单臂直式量气管，该量管为 100mL 有刻度的玻璃管，分度值为 0.2mL，可读出在 100mL 体积范围内的所示体积，如图 8-2 所示。量气管的末端用橡皮管与水准瓶相连，顶端是引入气体与赶出气体的出口，可与取样管相通。当水准瓶升高时，液面上升，可将量气管中的气体赶出；当水准瓶放低时液面下降，将气体吸入量气管；与进气管、排气管配合使用，可完成排气和吸入样品的操作。当收集足够的气体以后，关闭气体分析器上的进样阀门，将量气管的液面与水准瓶的液面处在同一个水平上，读出量气管上的读数，即为气体的体积。

（2）吸收瓶。吸收瓶是供气体进行吸收作用的容器，分为两部分，一部分是作用部分，另一部分是承受部分。每部分的体积应比量气管大，约为 120~150mL，二者并列排

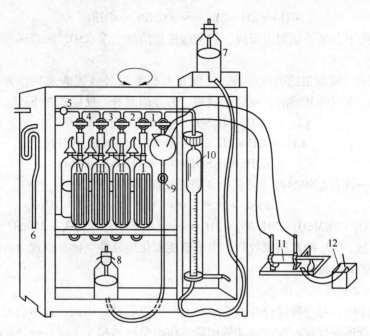

图 8 - 1　改良式奥氏气体分析仪

1 ~ 4, 9—活塞；5—三通活塞；6—进样口；7, 8—水准瓶；

10—量气管；11—点火器；12—电源；Ⅰ ~ Ⅳ—吸收瓶

列。作用部分经活塞与梳形管相连，承受部分与大气相通。使用时，将吸收液吸至作用部分的顶端，当气体由量气管进入吸收瓶中时，吸收液由作用部分流入承受部分，气体与吸收液发生吸收作用。为了增大气体与吸收剂的接触面积以提高吸收效率，在吸收瓶的吸收部分装有许多直立的玻璃管，这种吸收瓶称为接触式吸收瓶（见图 8 - 3）。

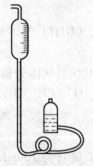

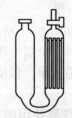

图 8 - 2　单臂直式量气管　　　　　　　图 8 - 3　接触式吸收瓶

（3）爆炸瓶。如图 8 - 4 所示为爆炸瓶示意图，它是一个球形厚壁的玻璃容器，在球的上端熔封两条铂金丝，铂丝的外端经导线与电源连接。球的下端管口用橡皮管连接水准瓶。使用前用封闭液充满到球的顶端，引入气体后封闭液至水准瓶中，用感应线圈在铂丝间产生电火花以点燃混合气体。

目前使用较为方便的是压电陶瓷火花发生器，其原理是借助两只圆柱形特殊陶瓷受到相对冲击后产生 10000V 以上高压脉冲电流，火花发生率高，可达 100% 不用电源，安全可靠，发火次数可达 50000 次以上。

（4）梳形管。用来连接量器管、吸气瓶和燃烧管，是气体流动的通路，如图8-5所示。

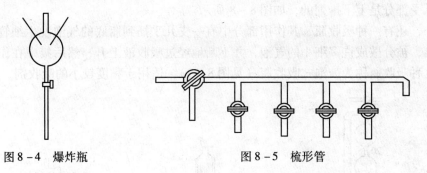

图8-4 爆炸瓶　　　　　　　　图8-5 梳形管

b 苏式气体分析仪

图8-6所示为苏式气体分析仪，它由一支双臂式量气管、七个吸收瓶、一个氧化铜燃烧管、一个缓燃管等组成。它可进行煤气全分析或更复杂的混合气体分析。仪器构造较为复杂，分析速度较慢，但精度较高。

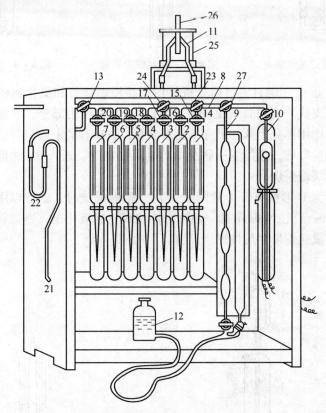

图8-6 苏式（ВТИ）气体分析仪

1~7—吸收瓶；8—梳形管；9—量气管；10—缓燃管；11—氧化铜燃烧管；12—水准瓶；
13，24，27—三通活塞；14~20，23—活塞；21—进样口；22—过滤管；25—加热器；26—热电偶

（1）双臂式量气管。图8-7为双臂式量气管示意图，总体积是100mL，左臂由四个20mL的玻璃球组成，右臂是分度值为0.05mL，体积为20mL的细管。量气管顶端通过活塞与取样器、吸收瓶相连，下端有活塞用以分别量取气体体积，末端用橡皮管与水准瓶相连。

（2）吸收瓶。苏式（ВТИ）气体分析仪使用的吸收瓶也是接触式吸收瓶，但其作用部分和承受部分是上下排列的，如图 8-8 所示。

另外，还有一种吸收瓶，其作用部分中有一支几乎插到瓶底的气泡发生细管，气体经喷头喷出，被分散成许多细小的气泡，并不断地经过吸收液上升，然后集中在作用部分的上部，这种吸收瓶称为鼓泡式吸收瓶（见图 8-9），适用于黏度较小的吸收剂。

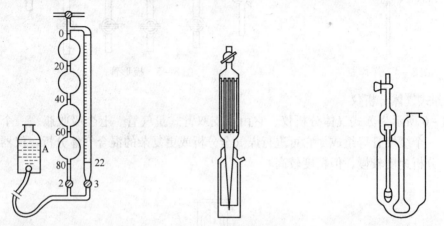

图 8-7　双臂式量气管　　　　图 8-8　接触式吸收瓶　　　　图 8-9　鼓泡式吸收瓶

（3）燃烧管。苏式（ВТИ）气体分析仪使用缓慢燃烧管和氧化铜燃烧管。缓燃管通常为上下排列的两支优质玻璃管（见图 8-10），上部为作用部分，下部为承受部分。由承受部分底部直至作用部分上部，贯穿一支玻璃管，玻璃管的上端口外熔封处有一段螺旋状铂丝，管内为钢丝导线，通过变压器及滑动电阻接电源。通入 6V 的低压电源，使铂丝炽热，则可使气体缓慢燃烧。

氧化铜燃烧管为 U 形石英管（见图 8-11），低温燃烧时，也可以用石英玻璃管。在管的中部长约 10cm，直径约 6mm 的一段填有棒状或粒状氧化铜。燃烧管用电炉加热，可燃性气体在管内与氧化铜发生缓慢燃烧反应。

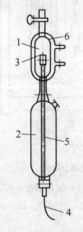

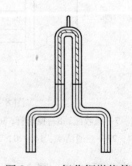

图 8-10　缓燃管　　　　　　图 8-11　氧化铜燃烧管

1—作用部分；2—承受部分；3—螺旋状铂丝；

4—导丝；5—玻璃管；6—水套

8.2.1.2 其他吸收方法

A 吸收滴定法

吸收滴定法的原理是使混合气体通过特定的吸收剂，待测组分与吸收剂发生反应而被吸收，然后在一定的条件下，用特定的标准溶液滴定，根据消耗标准溶液的体积，计算出待测气体的含量。

例如，焦炉煤气中少量硫化氢的测定，就是使一定量的气体试样通过醋酸镉溶液。硫化氢被吸收生成黄色的硫化镉沉淀，然后将溶液酸化，加入过量的碘标准溶液，S^{2-} 被氧化为 S，剩余的碘用硫代硫酸钠标准溶液滴定，由碘的消耗量计算出硫化氢的含量。反应式如下：

$$H_2S + Cd(CH_3COO)_2 === CdS\downarrow + 2CH_3COOH$$
$$CdS + 2HCl + I_2 === 2HI + CdCl_2 + S\downarrow$$
$$I_2 + 2Na_2S_2O_3 === Na_2S_4O_6 + 2NaI$$

B 吸收重量法

吸收重量法的原理是将混合气体通过吸收剂，使待测气体与吸收剂发生化学反应（或物理吸附），使吸收剂增加一定的质量，根据吸收剂增加的质量，计算出待测气体的含量。

例如，测定混合气体中微量的二氧化碳时，使混合气体通过固体的碱石灰（一份氢氧化钠和两份氧化钙的混合物，常加一点酚酞而呈粉红色）或碱石棉（50%氢氧化钠溶液中加入石棉，搅拌成糊状，在 150~160℃ 烘干，冷却研磨成小块），二氧化碳被吸收。精确称量吸收剂吸收气体前、后的质量，根据吸收剂前、后质量之差，即可计算出二氧化碳的含量。

吸收重量法还常用于有机化合物中碳、氢等元素含量的测定。将有机物在管式炉内燃烧后，氢燃烧后生成水蒸气，碳则生成二氧化碳。将生成的气体导入已准确称重的装有高氯酸镁的吸收管中，水蒸气被高氯酸镁吸收，质量增加，称取高氯酸镁吸收管的质量，可计算出氢的含量。将从高氯酸镁吸收管流出的剩余气体导入装有碱石棉的吸收管中，吸收二氧化碳后称取质量，可计算出碳的含量。实际实验过程中，将装有高氯酸镁的吸收管和装有碱石棉的吸收管串联，高氯酸镁吸收管在前，碱石棉吸收管在后。

C 吸收比色法

吸收比色法的原理是使混合气体通过吸收剂，待测气体被吸收后与吸收剂作用产生不同的颜色，或吸收后再进行显色反应，其颜色的深浅与待测气体的含量成正比。用分光光度计测定溶液的吸光度，根据标准曲线或线性回归方程求出待测气体的含量。

例如，测定混合气体中微量的乙炔时，使混合气体通过亚铜盐的氨溶液，乙炔被吸收，生成紫红色的乙炔亚铜胶体溶液。反应式如下：

$$2C_2H_2 + Cu_2Cl_2 === 2CH \equiv CCu + 2HCl$$

由于生成的紫红色的乙炔亚铜胶体溶液颜色的深浅与乙炔的含量成正比，因此可进行比色测定，从而得出乙炔的含量。

另外，废气中的二氧化硫、氮氧化物等均可采用吸收比色法进行测定。

8.2.2　燃烧法

燃烧法的主要理论依据是当可燃性气体燃烧时，其体积发生缩减，并消耗一定体积的氧气，产生一定体积的二氧化碳。它们都与原来的可燃性气体有一定的比例关系，可根据它们之间的这种定量关系，分别计算出各种可燃性气体组分的含量。

8.2.2.1　燃烧方法

使可燃性气体燃烧，常用爆炸法、缓燃法和氧化铜燃烧法。

（1）爆炸法。可燃性气体与空气或氧气混合，当其比例达到一定限度时，受热（或遇火花）能引起爆炸性的燃烧。气体爆炸有两个极限，上限与下限。上限是指可燃气体能引起爆炸的最高含量；下限指可燃性气体能引起爆炸的最低含量。如 H_2 在空气中的爆炸上限是 74.2%（体积分数），爆炸下限是 4.1%，即当 H_2 的体积在空气中所占比例在 4.1% ~ 74.2% 之内时，具有爆炸性。常压下，可燃气体或蒸气在空气中的爆炸极限见表 8 - 1。

表 8 - 1　常压下，可燃气体或蒸气在空气中的爆炸极限（体积分数）　　　　（%）

气体名称	化学式	下限	上限	气体名称	化学式	下限	上限
甲烷	CH_4	5.0	15.0	丁烯	C_4H_8	1.7	9.0
一氧化碳	CO	12.5	74.2	戊烷	C_5H_{12}	1.4	8.0
甲醇	CH_3OH	6.0	37.0	戊烯	C_5H_{10}	1.6	
二硫化碳	CS_2	1.0	—	己烯	C_6H_{14}	1.3	
乙烷	C_2H_6	3.2	12.5	苯	C_6H_6	1.4	8.0
乙烯	C_2H_4	2.8	28.6	庚烷	C_7H_{16}	1.1	—
乙炔	C_2H_2	2.6	80.5	甲苯	C_7H_8	1.2	7.0
乙醇	C_2H_5OH	3.5	19.0	辛烷	C_8H_{18}	1.0	
丙烷	C_3H_8	2.4	9.5	氢气	H_2	4.1	74.2
丙烯	C_3H_6	2.0	11.1	硫化氢	H_2S	4.3	45.5
丁烷	C_4H_{10}	1.9	8.5				

爆炸法的特点是分析所需的时间最短。

（2）缓燃法。可燃性气体与空气或氧气混合，经过炽热的铂质螺旋丝而引起缓慢燃烧，所以称为缓燃法。可燃性气体与空气或氧气的混合比例应在可燃性气体的爆炸极限以下，故可避免爆炸危险。如在上限以上，则氧气量不足，可燃性气体不能完全燃烧。缓燃法所需时间较长。

（3）氧化铜燃烧法。氧化铜燃烧法的特点在于被分析的气体中不必加入燃烧所需的氧气，所用的氧可自氧化铜被还原放出。因此，测定后的计算也因不加入氧气而简化。

例如，氢在 280℃ 左右可在氧化铜上燃烧，甲烷在此温度下不能燃烧，高于 290℃ 时才开始燃烧，一般浓度的甲烷在 600℃ 以上时在氧化铜上可以燃烧完全。反应如下：

$$H_2 + CuO \Longrightarrow Cu + H_2O$$
$$CH_4 + 4CuO \Longrightarrow 4Cu + CO_2 + 2H_2O$$

氧化铜使用后，可在 400℃ 的条件下通入空气使之氧化即可再生。

8.2.2.2　可燃性气体燃烧后的计算

在某一可燃气体内通入氧气，使之燃烧，测量其体积的缩减数、消耗氧气的体积数及在燃烧反应中所生成的二氧化碳体积数，就可以计算出原可燃性气体的体积，并可进一步计算出所在混合气体中的体积分数。

A　一元可燃性气体燃烧后的计算

如果气体混合物中只含有一种可燃性气体时，测定过程和计算都比较简单。先用吸收法除去其他组分（如二氧化碳、氧），再取一定量的剩余气体（或全部），加入一定量的空气使之进行燃烧。经燃烧后，测出其体积的缩减量及生成的二氧化碳体积。根据燃烧法的原理，计算出可燃性气体的含量。常见可燃性气体的燃烧反应和各种气体的体积之间的关系见表8-2。

表8-2　常见可燃性气体燃烧反应与各种气体体积关系

气体名称	燃烧反应	可燃气体体积	消耗 O_2 体积	缩减体积	生成 CO_2 体积
氢气	$2H_2 + O_2 \Longrightarrow 2H_2O$	V_{H_2}	$\frac{1}{2}V_H$	$\frac{3}{2}V_{H_2}$	0
一氧化碳	$2CO + O_2 \Longrightarrow 2CO_2$	V_{CO}	$\frac{1}{2}V_{CO}$	$\frac{1}{2}V_{CO}$	V_{CO}
甲烷	$CH_4 + 2O_2 \Longrightarrow CO_2 + 2H_2O$	V_{CH_4}	$2V_{CH_4}$	$2V_{CH_4}$	V_{CH_4}
乙烷	$2C_2H_6 + 7O_2 \Longrightarrow 4CO_2 + 6H_2O$	$V_{C_2H_6}$	$\frac{7}{2}V_{C_2H_6}$	$\frac{5}{2}V_{C_2H_6}$	$2V_{C_2H_6}$
乙烯	$C_2H_4 + 3O_2 \Longrightarrow 2CO_2 + 2H_2O$	$V_{C_2H_4}$	$3V_{C_2H_4}$	$2V_{C_2H_4}$	$2V_{C_2H_4}$

【例8-1】 有 O_2、CO_2、CH_4、N_2 的混合气体 80.00mL，向用吸收法测定 O_2、CO_2 后的剩余气体中加入空气，使之燃烧，经燃烧后的气体用氢氧化钾溶液吸收，测得生成的 CO_2 的体积为 40.00mL，计算混合气体中甲烷的体积百分含量。

解：
$$CH_4 + 2O_2 \Longrightarrow CO_2 + 2H_2O$$
甲烷燃烧时所生成的 CO_2 体积等于混合气体中甲烷的体积。
$$V_{CH_4} = V_{CO_2} = 40.00mL$$
$$\varphi(CH_4) = \frac{40.00}{80.00} \times 100\% = 50.0\%$$

【例8-2】 有 H_2 和 N_2 的混合气体 40.00mL，加空气经燃烧后，测得其总体积减少 18.00mL，求 H_2 在混合气体中的体积分数。

解：
$$2H_2 + O_2 \Longrightarrow 2H_2O$$
当 H_2 燃烧时，体积的缩减量为 H_2 体积的 $\frac{3}{2}$。
$$V_{缩} = \frac{3}{2}V_{H_2}, \quad V_{H_2} = \frac{2}{3}V_{缩} = \frac{2}{3} \times 18.00 = 12.00mL$$
$$\varphi(H_2) = \frac{12.00}{40.00} \times 100\% = 30.00\%$$

B　二元可燃性气体混合物燃烧后的计算

如果气体混合物中含有两种可燃性气体组分，先用吸收法除去干扰组分，向剩余气体中加入过量的空气，使之进行燃烧。经燃烧后，测量其体积缩减量、生成二氧化碳的体积、消耗氧的体积等，列出二元一次方程组，即可求出可燃性气体的体积，并计算出混合气体中的可燃性气体的体积百分含量。

【例 8-3】有 CO、CH_4、N_2 的混合气体 40.00mL，加入过量的空气，经燃烧后，测得其体积缩减 42.00mL，生成 $CO_2$36.00mL。计算混合气体中各组分的体积分数。

解：根据可燃性气体的体积与缩减体积和生成 CO_2 体积的关系，得到：

$$\begin{cases} V_{缩} = \dfrac{1}{2}V_{CO} + 2V_{CH_4} = 42.00\text{mL} \\ V_{CO_2} = V_{CO} + V_{CH_4} = 36.00\text{mL} \end{cases}$$

解方程组得：

$$V_{CH_4} = 16.00\text{mL}$$
$$V_{CO} = 20.00\text{mL}$$
$$V_{N_2} = 40.00 - (16.00 + 20.00) = 4.00\text{mL}$$

于是混合气体中的各组分的体积分数为：'

$$\varphi(CO) = \frac{20.00}{40.00} \times 100\% = 50.0\%$$

$$\varphi(CH_4) = \frac{16.00}{40.00} \times 100\% = 40.0\%$$

$$\varphi(N_2) = \frac{4.00}{40.00} \times 100\% = 10.0\%$$

【例 8-4】由 H_2、CH_4、N_2 组成的气体混合物 20.00mL，加入空气 80.00mL，混合燃烧后，测量体积为 90.00mL，经氢氧化钾溶液吸收后，测量体积为 86.00mL，求各种气体在原混合气体中的体积分数。

解：混合气体的总体积应为：80.00 + 20.00 = 100.00mL

总体积缩减量应为：100.00 - 90.00 = 10.00mL

生成 CO_2 应为：90.0 - 86.0 = 4.0mL

根据可燃性气体的体积与缩减体积和生成 CO_2 体积的关系，得：

$$\begin{cases} V_{缩} = \dfrac{3}{2}V_{H_2} + 2V_{CH_4} = 10.00\text{mL} \\ V_{CO_2} = V_{CH_4} = 4.00\text{mL} \end{cases}$$

解方程组得：

$$V_{CH_4} = 4.00\text{mL}$$
$$V_{H_2} = 1.33\text{mL}$$
$$V_{N_2} = 20 - (4.00 + 1.33) = 14.67\text{mL}$$

于是原混合气体中各气体的体积分数为：

$$\varphi(CH_4) = \frac{4.00}{20.00} \times 100\% = 20.0\%$$

$$\varphi(H_2) = \frac{1.33}{20.00} \times 100\% = 6.60\%$$

$$\varphi(N_2) = \frac{14.67}{20.00} \times 100\% = 73.4\%$$

C 三元可燃性气体混合物燃烧后的计算

如果气体混合物中含有三种可燃性气体组分，先用吸收法除去干扰组分，再取一定量的剩余气体（或全部），加入过量的空气，进行燃烧。经燃烧后，测量其体积的缩减量、耗氧量及生成二氧化碳的体积。列出三元一次方程组，解方程组可求得可燃性气体的体积，并计算出混合气体中可燃气体的体积分数。

【例8-5】有CO_2、CH_4、O_2、CO、H_2、N_2的混合气体100.0mL。用吸收测得CO_2为6.00mL，O_2为4.00mL，用吸收后的剩余气体20.00mL，加入氧气75.00mL进行燃烧，燃烧后其体积缩减量为10.11mL，后用吸收法测得CO_2为6.22mL，O_2为65.31mL。求混合气体中各组分的体积分数。

解： 混合气体CO_2、CH_4、O_2、CO、H_2、N_2中的CO_2和O_2被吸收后，混合气体的组成为CH_4、CO、H_2、N_2，其中CH_4、CO、H_2为可燃性组分。

由吸收法测得；

$$\varphi(CO_2) = \frac{6.00}{100.0} \times 100\% = 6.00\%$$

$$\varphi(O_2) = \frac{4.00}{100.0} \times 100\% = 4.00\%$$

燃烧后所消耗的体积为：75.00 - 65.31 = 9.69mL，根据可燃性气体的体积与缩减体积、生成CO_2体积、耗氧体积的关系，得：

$$\begin{cases} V_{缩} = \frac{1}{2}V_{CO} + 2V_{CH_4} + \frac{3}{2}V_{H_2} = 10.11mL \\ V_{CO_2} = V_{CO} + V_{CH_4} = 6.22mL \\ V_{耗氧} = \frac{1}{2}V_{CO} + 2V_{CH_4} + \frac{1}{2}V_{H_2} = 9.69mL \end{cases}$$

吸收法吸收CO_2和O_2后的剩余气体体积为：100.0 - 6.00 - 4.00 = 90.00mL

燃烧法是取其中的20.00mL进行测定的，于是在90.00mL的剩余气体中的体积应为：

$$V_{CH_4} = \frac{3 \times 9.69 - 6.22 - 10.11}{3} \times \frac{90.00}{20.00} = 19.1mL$$

$$V_{CO} = \frac{4 \times 6.22 - 3 \times 9.69 + 10.11}{3} \times \frac{90.00}{20.00} = 8.90mL$$

$$V_{H_2} = (10.11 - 9.69) \times \frac{90.00}{20.00} = 1.90mL$$

于是混合气体中可燃性气体的体积分数为：

$$\varphi(CH_4) = \frac{19.1}{100.0} \times 100\% = 19.1\%$$

$$\varphi(CO) = \frac{8.90}{100.0} \times 100\% = 8.90\%$$

$$\varphi(H_2) = \frac{1.90}{100.0} \times 100\% = 1.90\%$$

【思考与练习】

8-1 煤气中的主要成分是 CO_2、O_2、CO、CH、H_2 等，根据吸收剂性质，在进行煤气分析时，正确的吸收顺序是（　　）。

A. 焦性没食子酸的碱性溶液—氯化亚铜的氨性溶液—氢氧化钾溶液

B. 氯化亚铜的氨性溶液—氢氧化钾溶液—焦性没食子酸的碱性溶液

C. 氢氧化钾溶液—氯化亚铜的氨性溶液—焦性没食子酸的碱性溶液

D. 氢氧化钾溶液—焦性没食子酸的碱性溶液—氯化亚铜的氨性溶液

8-2 吸收高浓度（2%~3%）的 CO_2 时，常采用的吸收剂是（　　）。

A. 浓 KOH 溶液　　　　　　　　B. 浓 NaOH 溶液

C. 硫酸—高锰酸钾溶液　　　　　D. 碘溶液

8-3 用化学分析法测定半水煤气中各成分的含量时，可用燃烧法测定的气体组分是（　　）。

A. CO 和 CO_2　　　　　　　　B. CO 和 O_2

C. CH_4 和 H_2　　　　　　　　D. CH_4 和 O_2

8-4 含有 CO_2、O_2、CO 的混合气体 98.7mL，依次用氢氧化钾、焦性没食子酸—氢氧化钾、氯化亚铜—氨水吸收液吸收后，其体积读数依次减少至 96.5mL、83.7mL、81.2mL，求以上各组分在原体积中的百分数。

8-5 某组分中含有一定量的氢气，经加入过量的氧气燃烧后，气体体积由 100.0mL 减少至 87.9mL，求氢气的原体积。

8-6 含有 H_2、CH_4 的混合气体 25.0mL，加入过量的氧气燃烧，体积缩减了 35.0mL，生成的 CO_2 体积为 17.0mL，求各组分在原试样的体积百分数。

8-7 含有 CO_2、O_2、CO、CH_4、H_2、N_2 等组分的混合气体 99.6mL，用吸收法吸收 CO_2、O_2、CO 后体积依次减少至 96.3mL、89.4mL、75.8mL；取剩余气体 25.0mL，加入过量的氧气进行燃烧，体积缩减了 12.0mL，生成 5.0mL CO_2，求气体中各组分的体积分数。

【项目实训】

实训题目：

半水煤气分析

教学目的：

（1）掌握气体化学分析方法；

（2）掌握气体分析仪器操作使用方法。

合成氨原料气的生产过程称为造气。造气工段的任务一方面是使空气与含碳燃料（焦炭或无烟煤）反应提供热量，同时回收部分燃烧气体作为原料气中 N_2 的主要来源；另一方面通入水蒸气与炽热的炭层反应，产生以 H_2 为主的水煤气。将两种气体按比例混合即为半水煤气。半水煤气中含有 CO_2、O_2、CO、CH_4、H_2、N_2 和 H_2S 等，它们的含量一般为：CO_2 7% ~ 11%；O_2 0.5%；CO 26% ~ 32%；H_2 38% ~ 42%；CH_4 1%；N_2 18% ~ 22%。

测定半水煤气中各成分的含量，可作为合成氨造气工段调节水蒸气和空气比例的根据。

可以利用化学分析法，也可利用气相色谱法来进行分析。当用化学分析法时，CO_2、O_2、CO 可用吸收法来测定，CH_4 和 H_2 可用燃烧法测定，剩余气体为 N_2。

仪器与试剂：

（1）改良奥氏气体分析仪为主要测试仪器。

（2）氢氧化钾溶液 330g/L。

（3）焦性没食子酸碱性溶液。称取 5g 焦性没食子酸溶解于 15mL 水中，另称取 48g 氢氧化钾溶于 32mL 水中，使用前将两种溶液混合，摇匀，装入吸收瓶中。

（4）氯化亚铜氨性溶液。称取 250g 氯化铵溶于 750mL 水中，再加入 200g 氯化亚铜，把此溶液装入试剂瓶，放入一段铜丝，用橡皮塞塞紧，溶液应为无色。在使用前加入密度为 0.9g/mL 的氨水，两体积的氨水与一体积的亚铜盐混合。

（5）封闭液。10% 硫酸溶液，加入数滴甲基橙。

准备工作：

（1）仪器准备。将洗净并干燥好的气体分析仪各部件用橡皮管连接安装好，所有旋转活塞都必须涂抹润滑剂，使其转动灵活。依照拟好的分析顺序，将各吸收剂分别自吸收瓶的承受部分注入吸收瓶中。吸收瓶 I 中注入 33% 的 KOH 溶液；吸收瓶 II 中注入焦性没食子酸碱性溶液，吸收瓶 III、吸收瓶 IV 中注入氯化亚铜氨溶液。在水准瓶中注入封闭液，在氢氧化钾和氯化亚铜氨吸收液上部可倒入 5 ~ 8mL 液体石蜡，以防止这些吸收液吸收空气中的相关组分及吸收剂自身的挥发。

需要注意的是不能让石蜡进入吸收部分，可从承受部分的支管口或上口加入。

（2）排出量气管中的废气。关闭所有吸收瓶和燃烧瓶上的旋塞，将三通活塞旋至和排气口相通，提高水准瓶，排除气体至液面升至量气管的顶端标线为止（不能将封闭液排至吸收液中去）并关闭排气口旋塞。

（3）排出吸收瓶内的空气放低水准瓶，同时打开吸收瓶 I 的旋塞，吸出吸收瓶 I 中的空气，直至吸收瓶中的吸收液液面上升至标线，然后关闭活塞，再将量气管的气体排出。用同样方法依次使吸收瓶 II、吸收瓶 III、吸收瓶 IV 及爆炸瓶的液面均升至标线。将三通活塞旋至排空位置，提高水准瓶，将量气管内的气体排出，并使液面升至标线，然后将三通活塞旋至接通梳形管位置，将水准瓶放在底板上，如量气管内液面开始稍微移动后即保持不变，并且各吸收瓶及爆炸瓶等的液面也保持不变，表示仪器已不漏气。如果液面下降，则有漏气处。

取样：

（1）洗涤量气管各吸收瓶及爆炸球等的液面应在标线上，使气体导入管与取好试样的球胆相连，将三通活塞旋至和进样口连接（各吸收瓶的旋塞不得打开），打开球胆上的夹子，同时放低水准瓶，当气体试样吸入量气管少许后，旋转三通活塞旋至和进样口断开，升高水准瓶，同时将三通活塞旋至和排气口连接，将气体试样排出，如此洗涤 2 ~ 3 次。

（2）吸入样品。打开进样口旋塞，旋转三通活塞至与进样口连接，放低水准瓶，将气体试样吸入量气管中。当液面下降至刻度"0"以下少许时，关闭进样口旋塞。

（3）样品体积。旋转三通活塞至排空位置，小心升高水准瓶使多余的气体试样排出，使量气管中的液面至刻度为"0"处。最后将三通活塞旋至关闭位置，此时采取气体试样完毕，采取气体试样为 100.0mL，记为 V_0。

测定：

（1）吸收法测定。升高水准瓶，同时打开 KOH 吸收瓶 I 上的活塞，将气体试样压入吸收瓶 I 中，直至量气管内的液面接近标线为止。然后放低水准瓶，将气体试样抽回，如此往返 3~4 次，最后一次将气体试样自吸收瓶中全部抽回，当吸收瓶 I 内的液面升至顶端标线时，关闭吸收瓶 I 上的活塞。将水准瓶移近量气管，使水准瓶的封闭液面和量气管的液面对齐，等 30s 后，读出气体体积（V_1）。则吸收前后体积之差（$V_0 - V_1$）即为气体试样中所含 CO_2 的体积。

需要注意的是在读取体积后，应检查吸收是否完全，为此再重复上述操作步骤一次，如果体积相差不大于 0.1mL 即认为已吸收完全。

按同样的操作方法依次吸收 O_2、CO 气体，依次记为 V_2、V_3。

（2）燃烧法测定。上升水准瓶，同时打开三通旋塞和排空旋塞，使量气管和排气口相通，将量气管内的剩余气体排至 25.0mL 刻度线，关闭排空口旋塞，打开氧气或空气进口旋塞，吸入纯氧气或新鲜无二氧化碳的空气 75.0mL 至量气管的体积到 100.0mL。关闭氧气进气口旋塞，上升水准瓶，打开爆炸瓶的旋塞，将量气管内所有气体送至爆炸瓶中，往返几次以混匀气体样品，关闭爆炸瓶上的旋塞。

用点火器点燃，使混合气体爆燃。把燃烧后的剩余气体压回量气管中，量取体积，前后体积之差即为燃烧缩减的体积，记为 $V_缩$；再将气体压入 KOH 吸收瓶 I 中，吸收生成 CO_2 的体积，记为 $V_{生CO_2}$。每次测量体积时记下温度与压力，以便在计算中用以进行校正。

结果计算：

如果在分析过程中，气体的温度和压力有所变动，则应将测得的全部气体体积换算成原来试样的温度和压力下的体积。但在通常情况下，温度和压力是不会改变的，故可直接用各测得的体积来计算出各组分的体积分数。

$$\varphi(CO_2) = \frac{V_0 - V_1}{V_0} \times 100\%$$

$$\varphi(O_2) = \frac{V_2}{V_0} \times 100\%$$

$$\varphi(CO) = \frac{V_3}{V_0} \times 100\%$$

$$\varphi(CH_4) = \frac{V_{生CO_2}}{V_0} \times \frac{V_3}{25} \times 100\%$$

$$\varphi(H_2) = \frac{\frac{2}{3}(V_缩 - 2V_{生CO_2})}{V_0} \times \frac{V_3}{25.0} \times 100\%$$

附　　录

附表1　酸、碱的离解常数

（1）酸的离解常数（25℃　$I = 0$）

酸	离解常数 K_a	pK_a
碳酸 H_2CO_3	$K_{a_1} = 4.2 \times 10^{-7}$	6.38
	$K_{a_2} = 5.6 \times 10^{-11}$	10.25
铬酸 H_2CrO_2	$K_{a_1} = 1.8 \times 10^{-1}$	0.74
	$K_{a_2} = 3.2 \times 10^{-7}$	6.50
砷酸 H_3AsO_4	$K_{a_1} = 6.3 \times 10^{-3}$	2.20
	$K_{a_2} = 1.0 \times 10^{-7}$	7.00
	$K_{a_3} = 3.2 \times 10^{-12}$	11.50
亚硫酸 $H_2SO_3 (SO_2 + H_2O)$	$K_{a_1} = 1.3 \times 10^{-2}$	1.90
	$K_{a_2} = 6.3 \times 10^{-8}$	7.20
醋酸 $CH_3COOH(HAc)$	$K_a = 1.8 \times 10^{-5}$	4.74
氢氰酸 HCN	$K_a = 6.2 \times 10^{-10}$	9.21
氢氟酸 HF	$K_a = 6.6 \times 10^{-4}$	3.18
硫化氢 H_2S	$K_{a_1} = 1.3 \times 10^{-7}$	6.88
	$K_{a_2} = 7.1 \times 10^{-15}$	14.15
亚硝酸 HNO_2	$K_a = 5.1 \times 10^{-4}$	3.29
草酸 $H_2C_2O_4$	$K_{a_1} = 5.9 \times 10^{-2}$	1.23
	$K_{a_2} = 6.4 \times 10^{-5}$	4.19
硫酸 H_2SO_4　HSO_4^-	$K_{a_2} = 1.0 \times 10^{-2}$	1.99
磷酸 H_3PO_4	$K_{a_1} = 7.6 \times 10^{-3}$	2.12
	$K_{a_2} = 6.3 \times 10^{-8}$	7.20
	$K_{a_3} = 4.4 \times 10^{-13}$	12.36
酒石酸 $\begin{array}{l} CH(OH)COOH \\ | \\ CH(OH)COOH \end{array}$	$K_{a_1} = 9.1 \times 10^{-4}$	3.04
	$K_{a_2} = 4.3 \times 10^{-5}$	4.37
柠檬酸 $\begin{array}{l} CH_2COOH \\ | \\ C(OH)COOH \\ | \\ CH_2COOH \end{array}$	$K_{a_1} = 7.4 \times 10^{-4}$	3.13
	$K_{a_2} = 1.7 \times 10^{-5}$	4.76
	$K_{a_3} = 4.0 \times 10^{-7}$	6.40
甲酸（蚁酸）$HCOOH$	$K_a = 1.7 \times 10^{-4}$	3.77
苯甲酸 C_6H_5COOH	$K_a = 6.2 \times 10^{-5}$	4.21

（1）酸的离解常数（25℃　$I = 0$）

酸	离解常数 K_a	pK_a
邻苯二甲酸 $C_6H_4(COOH)_2$	$K_{a_1} = 1.3 \times 10^{-3}$	2.89
	$K_{a_2} = 3.9 \times 10^{-6}$	5.41
苯酚 C_6H_5OH	$K_a = 1.1 \times 10^{-10}$	9.95
硼酸 H_3BO_3	$K_a = 5.8 \times 10^{-10}$	9.24
一氯乙酸 $CH_2ClCOOH$	$K_a = 1.4 \times 10^{-3}$	2.86
二氯乙酸 $CHCl_2COOH$	$K_a = 5.0 \times 10^{-2}$	1.30
三氯乙酸 CCl_3COOH	$K_a = 0.23$	0.64
乳酸 $CH_3CHOHCOOH$	$K_a = 1.4 \times 10^{-4}$	3.86
亚砷酸 $HAsO_2$	$K_a = 6.0 \times 10^{-10}$	9.22
亚磷酸 H_2PO_3	$K_{a_1} = 5.0 \times 10^{-2}$	1.30
	$K_{a_2} = 2.5 \times 10^{-7}$	6.60
偏硅酸 H_2SiO_2	$K_{a_1} = 1.7 \times 10^{-10}$	9.77
	$K_{a_2} = 1.6 \times 10^{-12}$	11.8
氨基乙酸盐　$NH_3^+ CH_2COOH$	$K_{a_1} = 4.5 \times 10^{-3}$	2.35
$NH_3^+ CH_2COO^-$	$K_{a_2} = 2.5 \times 10^{-10}$	9.60
抗坏血酸　$O=C-C(OH)=C(OH)CH-$	$K_{a_1} = 5.0 \times 10^{-5}$	4.30
$CHOH-CH_2OH$	$K_{a_2} = 1.5 \times 10^{-10}$	9.82
过氧化氢 H_2O_2	$K_a = 1.8 \times 10^{-12}$	11.75
次氯酸 $HClO$	$K_{a_1} = 3.0 \times 10^{-8}$	7.52
乙二胺四乙酸　H_6Y^{2+}	$K_{a_1} = 0.1$	0.9
H_5Y^+	$K_{a_2} = 3 \times 10^{-2}$	1.6
H_4Y	$K_{a_3} = 1 \times 10^{-2}$	2.0
H_3Y^-	$K_{a_4} = 2.1 \times 10^{-3}$	2.67
H_2Y^{2-}	$K_{a_5} = 6.9 \times 10^{-7}$	6.16
HY^{3-}	$K_{a_6} = 5.5 \times 10^{-11}$	10.26
氰酸 $HCNO$	$K_a = 1.2 \times 10^{-4}$	3.92
硫氰酸 $HCNS$	$K_a = 1.4 \times 10^{-1}$	0.85
次碘酸 HIO	$K_a = 2.3 \times 10^{-11}$	10.64
碘酸 HIO_3	$K_a = 1.7 \times 10^{-1}$	0.78
高碘酸 HIO_4	$K_a = 2.3 \times 10^{-2}$	1.64
硫代硫酸 $H_2S_2O_3$	$K_{a_1} = 5 \times 10^{-1}$	0.3
	$K_{a_2} = 1 \times 10^{-2}$	2
亚硒酸 H_2SeO_3	$K_{a_1} = 3.5 \times 10^{-3}$	2.46
	$K_{a_2} = 5.0 \times 10^{-8}$	7.30

(1) 酸的离解常数（25℃　$I=0$）

酸	离解常数 K_a	pK_a
亚碲酸 H_2TeO_3	$K_{a_1}=3.0\times10^{-3}$	2.52
	$K_{a_2}=2.0\times10^{-8}$	7.70
硅酸 H_2SiO_3	$K_{a_1}=1\times10^{-9}$	9
	$K_{a_2}=1\times10^{-13}$	13
丙酸 C_2H_5COOH	$K_a=1.34\times10^{-5}$	4.87
水杨酸 $C_6H_4OHCOOH$	$K_{a_1}=1.0\times10^{-3}$	3.00
	$K_{a_2}=4.2\times10^{-13}$	12.38
磺基水杨酸 $C_6H_3SO_3HOHCOOH$	$K_{a_1}=4.7\times10^{-3}$	2.33
	$K_{a_2}=4.8\times10^{-12}$	11.32
甘露醇 $C_6H_3(OH)_6$	$K_a=3\times10^{-14}$	13.52
邻菲罗啉 $C_{12}H_8N_2$	$K_{a_1}=1.1\times10^{-5}$	4.96
苹果酸 $COOHCHOHCH_2COOH$	$K_{a_1}=3.88\times10^{-4}$	3.41
	$K_{a_2}=7.8\times10^{-6}$	5.11
琥珀酸 $COOHCH_2CHCOOH$	$K_{a_1}=6.89\times10^{-5}$	4.16
	$K_{a_2}=2.47\times10^{-6}$	5.61
顺丁烯二酸 $COOHCH=CHCOOH$	$K_{a_1}=1\times10^{-2}$	2.00
	$K_{a_2}=5.52\times10^{-7}$	6.26
苦味酸 $HOC_6H_2(NO_2)_3$	$K_a=4.2\times10^{-1}$	0.38
苦杏仁酸 $C_6H_5CHOHCOOH$	$K_a=1.4\times10^{-4}$	3.85
乙酰丙酮 $CH_3COCH_2COCH_3$	$K_{a_1}=1\times10^{-9}$	9.0
8-羟基喹啉 C_9H_6ONH	$K_{a_1}=9.6\times10^{-5}$	9.81
	$K_{a_2}=1.55\times10^{-10}$	

(2) 碱的离解常数

碱	离解常数 K_b	pK_b
氨水 $NH_3\cdot H_2O$	$K_b=1.8\times10^{-5}$	4.74
羟胺 NH_2OH	$K_b=9.1\times10^{-9}$	8.04
苯胺 $C_6H_5NH_2$	$K_b=3.8\times10^{-10}$	9.42
乙二胺 $H_2NCH_2CH_2NH_2$	$K_{b_1}=8.5\times10^{-5}$	4.07
	$K_{b_2}=7.1\times10^{-8}$	7.15
六亚甲基四胺 $(CH_2)_6N_4$	$K_b=1.4\times10^{-9}$	8.85
吡啶 C_6H_5N	$K_b=1.7\times10^{-9}$	8.77
联氨（肼）H_2NNH_2	$K_{b_1}=3.0\times10^{-6}$	5.52
	$K_{b_2}=7.6\times10^{-15}$	14.12
甲胺 CH_3NH_2	$K_b=4.2\times10^{-4}$	3.38
乙胺 $C_2H_5NH_2$	$K_b=5.6\times10^{-4}$	3.25

（2）碱的离解常数

碱	离解常数 K_b	pK_b
二甲胺 $(CH_3)_2NH$	$K_b = 1.2 \times 10^{-4}$	3.93
二乙胺 $(C_2H_5)_2NH$	$K_b = 1.3 \times 10^{-3}$	2.89
乙醇胺 $HOCH_2CH_2NH_2$	$K_b = 3.2 \times 10^{-5}$	4.50
三乙醇胺 $(HOCH_2CH_2)_3N$	$K_b = 5.8 \times 10^{-7}$	6.24
氢氧化锌 $Zn(OH)_2$	$K_b = 4.4 \times 10^{-5}$	4.36
尿素 $CO(NH_2)_2$	$K_b = 1.5 \times 10^{-14}$	13.82
硫脲 $CS(NH_2)_2$	$K_b = 1.1 \times 10^{-15}$	14.96
喹啉 C_9H_7N	$K_b = 6.3 \times 10^{-10}$	9.20

附表2　常用缓冲溶液的配制

pH 值	配 制 方 法
0	1mol/L HCl
1.0	0.1mol/L HCl
2.0	0.01mol/L HCl
3.6	$NaAc \cdot 3H_2O$ 16g，溶于水，加 6mol/L HAc 268mL，稀释至 1L
4.0	$NaAc \cdot 3H_2O$ 40g，溶于水，加 6mol/L HAc 268mL，稀释至 1L
4.5	$NaAc \cdot 3H_2O$ 64g，溶于水，加 6mol/L HAc 136mL，稀释至 1L
5.0	$NaAc \cdot 3H_2O$ 100g，溶于水，加 6mol/L HAc 68mL，稀释至 1L
5.7	$NaAc \cdot 3H_2O$ 200g，溶于水，加 6mol/L HAc 26mL，稀释至 1L
7.0	NH_4Ac 154g，溶于水，稀释至 1L
7.5	NH_4Cl 120g，溶于水，加 15mol/L 氨水 2.8mL，稀释至 1L
8.0	NH_4Cl 100g，溶于水，加 15mol/L 氨水 7mL，稀释至 1L
8.5	NH_4Cl 80g，溶于水，加 15mol/L 氨水 17.6mL，稀释至 1L
9.0	NH_4Cl 70g，溶于水，加 15mol/L 氨水 48mL，稀释至 1L
9.5	NH_4Cl 60g，溶于水，加 15mol/L 氨水 130mL，稀释至 1L
10.0	NH_4Cl 54g，溶于水，加 15mol/L 氨水 294mL，稀释至 1L
10.5	NH_4Cl 18g，溶于水，加 15mol/L 氨水 350mL，稀释至 1L
11.0	NH_4Cl 6g，溶于水，加 15mol/L 氨水 414mL，稀释至 1L
12.0	0.01mol/L NaOH
13.0	0.1mol/L NaOH

附表3　常用基准物质的干燥条件和应用范围

基准物质		干燥后组成	干燥条件/℃	标定对象
名称	化学式			
碳酸氢钠	$NaHCO_3$	Na_2CO_3	270~300	酸

基准物质		干燥后组成	干燥条件/℃	标定对象
名称	化学式			
十水合碳酸钠	$Na_2CO_3 \cdot 10H_2O$	Na_2CO_3	270~300	酸
硼砂	$Na_2B_4O_7 \cdot 10H_2O$	$Na_2B_4O_7 \cdot 10H_2O$	放在含 NaCl 和蔗糖饱和水溶液的干燥器中	酸
碳酸氢钾	$KHCO_3$	K_2CO_3	270~300	酸
草酸	$H_2C_2O_4 \cdot 2H_2O$	$H_2C_2O_4 \cdot 2H_2O$	室温空气干燥	碱或 $KMnO_4$
邻苯二甲酸氢钾	$KHC_8H_4O_4$	$KHC_8H_4O_4$	110~120	碱
重铬酸钾	$K_2Cr_2O_7$	$K_2Cr_2O_7$	140~150	还原剂
溴酸钾	$KBrO_3$	$KBrO_3$	130	还原剂
碘酸钾	KIO_3	KIO_3	130	还原剂
铜	Cu	Cu	室温干燥器中保存	还原剂
三氧化二砷	As_2O_3	As_2O_3	室温干燥器中保存	氧化剂
草酸钠	$Na_2C_2O_4$	$Na_2C_2O_4$	130	氧化剂
碳酸钙	$CaCO_3$	$CaCO_3$	110	EDTA
锌	Zn	Zn	室温干燥器中保存	EDTA
氧化锌	ZnO	ZnO	900~1000	EDTA
氯化钠	NaCl	NaCl	500~600	$AgNO_3$
氯化钾	KCl	KCl	500~600	$AgNO_3$
硝酸银	$AgNO_3$	$AgNO_3$	225~250	氯化物

附表 4　常用洗涤剂

名　称	配　制　方　法	备　注
合成洗涤剂	将合成洗涤剂粉用热水搅拌配成浓溶液	用于一般的洗涤
皂角水	将皂角捣碎，用水熬成溶液	用于一般的洗涤
铬酸洗液	取重铬酸钾（LR）20g 于 500mL 烧杯中，加 40mL 水，加热溶解，冷后，缓缓加入 320mL 浓硫酸（注意边加边搅拌），放冷后储于磨口细口瓶中	用于洗涤油污及有机物，使用时防止被水稀释，用后倒回原瓶，可反复使用，直至溶液变为绿色
高锰酸钾碱性洗液	取高锰酸钾（LR）4g，溶于少量水中，缓缓加入 100mL 100g/L 氢氧化钠溶液	用于洗涤油污及有机物，洗后玻璃壁上附着的 MnO_2 沉淀，可用粗亚铁或硫代硫酸钠溶液洗去
碱性酒精溶液	300~400g/L NaOH 酒精溶液	用于洗涤油污
酒精-硝酸洗液		用于洗涤沾有有机物或油污的、结构较复杂的仪器，洗涤时先加入少量酒精于脏仪器中，再加入少量浓硝酸，即产生大量 NO_2，将有机物氧化而破坏

附表 5　标准电极电位（18～25℃）

半 反 应	电极电位/V
$Li^+ + e \Longrightarrow Li$	-3.045
$K^+ + e \Longrightarrow K$	-2.924
$Ba^{2+} + 2e \Longrightarrow Ba$	-2.90
$Sr^{2+} + 2e \Longrightarrow Sr$	-2.89
$Ca^{2+} + 2e \Longrightarrow Ca$	-2.76
$Na^+ + e \Longrightarrow Na$	-2.7109
$Mg^{2+} + 2e \Longrightarrow Mg$	-2.375
$Al^{3+} + 3e \Longrightarrow Al$	-1.706
$ZnO_2^{2-} + 2H_2O + 2e \Longrightarrow Zn + 4OH^-$	-1.216
$Mn^{2+} + 2e \Longrightarrow Mn$	-1.18
$Sn(OH)_6^{2-} + 2e \Longrightarrow HSnO_2^- + 3OH^- + H_2O$	-0.96
$SO_4^{2-} + H_2O + 2e \Longrightarrow SO_3^{2-} + 2OH^-$	-0.92
$TiO_2 + 4H^+ + 4e \Longrightarrow Ti + 2H_2O$	-0.89
$2H_2O + 2e \Longrightarrow H_2 + 2OH^-$	-0.828
$HSnO_2^- + H_2O + 2e \Longrightarrow Sn + 3OH^-$	-0.79
$Zn^{2+} + 2e \Longrightarrow Zn$	-0.7628
$Cr^{3+} + 3e \Longrightarrow Cr$	-0.74
$AsO_4^{3-} + 2H_2O + 2e \Longrightarrow AsO_2^- + 4OH^-$	-0.71
$S + 2e \Longrightarrow S^{2-}$	-0.508
$2CO_2 + 2H^+ + 2e \Longrightarrow H_2C_2O_4$	-0.49
$Cr^{3+} + e \Longrightarrow Cr^{2+}$	-0.41
$Fe^{2+} + 2e \Longrightarrow Fe$	-0.409
$Cd^{2+} + 2e \Longrightarrow Cd$	-0.4026
$Cu_2O + H_2O + 2e \Longrightarrow 2Cu + 2OH^-$	-0.361
$Co^{2+} + 2e \Longrightarrow Co$	-0.28
$Ni^{2+} + 2e \Longrightarrow Ni$	-0.246
$AgI + e \Longrightarrow Ag + I^-$	-0.15
$Sn^{2+} + 2e \Longrightarrow Sn$	-0.1364
$Pb^{2+} + 2e \Longrightarrow Pb$	-0.1263
$CrO_4^{2-} + 4H_2O + 3e \Longrightarrow Cr(OH)_3 + 5OH^-$	-0.12
$Ag_2S + 2H^+ + 2e \Longrightarrow 2Ag + H_2S$	-0.0366
$Fe^{3+} + 3e \Longrightarrow Fe$	-0.036
$2H^+ + 2e \Longrightarrow H_2$	0.0000
$NO_3^- + H_2O + 2e \Longrightarrow NO_2^- + 2OH^-$	0.01
$TiO^{2+} + 2H^+ + e \Longrightarrow Ti^{3+} + H_2O$	0.10

半 反 应	电极电位/V
$S_4O_6^{2-} + 2e \Longleftrightarrow 2S_2O_3^{2-}$	0.09
$AgBr + e \Longleftrightarrow Ag + Br^-$	0.10
$S + 2H^+ + 2e \Longleftrightarrow H_2S(水溶液)$	0.141
$Sn^{4+} + 2e \Longleftrightarrow Sn^{2+}$	0.15
$Cu^{2+} + e \Longleftrightarrow Cu^+$	0.158
$BiOCl + 2H^+ + 3e \Longleftrightarrow Bi + Cl^- + H_2O$	0.1583
$SO_4^{2-} + 4H^+ + 2e \Longleftrightarrow H_2SO_3 + H_2O$	0.20
$AgCl + e \Longleftrightarrow Ag + Cl^-$	0.22
$IO_3^- + 3H_2O + 6e \Longleftrightarrow I^- + 6OH^-$	0.26
$Hg_2Cl_2 + 2e \Longleftrightarrow 2Hg + 2Cl^- (0.1mol/L \ NaOH)$	0.2682
$Cu^{2+} + 2e \Longleftrightarrow Cu$	0.3402
$VO^{2+} + 2H^+ + e \Longleftrightarrow V^{3+} + H_2O$	0.36
$Fe(CN)_6^{3-} + e \Longleftrightarrow Fe(CN)_6^{4-}$	0.36
$2H_2SO_3 + 2H^+ + 4e \Longleftrightarrow S_2O_3^{2-} + 3H_2O$	0.40
$Cu^+ + e \Longleftrightarrow Cu$	0.522
$I_3^- + 2e \Longleftrightarrow 3I^-$	0.5338
$I_2 + 2e \Longleftrightarrow 2I^-$	0.535
$IO_3^- + 2H_2O + 4e \Longleftrightarrow IO^- + 4OH^-$	0.56
$MnO_4^- + e \Longleftrightarrow MnO_4^{2-}$	0.56
$H_3AsO_4 + 2H^+ + 2e \Longleftrightarrow HAsO_2 + 2H_2O$	0.56
$MnO_4^- + 2H_2O + 3e \Longleftrightarrow MnO_2 + 4OH^-$	0.58
$O_2 + 2H^+ + 2e \Longleftrightarrow H_2O_2$	0.682
$Fe^{3+} + e \Longleftrightarrow Fe^{2+}$	0.77
$Hg_2^{2+} + 2e \Longleftrightarrow 2Hg$	0.7961
$Ag^+ + e \Longleftrightarrow Ag$	0.7994
$Hg^{2+} + 2e \Longleftrightarrow Hg$	0.851
$2Hg^{2+} + 2e \Longleftrightarrow Hg_2^{2+}$	0.907
$NO_3^- + 3H^+ + 2e \Longleftrightarrow HNO_2 + H_2O$	0.94
$NO_3^- + 4H^+ + 3e \Longleftrightarrow NO + 2H_2O$	0.96
$HNO_2 + H^+ + e \Longleftrightarrow NO + H_2O$	0.99
$VO_2^+ + 2H^+ + e \Longleftrightarrow VO^{2+} + H_2O$	1.00
$N_2O_4 + 4H^+ + 4e \Longleftrightarrow 2NO + 2H_2O$	1.03
$Br_2 + 2e \Longleftrightarrow 2Br^-$	1.08
$IO_3^- + 6H^+ + 6e \Longleftrightarrow I^- + 3H_2O$	1.085
$IO_3^- + 6H^+ + 5e \Longleftrightarrow 1/2I_2 + 3H_2O$	1.195
$MnO_2 + 4H^+ + 2e \Longleftrightarrow Mn^{2+} + 2H_2O$	1.23

半 反 应	电极电位/V
$O_2 + 4H^+ + 4e \Longrightarrow 2H_2O$	1.23
$Au^{3+} + 2e \Longrightarrow Au^+$	1.29
$Cr_2O_7^{2-} + 14H^+ + 6e \Longrightarrow 2Cr^{3+} + 7H_2O$	1.33
$Cl_2 + 2e \Longrightarrow 2Cl^-$	1.3583
$BrO_3^- + 6H^+ + 6e \Longrightarrow Br^- + 3H_2O$	1.44
$ClO_3^- + 6H^+ + 6e \Longrightarrow Cl^- + 3H_2O$	1.45
$PbO_2 + 4H^+ + 2e \Longrightarrow Pb^{2+} + 2H_2O$	1.46
$MnO_4^- + 8H^+ + 5e \Longrightarrow Mn^{2+} + 4H_2O$	1.491
$Mn^{3+} + e \Longrightarrow Mn^{2+}$	1.51
$BrO_3^- + 6H^+ + 5e \Longrightarrow 1/2Br_2 + 3H_2O$	1.52
$Ce^{4+} + e \Longrightarrow Ce^{3+}$	1.61
$HClO + H^+ + e \Longrightarrow 1/2Cl_2 + H_2O$	1.63
$MnO_4^- + 4H^+ + 3e \Longrightarrow MnO_2 + 2H_2O$	1.679
$H_2O_2 + 2H^+ + 2e \Longrightarrow 2H_2O$	1.776
$Co^{3+} + e \Longrightarrow Co^{2+}$	1.842
$S_2O_8^{2-} + 2e \Longrightarrow 2SO_4^{2-}$	2.00
$O_3 + 2H^+ + 2e \Longrightarrow O_2 + H_2O$	2.07
$F_2 + 2e \Longrightarrow 2F^-$	2.87

附表6　条件电极电位

半 反 应	条件电位/V	介　质
$Ag(II) + e \Longrightarrow Ag^+$	1.927	4mol/L HNO₃
	2.00	4mol/L HClO₄
$Ag^+ + e \Longrightarrow Ag$	0.792	1mol/L HClO₄
	0.228	1mol/L HCl
	0.59	1mol/L NaOH
$H_3AsO_4 + 2H^+ + 2e \Longrightarrow H_3AsO_3 + H_2O$	0.577	1mol/L HCl · HClO₄
	0.07	1mol/L NaOH
	−0.16	5mol/L NaOH
$Au^{3+} + 2e \Longrightarrow Au^+$	1.27	0.5mol/L H₂SO₄(氧化金饱和)
	1.26	1mol/L HNO₃(氧化金饱和)
	0.93	1mol/L HCl
$Au^{3+} + 3e \Longrightarrow Au$	0.30	7~8mol/L NaOH
$Bi^{3+} + 3e \Longrightarrow Bi$	−0.05	5mol/L HCl
	0.00	1mol/L HCl

半反应	条件电位/V	介质
$Cd^{2+} + 2e \rightleftharpoons Cd$	-0.8	8mol/L KOH
	-0.9	CN 配合物
$Ce^{4+} + e \rightleftharpoons Ce^{3+}$	1.70	1mol/L $HClO_4$
	1.71	2mol/L $HClO_4$
	1.75	4mol/L $HClO_4$
	1.82	6mol/L $HClO_4$
	1.87	8mol/L $HClO_4$
	1.61	1mol/L HNO_3
	1.62	2mol/L HNO_3
	1.61	4mol/L HNO_3
	1.56	8mol/L HNO_3
	1.44	1mol/L H_2SO_4
	1.43	2mol/L H_2SO_4
	1.42	4mol/L H_2SO_4
	1.28	1mol/L HCl
$Co^{3+} + e \rightleftharpoons Co^{2+}$	1.84	3mol/L HNO_3
$Co(乙二胺)_3^{3+} + e \rightleftharpoons Co(乙二胺)_3^{2+}$	-0.2	0.1mol/L KNO_3 +0.1mol/L 乙二胺
$Cr^{3+} + e \rightleftharpoons Cr^{2+}$	-0.40	5mol/L HCl
$Cr_2O_7^{2-} + 14H^+ + 6e \rightleftharpoons 2Cr^{3+} + 7H_2O$	0.93	0.1mol/L HCl
	0.97	0.5mol/L HCl
	1.00	1mol/L HCl
	1.09	
	1.05	2mol/L HCl
	1.08	3mol/L HCl
	1.15	4mol/L HCl
	0.92	0.1mol/L H_2SO_4
	1.08	0.5mol/L H_2SO_4
	1.10	2mol/L H_2SO_4
	1.15	4mol/L H_2SO_4
	1.30	6mol/L H_2SO_4
	1.34	8mol/L H_2SO_4
	0.84	0.1mol/L $HClO_4$
	1.10	0.2mol/L $HClO_4$
	1.025	1mol/L $HClO_4$
	1.27	1mol/L HNO_3
$CrO_4^{2-} + 2H_2O + 3e \rightleftharpoons CrO_2^- + 4OH^-$	-0.12	1mol/L NaOH

半反应	条件电位/V	介质
$Cu^{2+} + e \Longrightarrow Cu^{+}$	-0.09	pH = 14
	0.73	0.1 mol/L HCl
	0.72	0.5 mol/L HCl
	0.70	1 mol/L HCl
	0.69	2 mol/L HCl
	0.68	3 mol/L HCl
	0.68	0.2 mol/L H_2SO_4
	0.68	0.5 mol/L H_2SO_4
	0.68	4 mol/L H_2SO_4
$Fe^{3+} + e \Longrightarrow Fe^{2+}$	0.68	8 mol/L H_2SO_4
	0.735	0.1 mol/L $HClO_4$
	0.732	1 mol/L $HClO_4$
	0.46	2 mol/L H_3PO_4
	0.52	5 mol/L H_3PO_4
	0.70	1 mol/L HNO_3
	-0.7	pH = 14
	0.51	1 mol/L HCl + 0.25 mol/L H_3PO_4
$Fe(EDTA)^{-} + e \Longrightarrow Fe(EDTA)^{2-}$	0.12	0.1 mol/L EDTA, pH = 4~6
	0.56	0.1 mol/L HCl
	0.41	pH = 4~13
	0.70	1 mol/L HCl
$Fe(CN)_6^{3-} + e \Longrightarrow Fe(CN)_6^{4-}$	0.72	1 mol/L $HClO_4$
	0.72	0.5 mol/L H_2SO_4
	0.46	0.01 mol/L NaOH
	0.52	5 mol/L NaOH
$I_3^{-} + 2e \Longrightarrow 3I^{-}$	0.5446	0.5 mol/L H_2SO_4
$I_2(水) + 2e \Longrightarrow 2I^{-}$	0.6276	0.5 mol/L H_2SO_4
	0.33	0.1 mol/L KCl
	0.28	1 mol/L KCl
$Hg_2^{2+} + 2e \Longrightarrow 2Hg$	0.25	饱和 KCl
	0.66	4 mol/L $HClO_4$
	0.274	1 mol/L HCl
$2Hg^{2+} + 2e \Longrightarrow Hg_2^{2+}$	0.28	1 mol/L HCl
	-0.3	1 mol/L HCl
$In^{3+} + 3e \Longrightarrow In$	-8	1 mol/L KOH
	-0.47	1 mol/L Na_2CO_3

半　反　应	条件电位/V	介　　质
$MnO_4^- + 8H^+ + 5e \rule[0.5ex]{1.5em}{0.4pt} Mn^{2+} + 4H_2O$	1.45	1mol/L $HClO_4$
$SnCl_6^{2-} + 2e \rule[0.5ex]{1.5em}{0.4pt} SnCl_4^{2-} + 2Cl^-$	0.14	1mol/L HCl
	0.10	5mol/L HCl
	0.07	0.1mol/L HCl
	0.40	4.5mol/L H_2SO_4
$Sn^{2+} + 2e \rule[0.5ex]{1.5em}{0.4pt} Sn$	−0.20	1mol/L $HCl \cdot H_2SO_4$
	−0.16	1mol/L $HClO_4$
$Sb(V) + 2e \rule[0.5ex]{1.5em}{0.4pt} Sb(III)$	0.75	3.5mol/L HCl
$Mo^{4+} + e \rule[0.5ex]{1.5em}{0.4pt} Mo^{3+}$	0.1	4mol/L H_2SO_4
$Mo^{6+} + e \rule[0.5ex]{1.5em}{0.4pt} Mo^{5+}$	0.53	2mol/L HCl
$Tl^+ + e \rule[0.5ex]{1.5em}{0.4pt} Tl$	−0.551	1mol/L HCl
$Tl(III) + 2e \rule[0.5ex]{1.5em}{0.4pt} Tl(I)$	1.23~1.26	1mol/L HNO_3
	1.21	0.05mol/L，0.5mol/L H_2SO_4
	0.78	0.6mol/L HCl
$U(IV) + e \rule[0.5ex]{1.5em}{0.4pt} U(III)$	−0.63	1mol/L HCl，$HClO_4$
	−0.85	0.5mol/L H_2SO_4
$VO_2^+ + 2H^+ + e \rule[0.5ex]{1.5em}{0.4pt} VO^{2+} + H_2O$	1.30	9mol/L $HClO_4$，4mol/L H_2SO_4
	−0.74	pH = 14
$Zn^{2+} + 2e \rule[0.5ex]{1.5em}{0.4pt} Zn$	−1.36	CN 配合物

附表7　难溶化合物的溶度积（18~25℃）

难溶化合物	K_{ap}	pK_{ap}	难溶化合物	K_{ap}	pK_{ap}
$Al(OH)_3$ 无定形	1.3×10^{-33}	32.9	$BiOOH^①$	4×10^{-10}	9.4
Al-8-羟基喹啉	1.0×10^{-29}	29.0	BiI_3	8.1×10^{-19}	18.09
Ag_3AsO_4	1×10^{-22}	22.0	BiOCl	1.8×10^{-31}	30.75
AgBr	$5.0 \sim 10^{-13}$	12.30	$BiPO_4$	1.3×10^{-23}	22.89
Ag_2CO_3	8.1×10^{-12}	11.09	Bi_2S_3	1×10^{-97}	97.0
AgCl	1.8×10^{-10}	9.75	$CaCO_3$	2.9×10^{-9}	8.54
Ag_2CrO_4	2.0×10^{-12}	11.71	CaF_2	2.7×10^{-11}	10.57
AgCN	1.2×10^{-16}	15.92	$CaC_2O_4 \cdot H_2O$	2.0×10^{-9}	8.70
AgOH	2.0×10^{-8}	7.71	$Ca_3(PO_4)_2$	2.0×10^{-29}	28.70
AgI	9.3×10^{-17}	16.03	$CaSO_4$	9.1×10^{-6}	5.04
$Ag_2C_2O_4$	3.5×10^{-11}	10.46	$CaWO_4$	8.7×10^{-9}	8.06
Ag_3PO_4	1.4×10^{-16}	15.84	Ca-8-羟基喹啉	7.6×10^{-12}	11.12
Ag_2SO_4	1.4×10^{-5}	4.84	$CdCO_3$	5.2×10^{-12}	11.28
Ag_2S	2×10^{-49}	48.7	$Cd_2[Fe(CN)_6]$	3.2×10^{-17}	16.49

难溶化合物	K_{ap}	pK_{ap}	难溶化合物	K_{ap}	pK_{ap}
AgSCN	1.0×10^{-12}	12.00	Cd(OH)$_2$ 新析出	2.5×10^{-14}	13.60
Ag$_2$S$_3$	2.1×10^{-22}	21.68	CdC$_2$O$_4$ + 3H$_2$O	9.1×10^{-8}	7.04
BaCO$_3$	5.1×10^{-9}	8.29	CdS	7.1×10^{-28}	27.15
BaCrO$_4$	1.2×10^{-10}	9.93	CoCO$_3$	1.4×10^{-13}	12.84
BaF$_2$	1×10^{-6}	6.0	Co$_2$[Fe(CN)$_6$]	1.8×10^{-15}	14.74
BaC$_2$O$_4 \cdot$ H$_2$O	2.3×10^{-8}	7.64	Co(OH)$_2$ 新析出	2×10^{-15}	14.7
Ba - 8 - 羟基喹啉	5.0×10^{-9}	8.30	Co(OH)$_3$	2×10^{-44}	43.7
BaSO$_4$	1.1×10^{-10}	9.96	Co[Hg(SCN)$_4$]	1.5×10^{-6}	5.82
Bi(OH)$_3$	4×10^{-31}	30.4	α - CoS	4×10^{-21}	20.4
β - CoS	2×10^{-25}	24.7	MnS 无定形	2×10^{-10}	9.7
Co$_3$(PO$_4$)$_2$	2×10^{-35}	34.7	MnS 晶形	2×10^{-13}	12.7
Cr(OH)$_3$	6×10^{-31}	30.2	Mn - 8 - 羟基喹啉	2.0×10^{-22}	21.7
CuBr	5.2×10^{-9}	8.28	NiCO$_3$	6.6×10^{-9}	8.18
CuCl	1.2×10^{-6}	5.92	Ni(OH)$_2$ 新析出	2×10^{-15}	14.7
CuCN	3.2×10^{-20}	19.49	Ni$_3$(PO$_4$)$_2$	5×10^{-31}	30.3
CuI	1.1×10^{-12}	11.96	α - NiS	3×10^{-19}	18.5
CuOH	1×10^{-14}	14.0	β - NiS	1×10^{-24}	24.0
Cu$_2$S	2×10^{-48}	47.7	γ - NiS	2×10^{-26}	25.7
CuSCN	4.8×10^{-15}	14.32	Ni - 8 - 羟基喹啉	8×10^{-27}	26.1
CuCO$_3$	1.4×10^{-10}	9.86	PbCO$_3$	7.4×10^{-14}	13.13
Cu(OH)$_2$	2.2×10^{-20}	19.66	PbCl$_2$	1.6×10^{-5}	4.79
CuS	6×10^{-36}	35.2	PbClF	2.4×10^{-9}	8.62
Cu - 8 - 羟基喹啉	2.0×10^{-30}	29.70	PbCrO$_4$	2.8×10^{-13}	12.55
FeCO$_3$	3.2×10^{-11}	10.50	PbF$_2$	2.7×10^{-8}	7.57
Fe(OH)$_2$	8×10^{-16}	15.1	Pb(OH)$_2$	1.2×10^{-15}	14.93
FeS	6×10^{-18}	17.2	PbI$_2$	7.1×10^{-9}	8.15
Fe(OH)$_3$	4×10^{-38}	37.4	PbMoO$_4$	1×10^{-13}	13.0
FePO$_4$	1.3×10^{-22}	21.89	Pb$_3$(PO$_4$)$_2$	8.0×10^{-43}	42.10
Hg$_2$Br$_2$[2]	5.8×10^{-23}	22.24	PbSO$_4$	1.6×10^{-8}	7.79
Hg$_2$CO$_3$	8.9×10^{-17}	16.05	PbS	8×10^{-28}	27.1
Hg$_2$Cl$_2$	1.3×10^{-18}	17.88	Pb(OH)$_4$	3×10^{-66}	65.5
Hg$_2$(OH)$_2$	2×10^{-34}	23.7	Sb(OH)$_3$	4×10^{-42}	41.4
Hg$_2$I$_2$	4.5×10^{-29}	28.35	Sb$_2$S$_3$	2×10^{-93}	92.8
Hg$_2$SO$_4$	7.4×10^{-7}	6.13	Sn(OH)$_2$	1.4×10^{-28}	27.85
Hg$_2$S	1×10^{-47}	47.0	SnS	1×10^{-25}	25.0
Hg(OH)$_2$	3.0×10^{-26}	25.52	Sn(OH)$_4$	1×10^{-56}	56.0

难溶化合物	K_{ap}	pK_{ap}	难溶化合物	K_{ap}	pK_{ap}
HgS 红色	4×10^{-53}	52.4	SnS_2	2×10^{-27}	26.7
黑色	2×10^{-52}	51.7	$SrCO_3$	1.1×10^{-10}	9.96
$MgNH_4PO_4$	2×10^{-13}	12.7	$SrCrO_4$	2.2×10^{-5}	4.65
$MgCO_3$	3.5×10^{-8}	7.46	SrF_2	2.4×10^{-9}	8.61
MgF_2	6.4×10^{-9}	8.19	$SrC_2O_4 \cdot H_2O$	1.6×10^{-7}	6.80
$Mg(OH)_2$	1.8×10^{-11}	10.74	$Sr_3(PO_4)_2$	4.1×10^{-28}	27.39
Mg-8-羟基喹啉	4.0×10^{-16}	15.40	$SrSO_4$	3.2×10^{-7}	6.49
$MnCO_3$	1.8×10^{-11}	10.74	Sr-8-羟基喹啉	5×10^{-10}	9.3
$Mn(OH)_2$	1.9×10^{-13}	12.72	$Ti(OH)_3$	1×10^{-40}	40.0
$TiO(OH)_2$③	1×10^{-29}	29.0	$Zn_3(PO_4)_2$	9.1×10^{-33}	32.04
$ZnCO_3$	1.4×10^{-11}	10.84	ZnS	2×10^{-22}	21.7
$Zn_2[Fe(CN)_6]$	4.1×10^{-16}	15.39	Zn-8-羟基喹啉	5×10^{-25}	24.3
$Zn(OH)_2$	1.2×10^{-17}	16.92			

①$BiOOH$, $K_{ap} = [BiO^+][OH^-]$;

②$(Hg_2)_m X_n$, $K_{ap} = [Hg_2^{2+}]^m [X^{-2m/n}]^n$;

③$TiO(OH)_2$, $K_{ap} = [TiO^{2+}][OH^-]^2$。

附表 8　常见化合物的俗称

类　别	俗　称	主要化学成分
硅化合物	石英	SiO_2
	水晶	SiO_2
	打火石、燧石	SiO_2
	玻璃	SiO_2
	砂石	SiO_2
	橄榄石	$MgSiO_4$
	硅锌石	$ZnSiO_4$
	硅胶	SiO_2
钠化合物	食盐	$NaCl$
	硼砂	$Na_2B_4O_7 \cdot 10H_2O$
	苏打、纯碱	Na_2CO_3
	小苏打	$NaHCO_3$
	海波	$Na_2S_2O_3 \cdot 5H_2O$
	红矾钠	$Na_2Cr_2O_7 \cdot 2H_2O$
	苛性钠、烧碱、火碱、苛性碱	$NaOH$
	芒硝	$Na_2SO_4 \cdot 10H_2O$
	硫化碱	Na_2S
	水玻璃	$Na_2SiO_3 \cdot nH_2O$

类　别	俗　称	主要化学成分
钾化合物	钾碱、碱砂	K_2CO_3
	黄血盐	$K_4Fe(CN)_6 \cdot 3H_2O$
	赤血盐	$K_3Fe(CN)_6$
	苛性钾	KOH
	灰锰氧	$KMnO_4$
	钾硝石、火硝	KNO_3
	吐酒石	$K(SbO)C_4H_4O_6$
铵化合物	硝铵、钠硝石	NH_4NO_3
	硫铵	$(NH_4)_2SO_4$
	卤砂	NH_4Cl
钡化合物	重晶石	$BaSO_4$
	钡石	$BaSO_4$
	钡垩石	$BaCO_3$
锶化合物	天青石	$SrSO_4$
	锶垩石	$SrCO_3$
铬化合物	铬绿	Cr_2O_3
	铬矾	$Cr_2K_2(SO_4)_4 \cdot 24H_2O$
	铵铬矾	$Cr_2(NH_4)_2(SO_4)_4 \cdot 24H_2O$
	红矾	$K_2Cr_2O_7$
	铬黄	$PbCrO_4$
钙化合物	电石	CaC_2
	白垩	$CaCO_3$
	石灰石	$CaCO_3$
	大理石	$CaCO_3$
	文石、霞石	$CaCO_3$
	方解石	$CaCO_3$
	萤石、氟石	CaF_2
	熟石灰、消石灰	$Ca(OH)_2$
	漂白粉、氯化石灰	$Ca(OCl) \cdot Cl$
	生石灰	CaO
	无水石膏、硬石膏	$CaSO_4$
	烘石膏、熟石膏、巴黎石膏	$2CaSO_4 \cdot H_2O$
	重石	$CaWO_4$
	白云石	$CaCO_3 \cdot MgCO_3$
锰化合物	硫锰矿	MnS
	软锰矿	MnO_2
	黑石子	MnO_2

类　别	俗　称	主要化学成分
铝化合物	矾土	Al_2O_3
	刚玉	Al_2O_3
	明矾、铝矾	$K_2Al_2(SO_4)_4 \cdot 2H_2O$
	铵矾	$(NH_4)_2Al_2(SO_4)_4 \cdot 24H_2O$
	明矾石	$K_2SO_4 \cdot Al_2(SO_4)_3 \cdot 2Al_2O_3 \cdot 6H_2O$
	高岭土	$Al_2O_3 \cdot 2SiO_2 \cdot 2H_2O$
	铝胶	Al_2O_3
	红宝石	Al_2O_3
	群青、佛青	$Na_2Al_4Si_6S_4O_{33}$ 或 $Na_2Al_4Si_6S_4O_{23}$
	绿宝石	$3BeO, Al_2O_3, 6SiO_2$
铁化合物	铁丹	Fe_2O_3
	赤铁矿	Fe_2O_3
	磁铁矿	Fe_3O_4
	菱铁矿	$FeCO_3$
	滕氏盐	$Fe_3[Fe(CN)_6]_2$
	普鲁氏盐	$Fe_4[Fe(CN)_6]_3$
	绿矾	$FeSO_4 \cdot 7H_2O$
	铁矾	$Fe_2K_2(SO_4)_4 \cdot 24H_2O$
	毒砂	$FeAsS$
	磁黄铁矿	FeS
	黄铁矿	FeS_2
	摩尔盐	$(HN_4)_2SO_4 \cdot FeSO_4 \cdot 6H_2O$
镁化合物	白苦土、烧苦土	MgO
	卤盐	$MgCl_2$
	泻利盐	$MgSO_4 \cdot 7H_2O$
	菱苦土	$MgCO_3$
	光卤石	$KCl \cdot MgCl_2 \cdot 6H_2O$
	滑石	$3MgO \cdot 4SiO_2 \cdot H_2O$
锌化合物	锌白	ZnO
	红锌矿	ZnO
	闪锌矿	ZnS
	炉甘石	$ZnCO_3$
	锌矾、白矾	$ZnSO_4 \cdot 7H_2O$
	锌钡白、立德粉	$ZnS + BaSO_4$

类　别	俗　称	主要化学成分
铅化合物	黄丹、密陀僧	PbO
	红铅、铅丹	Pb_3O_4
	方铅矿	PbS
	铅白	$2PbCO_3 \cdot Pb(OH)_2$
汞化合物	甘汞	Hg_2Cl_2
	升汞	$HgCl_2$
	三仙丹	HgO
	辰砂、米砂	HgS
	雷汞	$Hg(CNO)_2 + \frac{1}{2}H_2O$
铜化合物	铜绿	$CuCO_3 \cdot Cu(OH)_2$
	孔雀石 $\left\{\begin{array}{l}绿青 \\ 石绿\end{array}\right.$	$CuCO_3 \cdot Cu(OH)_2$
	胆矾、铜矾	$CuSO_4 \cdot 5H_2O$
	赤铜矿	Cu_2O
	方黑铜矿	CuO
	黄铜矿	$CuFeS_2$
砷化合物	砒霜	As_2O_3
	雄黄	As_2S_2 或 As_4S_4
	雌黄	As_2S_3
锑化合物	锑白	Sb_2O_3 或 Sb_4O_6
	辉锑矿、闪锑矿	Sb_2S_3
有机化合物	火棉胶	硝化纤维
	石油醚	汽油的一种（沸程 $30 \sim 70℃$）
	玫瑰油	苯乙醇
	蚁酸	$HCOOH$

附表 9　常用指示剂

（1）酸碱指示剂

名　称	变色 pH 值范围	颜色变化	配 制 方 法
百里酚蓝 0.1%	1.2 ~ 2.8 8.0 ~ 9.6	红→黄 黄→蓝	0.1g 指示剂与 4.3mL 0.05mol/L NaOH 溶液一起研匀，加水稀释成 100mL
甲基橙 0.1%	3.1 ~ 4.4	红→黄	将 0.1g 甲基橙溶于 100mL 热水
溴酚蓝 0.1%	3.0 ~ 4.6	黄→紫蓝	0.1g 溴酚蓝与 3mL 0.05mol/L NaOH 溶液一起研磨均匀，加水稀释成 100mL

（1）酸碱指示剂

名　　称	变色 pH 值范围	颜色变化	配　制　方　法
溴甲酚绿 0.1%	3.8～5.4	黄→蓝	0.01g 指示剂与 21mL 0.05mol/L NaOH 溶液一起研匀，加水稀释成 100mL
甲基红 0.1%	4.8～6.0	红→黄	将 0.1g 甲基红溶于 60mL 乙醇中，加水至 100mL
中性红 0.1%	6.8～8.0	红→黄橙	将中性红溶于乙醇中，加水至 100mL
酚酞 1%	8.2～10.0	无色→淡红	将 1g 酚酞溶于 90mL 乙醇中，加水至 100mL
百里酚酞 0.1%	9.4～10.6	无色→蓝色	将 0.1g 指示剂溶于 90mL 乙醇中加水至 100mL
茜素黄 0.1% 混合指示剂	10.1～12.1	黄→紫	将 0.1g 茜素黄溶于 100mL 水中
甲基红 – 溴甲酚绿	5.1	红→绿	3 份 0.1% 溴甲酚绿乙醇溶液与 1 份 0.1% 甲基红乙醇溶液混合
百里酚酞 – 茜素黄 R	10.2	黄→紫	将 0.1g 茜素黄和 0.2g 百里酚酞溶于 100mL 乙醇中
甲酚红 – 百里酚蓝	8.3	黄→紫	1 份 0.1% 甲酚红钠盐水溶液与 3 份 0.1% 百里酚蓝钠盐水溶液
甲基橙 – 靛蓝（二磺酸）	4.1	紫→绿	1 份 1g/L 甲基橙水溶液与 1 份 2.5g/L 靛蓝（二磺酸）水溶液
溴百里酚绿 – 甲基橙	4.3	黄→蓝绿	1 份 1g/L 溴百里酚绿钠盐水溶液与 1 份 2g/L 甲基橙水溶液
甲基红 – 亚甲基蓝	5.4	红紫→绿	2 份 1g/L 甲基红乙醇溶液与 1 份 2g/L 亚甲基蓝乙醇溶液
溴甲酚绿 – 氯酚红	6.1	黄绿→蓝紫	1 份 1g/L 溴甲酚绿钠盐水溶液与 1 份 1g/L 氯酚红钠盐水溶液
溴甲酚紫 – 溴百里酚蓝	6.7	黄→蓝紫	1 份 1g/L 溴百里酚紫钠盐水溶液与 1 份 1g/L 溴百里酚蓝钠盐水溶液
中性红 – 亚甲基蓝	7.0	紫蓝→绿	1 份 1g/L 中性红乙醇溶液与 1 份 1g/L 亚甲基蓝乙醇溶液
溴百里酚蓝 – 酚红	7.5	黄→紫	1 份 1g/L 溴百里酚蓝钠盐水溶液与 1 份 1g/L 酚红钠盐水溶液
百里酚蓝 – 酚酞	9.0	黄→紫	1 份 1g/L 百里酚蓝乙醇溶液与 3 份 1g/L 酚酞乙醇溶液
酚酞 – 百里酚酞	9.9	无色→紫	1 份 1g/L 酚酞乙醇溶液与 1 份 1g/L 百里酚酞乙醇溶液
甲基黄 0.1%	2.9～4.0	红→黄	0.1g 指示剂溶于 100mL 90% 乙醇中
苯酚红 0.1%	6.8～8.4	黄→红	0.1g 苯酚红溶于 100mL 60% 乙醇中

（2）氧化还原指示剂

名　称	变色范围 $\varphi^{\ominus}/V$	颜色		配 制 方 法
		氧化态	还原态	
二苯胺 1%	0.76	紫	无色	将 1g 二苯胺在搅拌下溶于 100mL 浓硫酸和 100mL 浓磷酸，储于棕色瓶中
二苯胺黄酸钠 0.5%	0.85	紫	无色	将 0.5g 二苯胺黄酸钠溶于 100mL 水中，必要时过滤
邻菲罗啉 – Fe（Ⅱ）0.5%	1.06	淡蓝	红	将 0.5gFeSO$_4$·7H$_2$O 溶于 100mL 水中，加两滴硫酸，加 0.5g 邻菲罗啉
N – 邻苯氨基苯甲酸 0.2%	1.08	紫红	无色	将 0.2g 邻苯氨基苯甲酸加热溶解在 100mL，0.2% Na$_2$CO$_3$ 溶液中，必要时过滤
淀粉 1%				将淀粉加少许水调成浆状，在搅拌下加入 100mL 沸水中，微沸 2min，放置，取上层溶液使用

（3）金属指示剂

名　称	离解平衡及颜色变化	配 制 方 法
铬黑 T（EBT）	H$_2$In$^-$（紫红）$\xleftarrow{pK_{a_2}=6.3}$ HIn^{2-}（蓝）$\xleftarrow{pK_{a_2}=11.55}$ In^{3-}（橙）	与 NaCl 1：100 配制
二甲基橙（XO）	H$_3$In^{4-}（黄）$\xleftarrow{pK=6.3}$ H$_2$In^{5-}（红）	0.5% 乙醇或水溶液
K – B 指示剂	H$_2$In（红）$\xleftarrow{pK_{a_1}=8}$ HIn$^-$（蓝）$\xleftarrow{pK_{a_2}=13}$ In^{2-}（酒红）	0.2 酸性铬蓝 K 和 0.2 萘酚绿 B 溶于水
钙指示剂	H$_2$In$^-$（酒红）$\xleftarrow{pK_{a_1}=7.4}$ HIn^{2-}（蓝）$\xleftarrow{pK_{a_2}=1.5}$ In^{3-}（酒红）	5% 乙醇溶液
吡啶偶氮萘酚（PAN）	H$_2$In$^+$（黄绿）$\xleftarrow{pK_{a_1}=1.9}$ HIn（黄）$\xleftarrow{pK_{a_2}=12.2}$ In$^-$（淡红）	1% 乙醇溶液
磺基水杨酸	H$_2$In（红紫）$\xleftarrow{pK_{a_1}=2.7}$ HIn$^-$（无色）$\xleftarrow{pK_{a_2}=13.1}$ In^{3-}（黄）	10% 水溶液
酸性铬蓝 K	红→黄	0.1% 乙醇溶液
PAR	红→黄	0.05% 或 0.2% 水溶液
钙镁试剂	H$_2$In$^-$（红）$\xleftarrow{pK_{a_1}=8.1}$ HIn^{2-}（蓝）$\xleftarrow{pK_{a_2}=12.4}$ In^{3-}（红橙）	0.05% 水溶液

附表 10　**相对原子质量**（1995 年国际原子量）

元素	符号	M_A	元素	符号	M_A	元素	符号	M_A
银	Ag	107.87	镉	Cd	112.41	镓	Ga	69.723
铝	Al	26.982	铈	Ce	140.12	钆	Gd	157.25
氩	Ar	39.948	氯	Cl	35.453	锗	Ge	72.61
砷	As	74.922	钴	Co	58.933	氢	H	1.0079
金	Au	196.97	铬	Cr	51.996	氦	He	4.0026
硼	B	10.811	铯	Cs	132.91	铪	Hf	178.49
钡	Ba	137.33	铜	Cu	63.546	汞	Hg	200.59
铍	Be	9.0122	镝	Dy	162.50	钬	Ho	164.93
铋	Bi	208.98	铒	Er	167.26	碘	I	126.90
溴	Br	79.904	铕	Eu	151.96	铟	In	114.82
碳	C	12.011	氟	F	18.998	铱	Ir	192.22
钙	Ca	40.078	铁	Fe	55.845	钾	K	39.098
氪	Kr	83.80	铅	Pb	207.2	钽	Ta	180.95
镧	La	138.91	钯	Pd	106.42	铽	Tb	158.9
锂	Li	6.941	镨	Pr	140.91	碲	Te	127.60
镥	Lu	174.97	铂	Pt	195.08	钍	Th	232.04
镁	Mg	24.305	镭	Ra	226.03	钛	Ti	47.867
锰	Mn	54.938	铷	Rb	85.468	铊	Tl	204.38
钼	Mo	95.94	铼	Re	186.21	铥	Tm	168.93
氮	N	14.007	铑	Rh	102.91	铀	U	238.03
钠	Na	22.990	钌	Ru	101.07	钒	V	50.942
铌	Nb	92.906	硫	S	32.066	钨	W	183.84
钕	Nd	144.24	锑	Sb	121.76	氙	Xe	131.29
氖	Ne	20.180	钪	Sc	44.956	钇	Y	88.906
镍	Ni	58.693	硒	Se	78.96	镱	Yb	173.04
镎	Np	237.05	硅	Si	28.086	锌	Zn	65.39
氧	O	15.999	钐	Sm	150.36	锆	Zr	91.224
锇	Os	190.23	锡	Sn	118.71			
磷	P	30.974	锶	Sr	87.62			

附表 11　不同标准溶液浓度的温度补正值　　　　　　　　　　（mL/L）

温度/℃	0~0.05mol/L 各种水溶液	0.1~0.2mol/L 各种水溶液	0.5mol/L HCl 溶液	1mol/L HCl 溶液	0.5mol/L（1/2H₂SO₄）溶液 0.5mol/L NaOH 溶液	0.5mol/L H₂SO₄ 溶液 1mol/L NaOH 溶液
5	+1.38	+1.7	+1.9	+2.3	+2.4	+3.6
6	+1.38	+1.7	+1.9	+2.2	+2.3	+3.4
7	+1.36	+1.6	+1.8	+2.2	+2.2	+3.2
8	+1.33	+1.6	+1.8	+2.1	+2.2	+3.0
9	+1.29	+1.5	+1.7	+2.0	+2.1	+2.7
10	+1.23	+1.5	+1.6	+1.9	+2.0	+2.5
11	+1.17	+1.4	+1.5	+1.8	+1.8	+2.3
12	+1.10	+1.3	+1.4	+1.6	+1.7	+2.0
13	+0.99	+1.1	+1.2	+1.4	+1.5	+1.8
14	+0.88	+1.0	+1.1	+1.2	+1.3	+1.6
15	+0.77	+0.9	+0.9	+1.0	+1.1	+1.3
16	+0.64	+0.7	+0.8	+0.8	+0.9	+1.1
17	+0.50	+0.6	+0.6	+0.6	+0.7	+0.8
18	+0.34	+0.4	+0.4	+0.4	+0.5	+0.6
19	+0.18	+0.2	+0.2	+0.2	+0.2	+0.3
20	0.00	0.00	0.00	0.00	0.00	0.00
21	-0.18	-0.2	-0.2	-0.2	-0.2	-0.3
22	-0.38	-0.4	-0.4	-0.5	-0.5	-0.6
23	-0.58	-0.6	-0.7	-0.7	-0.8	-0.9
24	-0.80	-0.9	-0.9	-1.0	-1.0	-1.2
25	-1.03	-1.1	-1.1	-1.2	-1.3	-1.5
26	-1.26	-1.4	-1.4	-1.4	-1.5	-1.8
27	-1.51	-1.7	-1.7	-1.7	-1.8	-2.1
28	-1.76	-2.0	-2.0	-2.0	-2.1	-2.4
29	-2.01	-2.3	-2.3	-2.3	-2.4	-2.8
30	-2.30	-2.5	-2.5	-2.6	-2.8	-3.2
31	-2.58	-2.7	-2.7	-2.9	-3.1	-3.5
32	-2.86	-3.0	-3.0	-3.2	-3.4	-3.9
33	-3.04	-3.2	-3.3	-3.5	-3.7	-4.2
34	-3.47	-3.7	-3.6	-3.8	-4.1	-4.6
35	-3.78	-4.0	-4.0	-4.1	-4.4	-5.0
36	-4.10	-4.3	-4.3	-4.4	-4.7	-5.3

注：1. 本表数值是以 20℃ 为标准温度以实测法测出；

　　2. 表中带有 "+"、"-" 号的数值是以 20℃ 为分界，室温低于 20℃ 的补正值均为 "+"，高于 20℃ 的补正值均为 "-"；

　　3. 本表的用法：如 1L（$C_{1/2H_2SO_4}=1mol/L$）硫酸溶液由 25℃ 换算为 20℃ 时，其体积修正值为 -1.5mL，故 40.00mL 换算为 20℃ 时的体积为 $V_{20}=\left(40.00-\dfrac{1.5}{1000}\times40.00\right)=39.94mL$。

附表12　测定碳时的校正系数

$t/℃$ \ $p/mmHg$	690	695	700	705	710	715	720	725	730	735	740	745	750	755	760	765	770	775	780
10	0.932	0.938	0.945	0.952	0.959	0.966	0.973	0.980	0.986	0.993	1.000	1.007	1.014	1.020	1.027	1.034	1.041	1.048	1.055
11	0.928	0.934	0.941	0.948	0.955	0.962	0.968	0.976	0.982	0.989	0.996	1.002	1.009	1.016	1.023	1.030	1.037	1.043	1.050
12	0.923	0.929	0.937	0.943	0.951	0.957	0.964	0.971	0.978	0.984	0.991	0.998	1.005	1.012	1.019	1.025	1.032	1.039	1.046
13	0.919	0.926	0.933	0.939	0.946	0.953	0.960	0.967	0.973	0.980	0.987	0.993	1.000	1.007	1.014	1.021	1.028	1.034	1.041
14	0.915	0.922	0.929	0.935	0.942	0.948	0.956	0.963	0.969	0.976	0.983	0.989	0.996	1.003	1.010	1.016	1.023	1.030	1.037
15	0.911	0.918	0.924	0.931	0.938	0.944	0.951	0.958	0.965	0.972	0.978	0.984	0.991	0.998	1.005	1.011	1.018	1.025	1.032
16	0.907	0.914	0.920	0.926	0.933	0.940	0.947	0.953	0.960	0.968	0.974	0.980	0.987	0.993	1.000	1.007	1.014	1.021	1.027
17	0.902	0.909	0.916	0.922	0.929	0.936	0.942	0.949	0.956	0.963	0.969	0.976	0.982	0.989	0.996	1.002	1.009	1.016	1.002
18	0.898	0.905	0.911	0.918	0.924	0.931	0.938	0.945	0.951	0.958	0.964	0.971	0.978	0.985	0.991	0.997	1.004	1.011	1.018
19	0.893	0.900	0.907	0.913	0.920	0.927	0.933	0.940	0.946	0.953	0.960	0.966	0.973	0.980	0.986	0.993	1.000	1.007	1.013
20	0.889	0.895	0.902	0.909	0.915	0.922	0.929	0.935	0.942	0.949	0.955	0.961	0.968	0.975	0.982	0.988	0.995	1.002	1.008
21	0.885	0.891	0.898	0.904	0.911	0.917	0.924	0.931	0.937	0.944	0.950	0.957	0.964	0.971	0.977	0.983	0.990	0.997	1.003
22	0.880	0.886	0.893	0.900	0.906	0.913	0.919	0.926	0.932	0.939	0.946	0.953	0.959	0.965	0.972	0.978	0.985	0.992	0.998
23	0.875	0.882	0.889	0.896	0.907	0.909	0.915	0.922	0.928	0.935	0.941	0.948	0.954	0.961	0.967	0.973	0.980	0.987	0.993
24	0.871	0.878	0.884	0.890	0.897	0.903	0.910	0.916	0.923	0.930	0.936	0.943	0.949	0.956	0.962	0.968	0.975	0.982	0.988
25	0.866	0.873	0.879	0.885	0.892	0.898	0.905	0.911	0.918	0.925	0.931	0.937	0.944	0.951	0.957	0.963	0.970	0.977	0.983
26	0.861	0.867	0.874	0.880	0.887	0.893	0.900	0.906	0.913	0.920	0.926	0.933	0.939	0.945	0.952	0.958	0.965	0.971	0.978
27	0.856	0.862	0.869	0.875	0.882	0.888	0.895	0.901	0.908	0.915	0.921	0.927	0.934	0.940	0.947	0.953	0.960	0.966	0.973
28	0.852	0.858	0.864	0.870	0.877	0.883	0.890	0.896	0.903	0.909	0.916	0.922	0.929	0.935	0.942	0.948	0.955	0.961	0.967
29	0.845	0.852	0.859	0.865	0.872	0.878	0.885	0.891	0.898	0.904	0.911	0.917	0.924	0.930	0.936	0.943	0.949	0.956	0.962
30	0.841	0.847	0.854	0.860	0.867	0.873	0.880	0.886	0.893	0.899	0.905	0.911	0.918	0.924	0.931	0.937	0.944	0.950	0.957
31	0.836	0.842	0.849	0.855	0.862	0.868	0.875	0.881	0.887	0.894	0.900	0.916	0.913	0.919	0.926	0.932	0.938	0.945	0.951
32	0.831	0.837	0.844	0.850	0.857	0.863	0.869	0.875	0.882	0.888	0.895	0.901	0.907	0.914	0.920	0.926	0.933	0.939	0.945
33	0.826	0.832	0.839	0.845	0.851	0.857	0.864	0.870	0.876	0.883	0.889	0.896	0.902	0.908	0.914	0.921	0.927	0.934	0.940
34	0.820	0.826	0.833	0.839	0.846	0.852	0.858	0.864	0.871	0.877	0.883	0.890	0.896	0.902	0.909	0.915	0.921	0.928	0.934
35	0.815	0.821	0.828	0.834	0.840	0.846	0.853	0.859	0.865	0.872	0.878	0.884	0.890	0.897	0.903	0.909	0.916	0.922	0.928

注：1mmHg = 133.322Pa。

附表13　国家标准

职业功能	工作内容	技 能 要 求	相 关 知 识
样品交接	检验项目介绍	（1）能提出样品检验的合理化建议。 （2）能解答样品交接中提出的一般问题	（1）检验产品和项目的计量认证和审查认可（或验收）的一般知识。 （2）各检验专业一般知识

职业功能	工作内容	技能要求	相关知识
	明确检验方案	（1）能读懂较复杂的化学分析和物理性能检测的方法、标准和操作规范。 （2）能读懂较复杂的检（试）验装置示意图	（1）化学分析和物理性能检测的原理。 （2）分析操作的一般程序。 （3）测定结果的计算方法和依据
检验准备	准备实验用水、溶液	（1）能正确选择化学分析、仪器分析及标准溶液配制所需实验用水的规格，能正确储存实验用水。 （2）能根据不同分析检验需要选用各种试剂和标准物质。 （3）能按标准和规范配制各种化学分析用溶液，能正确配制和标定标准滴定溶液，能正确配制标准杂质溶液、标准比对溶液（包括标准比色溶液、标准比浊溶液），能正确配置 pH 标准缓冲液	（1）实验室用水规格及储存方法。 （2）各类化学试剂的特点及用途，常用标准物质的特点及用途。 （3）标准滴定溶液的制备方法，标准杂质溶液、标准比对溶液的制备方法
	检验实验用水	能按标准或规范要求检验实验用水的质量，包括电导率、pH 值范围、可氧化物、吸光度、蒸发残渣等	实验室用水规格及检验方法
	准备仪器设备	（1）能按有关规程对玻璃量器进行容量校正。 （2）能根据检验需要正确选用紫外－可见分光光度计，能按有关规程检验分光光度计的性能，包括波长准确度、光电流稳定度、透射比正确度、杂散光、吸收池配套性等。 （3）能正确选用常见专用仪器设备： 1）阿贝折光仪、旋光仪、卡尔·费休水分测定仪、闭口杯闪点测定仪、沸程测定仪； 2）冷原子吸收测汞仪、白度测定仪； 3）颗粒强度测定仪； 4）卡尔·费休水分测定仪； 5）白度测定仪、附着力测定仪、光泽计、摆杆式硬度计、冲击试验器、柔韧性测定器； 6）转鼓、库仑测硫仪，恩氏黏度计； 7）抗折（压）试验机、恒温恒湿标准养护箱、水泥胶砂搅拌机、胶砂水泥振动台、手动脱膜器	（1）玻璃量器的校正方法。 （2）分光光度计的检验方法。 （3）各检验类别常见专用仪器的工作原理、结构和用途
采样	制定采样方案	能按照产品标准和采样要求制定合理的采样方案，对采样的方法进行可行性实验	化工产品采样知识
	实施采样	能对一些采样难度较大的产品（不均匀物料、易挥发物质、危险品等）进行采样	

职业功能	工作内容	技　能　要　求	相　关　知　识
检测与测定	分离富集、分解试样	能按标准或规程要求，用液-液萃取，薄层（或柱）层析、减压浓缩等方法分离富集样品中的待测组分，或用规定的方法（如溶解、熔融、灰化、消化等）分解试样	化学检验中的分离富集、分解试样知识
	化学分析	能用沉淀滴定法，氧化还原滴定法、目视比色（或比浊）法、薄层色谱法测定化工产品的组分： （1）能测定化学试剂中的硫酸盐、磷酸盐、氧化物以及澄清度、重金属、色度。 （2）能测定肥皂中的干皂含量和氯化物、洗涤剂中的4A沸石含量。 （3）能测定化肥中的氮、磷、钾含量。 （4）能测定农药的有效成分（用化学分析法或薄层色谱法，如氧乐果）。 （5）能测定"环境标志产品"水性涂料的游离甲醛、重金属含量。 （6）能测定煤焦油中的甲苯不溶物。 （7）能测定水泥中的三氧化二铁、三氧化二铝、氧化钙	（1）沉淀滴定、氧化还原滴定、目视比色、薄层色谱分析的方法。 （2）相关国家标准中各检验项目的相应要求
	仪器分析	能用电位滴定法、分光光度法等仪器分析法测定化工产品的组分： （1）能用卡尔·费休法测定化学试剂中的水分。 （2）能用冷原子吸收法测定化妆品中的汞，能用分光光度法测定化妆品中的砷和洗涤剂中的各种磷酸盐。 （3）能用电位滴定法测定过磷酸钙中的游离酸，能用卡尔·费休法测定化肥的水分，能用分光光度法测定尿素中的缩二脲含量。 （4）能用电位滴定法和紫外-可见分光光度法测定农药的有效成分，能用卡尔·费休法测定农药中的水分。 （5）能用库仑滴定法测定煤炭中的硫含量，能用分光光度法测定硫酸铵中的铁含量。 （6）能用分光光度法测定可溶性二氧化硅含量	（1）电位滴定法、分光光度法有关知识。 （2）相关国家标准中各检验项目的相应要求

职业 功能	工作内容	技 能 要 求	相 关 知 识
检测 与 测定	检测物理参数 和性能	能检测化工产品的物理参数和性能： 　（1）能测定化学试剂的折射率、比旋光度，能测定溶剂的闪点和沸程。 　（2）能测定洗涤剂的去污力。 　（3）能测定化肥的颗粒平均抗压强度。 　（4）能测定农药乳油的稳定性。 　（5）能测定涂料的闪点和涂膜的光泽、硬度、附着力、柔韧性、耐冲击性、耐热性，能测定染料的色光和强度，能用仪器法测定白度。 　（6）能测定焦炭的机械强度和焦化产品的馏程、黏度。 　（7）能用抗折（压）强度实验机测定水泥的胶砂强度	相关国家标准中各检验项目的相应要求
	微生物学检验	从事 B 类检验的人员能测定化妆品中的粪大肠菌、金黄色葡萄球菌、绿脓杆菌等微生物指标	微生物学及检验方法
	进行对照试验	（1）能将标准试样（或管理试样、人工合成试样）与被测试样进行对照试验。 　（2）能按其他标准分析方法（如仲裁法）与所用检验方法做对照试验	消除系统误差的方法
测后 工作	进行数据处理	（1）能由对照试验结果计算出校正系数，并据此校正测定结果，消除系统误差。 　（2）能正确处理检验结果中出现的可疑值，当查不出可疑值出现的原因时，能采用 Q 值检验法和格鲁布斯法判断可疑数值的取舍	实验结果的数据处理知识
	校核原始记录	能校核其他检验人员的检验原始记录，验证其检验方法是否正确，数据运算是否正确	对原始记录的要求
	填写检验报告	能正确填写检验报告，做到内容完整、表述准确、字迹（或打印）清晰、判定无误	对检验报告的要求
	分析检验误差 的产生原因	能分析一般检验误差产生的原因	检验误差产生的一般原因
修验 仪器 设备	排除仪器 设备故障	能够排除所用仪器设备的简单故障	常用仪器设备的工作原理、结构和常见故障及其排除方法
安全 实验	安全事故的 处理	能对突发的安全事故果断采取适当措施，进行人员急救和事故处理	意外事故的处理方法和急救知识

参 考 文 献

[1] 吉分平. 工业分析 [M]. 北京：化学工业出版社，1998.

[2] 张小康. 工业分析 [M]. 北京：化学工业出版社，2004.

[3] 李广超. 工业分析 [M]. 北京：化学工业出版社，2007.

[4] 张锦柱. 工业分析 [M]. 重庆：重庆大学出版社，1997.

[5] 陆为林. 实用工业分析 [M]. 南京：东南大学出版社，1995.

[6] 刘书钗. 制浆造纸分析与检测 [M]. 北京：化学工业出版社，2004.

[7] 衡兴国，黄按佑. 实用快速化学分析新方法 [M]. 北京：国防工业出版社，1996.

[8] 邓勃. 数理统计方法在分析测试中的应用 [M]. 北京：化学工业出版社，1984.

[9] 蒋子刚，顾雪梅. 分析测试中的数理统计与质量保证 [M]. 上海：华东化工学院出版社，1991.

[10] 周庆余. 工业分析综合实验 [M]. 北京：化学工业出版社，1991.

[11] 中华人民共和国国家标准汇编. 1996.

[12] 王令今，王桂花. 分析化学计算基础 [M]. 北京：化学工业出版社，2002.

[13] 徐书坤. 分析化学例题与习题 [M]. 长春：吉林人民出版社，1984.

[14] 刘珍. 化验员读本（上、下册）[M]. 北京：化学工业出版社，1998.

[15] 黄一石，乔子荣. 定量化学分析 [M]. 北京：化学工业出版社，2004.

[16] 王瑞海. 水泥化验室实用手册 [M]. 北京：中国建材工业出版社，2001.

冶金工业出版社部分图书推荐

书　名	作　者	定价(元)
冶炼基础知识（高职高专教材）	王火清	40.00
连铸生产操作与控制（高职高专教材）	于万松	42.00
小棒材连轧生产实训（高职高专实验实训教材）	陈　涛	38.00
型钢轧制（高职高专教材）	陈　涛	25.00
高速线材生产实训（高职高专实验实训教材）	杨晓彩	33.00
炼钢生产操作与控制（高职高专教材）	李秀娟	30.00
地下采矿设计项目化教程（高职高专教材）	陈国山	45.00
矿山地质（第2版）（高职高专教材）	包丽娜	39.00
矿井通风与防尘（第2版）（高职高专教材）	陈国山	36.00
采矿学（高职高专教材）	陈国山	48.00
轧钢机械设备维护（高职高专教材）	袁建路	45.00
起重运输设备选用与维护（高职高专教材）	张树海	38.00
轧钢原料加热（高职高专教材）	戚翠芬	37.00
炼铁设备维护（高职高专教材）	时彦林	30.00
炼钢设备维护（高职高专教材）	时彦林	35.00
冶金技术认识实习指导（高职高专实验实训教材）	刘艳霞	25.00
中厚板生产实训（高职高专实验实训教材）	张景进	22.00
炉外精炼技术（高职高专教材）	张士宪	36.00
电弧炉炼钢生产（高职高专教材）	董中奇	40.00
金属材料及热处理（高职高专教材）	于　晗	33.00
有色金属塑性加工（高职高专教材）	白星良	46.00
炼铁原理与工艺（第2版）（高职高专教材）	王明海	49.00
塑性变形与轧制原理（高职高专教材）	袁志学	27.00
热连轧带钢生产实训（高职高专教材）	张景进	26.00
连铸工培训教程（培训教材）	时彦林	30.00
连铸工试题集（培训教材）	时彦林	22.00
转炉炼钢工培训教程（培训教材）	时彦林	30.00
转炉炼钢工试题集（培训教材）	时彦林	25.00
高炉炼铁工培训教程（培训教材）	时彦林	46.00
高炉炼铁工试题集（培训教材）	时彦林	28.00
锌的湿法冶金（高职高专教材）	胡小龙	24.00
现代转炉炼钢设备（高职高专教材）	季德静	39.00
工程材料及热处理（高职高专教材）	孙　刚	29.00